KB195953

호기심의 바다를 향해한
과학 인생 60년

현대 생명과학의 탐험가,
김성호

이 책은 이철옥장학재단의 지원을 받아
저술·출판되었습니다.

호기심의 바다를 항해한
과학 인생 60년

현대 생명과학의 탐험가,
김성호

프롤로그

2023년 5월 30일 서울 중구 웨스틴조선호텔 그랜드볼룸 행사장에는 과학계 인사와 언론 취재진 등 백여 명이 모였다. 오후 4시 반부터 열리는 '제6회 대한민국 과학기술유공자 헌정식' 자리였다. 대한민국 과학기술유공자는 말 그대로 우리나라의 과학기술 발전에 큰 기여를 한 사람들이다.

정부는 과학기술인을 예우하고 지원하자는 취지에서 2015년 '과학기술유공자 예우 및 지원에 관한 법률'을 만들었고 2017년 초대(제1회) 유공자 32명을 선정했다. 그 뒤 2018년 16명, 2019년 12명, 2020년 9명, 2021년 8명, 2022년(제6회) 4명을 선정했다.

이번에 지정된 유공자는 4명임에도 행사장에는 한 명뿐이다. 다른 세 사람은 이미 고인이 됐기 때문이다.[1] 유일한 참석자로 자리를 빛낸 유공자는 미국 버클리 캘리포니아대 화학과의 김성호 명예교수다. 짧게 깎은 머리에 역시 짧게 다듬은 수염이 왠지 한국인이 아닌 동양인의 얼굴처럼 느껴지지만 김 교수는 1937년 대구에서 태어나

---

1 아라미드 펄프 독자개발을 이끈 한국과학기술연구원 윤한식 박사(1929~2008), 국내 석유화학산업의 대부인 전엔지니어링 전민제 대표(1922~2020), 안과의사이면서 한글 기계화에 앞장선 공병우 박사(1907~1995)다.

0-1 김성호 교수가 과학기술유공자 헌정식 자리에서 소감을 밝히고 있다.

1962년 미국 유학을 떠날 때까지 25년을 한국에서 살았다. 미국 생활이 60년이 넘었지만, 여전히 우리말 대화에 문제가 없는 이유다. 유공자 지정 증서 수여식과 업적 좌담회가 끝난 뒤 김 교수가 연단에 올라 소감을 발표했다.

"지금 생각하면 장남인 제가 유학을 한다고 했을 때 부모님이 선뜻 허락한 게 놀랍습니다. 집은 걱정하지 말라며 지지해 준 동생들도 그렇고요." 이렇게 말을 연 김 교수는 "연구에 전념하려면 도움이 있어야 하는데, 우리 가족… 로지킴, 제 와이프죠. 아들 둘하고 무조건 제가 하는 일에 대해서 밀어줬다는 게…"라며 부인을 비롯한 가족 친지들이 있는 테이블을 바라봤다.

이어 김 교수는 "옛날 부모님들은 자식들한테 칭찬을 잘 안 했어요. 그런데 지금 우리나라 학술원과 정부에서 인정해준 것이 부모님이 저한테 '잘했다'고 말씀하시는 것 같은 기분입니다. 감사합니다." 라고 마무리했다.

김 교수는 생명의 신비를 밝혀 인류에 이바지한 업적으로 유공자에 선정됐다. 구체적으로는 구조생물학, 단백질체학, 유전체학 분야를 개척하며 많은 업적을 이뤘다. 특히 그를 상징하는 성과인 전달 RNAtRNA 구조규명으로 한동안 국내 언론은 노벨상 시즌이 되면 유력한 후보로 그를 거론하고는 했다.

일제강점기에 태어나 청소년 시절 한국전쟁을 겪고 거의 폐허가 된 나라에서 대학을 마치고 세계 최강국인 미국으로 유학해 과학자로 성공한 그의 인생은 한국 과학자 2세대의 삶을 대표한다.[2] 그로부터 두 세대가 지난 오늘날 우리나라 과학계는 몰라보게 바뀌었고 많은 과학자가 국내에서 세계적인 연구를 수행하고 있다. 이런 변화의 토대가 된 2세대 과학자들의 삶과 업적을 기억하는 것은 뜻깊은 일이 될 것이며 이런 맥락에서 김성호 교수의 전기도 기획됐다. 그의 전기는 한국 출신 과학자 개인의 삶에 대한 기록일뿐 아니라 지난 두 세대 동안 격변한 과학계, 특히 생명과학 분야를 되돌아보는 여정이기도 하다.

---

2 일제강점기에 일본에서 유학한 과학자들이 1세대다.

목차

부록

LIFE
SCIENCE

RAS

Tree of Life

tRNA

1장

어린 시절,
격변기에 살아남다!

김성호는 1937년 12월 12일 대구에서 5남 3녀의 넷째로 태어났다. 형이 어릴 때 세상을 떠나 사실상 장남이었다. 그러다 보니 부모님은 물론 9년 연상인 누나(김명자. 1928–)도 김성호를 애지중지했다. 아버지가 은행에 다닌 덕분에 끼니를 걱정할 정도로 어렵게 살지는 않았지만 그렇다고 풍족하지도 않았다.

김성호의 원래 이름은 김정숙(金正淑)이다. 숙자 돌림에 따라 바르고(正) 맑게(淑) 살라는 뜻으로 아버지가 지었다. 조선시대에만 해도 남녀 이름의 구분이 덜했지만, 점차 '숙' 같은 음은 여자 이름에만 쓰게 되는 과도기였다. 그러다 보니 훗날 대학에서 이름만 보고 한 교수님이 여학생으로 착각하는 해프닝이 있었고 이를 계기로 이름을 '김성호'로 바꾼 것이다. 뛰어나고(聖) 넓다(浩)는 뜻이므로 이름을 잘 바꾼 것일까. 아무튼 이 책에서는 어린 시절도 김성호로 쓴다.

김성호의 삶을 보면 '준비된 자가 기회를 잡는다'라는 말이 실감난다. 기회가 지나갈 때 이를 본 사람은 붙잡고 그렇지 못한 사람은 그냥 흘려보낸다. 사람이 살아가면서 일어나는 일의 성패는 이에 따라 결정되는 경우가 많다. 김성호 역시 삶의 고비에서 여러 차례 기회가 왔고 대부분은 붙잡아 과학자로 성공했다.

아내와 딸 두고 집 나와 대구로

김성호의 아버지 김용태(1911-1971)는 경남 창녕군 대합면 도개리에서 5남 3녀의 장남으로 태어났다. 당시 이 지역은 시골 마을로 김씨와 허씨가 반반으로 이뤄진 100세대 규모의 집성촌이었다. 일제강점기에 현대 교육체계가 도입되면서 동네 친척들은 누구 하나는 교육을 받게 해야 한다고 뜻을 모았고 덕분에 김용태는 국민학교(지금의 초등학교)에 들어갔다.

당시에는 조혼의 풍습이 남아있었고 장남인 김용태 역시 불과 열다섯 살 나이에 장가를 들었다. 아내는 두 살 연상인 최옥금(1909-1981)으로 김성호의 어머니다. 최 여사는 일찍 아버지를 여의어서인지 시아버지를 친아버지처럼 생각했고 시아버지도 며느리를 귀여워했다. 학교를 다니지 않은 최 여사는 두 살 어린 남편에게서 한글을 배웠고 덕분에 문맹에서 벗어났다.

국민학교를 졸업한 뒤 죽 집안의 농사를 돕고 있던 김용태는 농사가 적성에 맞지 않았고 고민 끝에 도시로 나가기로 결심했다. 그러나 장남에 결혼까지 한 마당에 가업인 농사를 외면하고 떠난다는 건 아버지(즉 김성호의 할아버지)가 허락하지 않을 것 같았다.

결국 김용태는 사촌형에게 계획을 말한 뒤 "해지기 전까지는 (아버지는 물론) 아내에게도 얘기하지 말라"고 당부한 뒤 새벽 일찍 집을 떠났다. 이때가 열여덟 살 무렵으로 장녀 명자가 태어나고 얼마 안 된 시점이었다. "제가 연구에서 위험을 감수하는 성향이 있는 것도 이런 아버지의 피를 물려받은 덕분 아닐까요?" 김성호 교수는 웃으며 말했지만 뼈 있는 농담으로 들렸다.

김용태가 향한 곳은 대구였다. 고향 근처에서 가장 큰 도시일뿐 아니라 먼 친척이 살고 있었기 때문이다. 다행히 친척분은 그를 꾸짖고 되돌아가게 하는 대신 아는 대서소代書所에 소개했다. 당시만 하더라도 문맹률이 높아 국민 대다수가 한자는 물론이고 한글조차 읽을 줄 몰랐다. 이들을 위해 각종 서류 작업을 대신해주는 곳이 바로 대서소다. 고향에서 초등학교를 나온 덕분에 취직할 수 있었던 셈이다.

이 소식을 들은 고향 부모님도 돌아오라는 말 대신 얼른 돈을 벌어 딸린 식구를 데려가라며 현실을 받아들였다. 그는 주인집에서 숙식하며 돈을 모았고 5년이 지난 1933년 마침내 부엌이 딸린 단칸방을 구해 아내와 자녀들을 불러올 수 있었다. 생활력이 강했던 최 여사는 대구에서 행상으로 두부와 장작을 팔며 생계를 보탰다.

따로 떨어져 사는 5년 동안 아들과 딸이 태어났지만, 이사를 전후해 안타깝게도 둘 다 아주 어려서 세상을 떠났다. 세 자녀 가운데 살아남은 딸 하나를 키우며 슬픔에 잠겼던 부부에게 1937년 다시 아이가 태어났다. 바로 김성호다. 부부의 기쁨은 이루 말할 수 없었다. 3년이 지난 1940년 남동생(김헌무. 1940-)을 봤고 그 뒤 또 아들을 낳았지만 수년 뒤 병으로 세상을 떠났다. 해방이 되던 해 딸 김근화(1945-)가 태어났고 4년 뒤 막내딸 김숙희(1949-)가 태어났다. 결국 8남매 가운데 5남매만 살아남았고 다행히 다들 별 탈 없이 자라 어른이 됐고 장수해 모두 생존해있다.[3]

김성호 교수는 "초등학교 1학년 때 어머니가 둘째 남동생을 잃고

---

3 당시는 5세 미만 사망률이 50%에 가까운 시절이라 대다수 가정이 비슷한 일을 겪었다.

1-1 김성호는 8남매의 넷째로 태어났지만 형과 누나, 남동생이 어릴 때 세상을 떠나 5남매만이 살아남아 어른이 됐다. 1994년 호암상 수상을 위해 방한했을 때 사진으로 왼쪽부터 막내인 김숙희, 김성호, 누나 김명자, 동생 김헌무와 동생 김근화다. (제공 김성호)

오열하시던 모습을 지금도 생생히 기억한다"며 "커서도 부모님이 먼저 세상을 떠난 자녀들 얘기를 하는 걸 들어본 적이 없다"고 회상했다. 자식은 가슴에 묻는다는 말처럼 세월이 지나서도 말을 꺼내지 못할 정도로 부모의 마음에 평생 큰 상처로 남았을 것이다.

대서소에서 10년 넘게 일하던 아버지는 다시 친척의 추천으로 대구의 제일은행으로 직장을 옮겼다. 덕분에 다소 경제적 여유가 생긴 아버지는 대구 남산동 대구향교 근처의 집터를 사서 직접 설계한 집을 지었다. 방이 네 칸이나 되는 꽤 넓은 집으로, 방 하나는 창녕군 도개리 집성촌에서 대구로 중고교를 다니러 오거나 일자리를 구하러 온 친척들에게 내어주곤 했다. 아무튼 당시 불안한 정세를 고려하면 상대적으로 유복한 가정이라고 볼 수 있다. 이런 상황에서 1944년 김성호는 대구국민학교(현 대구초등학교)에 들어갔다.

"1학년 때 기억이 지금도 생생합니다. 실수로 한국말을 하다가 담임선생님한테 걸렸는데 변소 청소를 하라는 벌을 주더군요. 일고여덟 살짜리 꼬마한테 말이죠."

일제강점기가 끝을 향해 달려가던 당시 소년 김성호가 다닌 초등학교 역시 학생들에게 일본말만 쓰게 했다. 그에게 벌을 준 담임은 일본인으로 미혼(소위 노처녀)에 어머니와 함께 살고 있었던 것으로 기억한다. 집에서 일본어를 전혀 배우지 않은 김성호는 학교에서 입을 다물 수밖에 없었다. 힘으로 지배한 나라의 사람들에게 모국어를 쓰지 못하게 할 정도로 광기를 보인 일본은 결국 인류 최초이자 아직은 마지막인, 두 차례 원자폭탄 투하에 전의를 상실하고 항복했다.

"해방된 날이 생각납니다. 당시 동장이었던 아버지가 부르시더니 '사람들에게 나라가 해방됐다'고 알리라고 하시더군요." 해방의 의미도 잘 모른 채 동네를 뛰어다니며 집집마다 문을 두드려 해방을 외친 기억이 아련하다.

그런데 해방이 되면서 뜻밖의 기회가 찾아왔다. 하루는 대구에 사는 먼 친척분이 아버지를 찾아왔다. 일본인이 운영하던 정종(일본식 청주) 양조장에서 기술자로 일하는 분으로 양조장 동업을 제의하러 온 것이다. 패전(일본인 입장에서)으로 일본으로 돌아가게 된 주인이 양조장을 맡아달라고 부탁한 것인데, 술은 잘 빚었지만 회사를 경영할 자신이 없어 동업자로 먼 친척인 아버지를 떠올린 것이다. 아버지는 기회를 놓치지 않았고 가족들은 일본인이 떠난 빈집으로 이사했다. 이때 김성호는 새집에서 가까운 덕산국민학교(현 삼덕초등학교)로 전학했다.

"마음껏 뛰어다녀도 될 정도로 큰 집이었습니다. 방이 12개나 됐으니까요." 아버지는 처음 하는 일이었지만 사업 수완이 좋아 돈을 꽤 벌었다. 공장에 넓은 마당이 있어 텃밭으로 활용했다. 여기서 배추, 가지, 토마토, 파, 양파, 감자, 마늘, 고추, 오이 등 온갖 채소를 키웠다. 저녁을 먹고 나서 가족들이 텃밭으로 가 물을 주고 다 자란 채소를 따오고는 했다. 여름 방학 때는 도개리 할아버지 댁으로 가서 지냈다. 동네 친척들이 도시에서 온 아이라며 신기해하고 잘 대해줬다.

물론 기억하기 싫은 일도 있었다. 특히 여덟 살 무렵이던 어느 해 여름 일어난 일은 지금 생각해도 황당하다. 하루는 집 마루에 앉아 있는데 열린 대문으로 갑자기 개 한 마리가 들어오더니 김성호를 보고 뛰어들어 팔목을 물었다. 비명을 듣고 달려온 양조장 직원들이 개를 잡았고 광견병에 걸린 것 같다며 병원으로 데려가 검사를 했다. 정말 양성으로 나왔고 놀란 사람들은 어쩔 줄을 몰랐는데 마침 집에 같이 살던 의대생 친척 형이 나서 침착하게 대처했다.

대구에는 치료할 수 있는 곳이 없어 김성호와 아버지는 서울의 병원으로 가야 했다. 이때 토끼를 구해 가져가야 했는데, 독성을 없앤 광견병 바이러스를 토끼에 주입한 뒤 항체가 형성된 토끼의 면역 혈청을 주사하는 치료법을 받기 위해서다. 지금 생각하면 항체 치료제가 준비될 때까지 소년 김성호가 발병하지 않고 버틸 수 있었을지 의문이다. 그런데 믿을 수 없는 이상한 일이 일어났다.

김성호와 아버지는 대구역에서 서울행 기차를 기다리고 있었는데, 토끼를 본 미군 두 명이 와서 말을 걸었다. 사정을 알게 된 그들은 미군에서 치료제를 구해주겠다며 대신 토끼를 달라고 했다(귀여워서 키우려고 했던 것일까?). 이렇게 해서 광견병 치료제(토끼 면역 혈청)를 얻었고 1주일 동안 매일 주사했는데, 척추에 직접 바늘을 꽂다 보니 무척 고

통스러웠던 기억이 난다. 아무튼 덕분에 광견병으로 진행하지 않고 별 탈 없이 회복됐다. 지금 생각하면 자칫 목숨을 잃을 수도 있었던 상황에서 운 좋게 벗어난 셈이다.

이런 위기도 있었지만 돌이켜보면 해방 뒤 한국전쟁이 터지기 전까지가 그의 유년 시절 가운데 가장 행복한 시기였다. 그러나 당시 한국인의 운명은 가혹했고 소년 김성호도 예외는 아니었다.

총구의 섬뜩한 느낌

김성호가 경북중학교에 들어간 해인 1950년 6월 25일 북한이 기습 남침으로 시작한 전쟁은 일방적이었고 파죽지세로 내려오는 북한군의 공세에 전선은 낙동강까지 밀렸다. 당시 한국에 주둔하고 있던 미군은 아버지의 양조장을 징발해 군인들의 숙소로 썼다. 낙동강을 건너면 바로 대구였으므로 불안감을 느낀 아버지는 고향인 경남 창녕으로 피신해야겠다고 결심하고 트럭을 사 가족들과 중요한 짐을 옮겼다. 아버지가 뒷정리를 하려고 홀로 대구로 돌아간 직후 북한군이 내려오며 길이 끊겼다. 졸지에 이산가족이 된 것이다.

당시 창녕은 우리 군과 미군이 관할하고 있었는데, 하루는 마을 골목길을 걷다 모퉁이를 막 돌아서는데 차가운 뭔가가 가슴을 쿡 찔렀다. 길이 좁아 앞이 안 보였기 때문에 순간 깜짝 놀랐다. 머리를 들어보니 한 미군이 총구를 겨누고 있었다. 만일 그때 미군이 당황해 우발적으로 방아쇠를 당겼다면 김성호는 13세의 나이로 삶을 마쳤을 것이다. 70여 년이 지난 지금도 그때를 생각하면 뒤가 서늘하다.

전황은 아버지의 예상과는 반대로 전개됐다. 미군과 한국군은 대구를 중심으로 저지선을 긋고 적의 침략을 사력을 다해 막고 있었다. 그 결과 정작 대구는 안전했지만, 오히려 주변 지역이 위험해졌고 창녕의 고향 마을 역시 예외는 아니었다. 하루는 미군들이 와서 적군이 곧 몰려올 거라며 24시간 이내에 피난을 떠나라고 재촉했다. 결국 가장이 없는 상태에서 어머니는 부랴부랴 짐을 싸 시부모님과 시동생들, 아이들을 데리고 피난길을 떠났다.[4]

"중학생인 저는 물론이고 어린 동생과 사촌들도 봇짐을 지고 걸었죠. 정말 혼란스러웠습니다." 마을 사람들이 모여 줄을 서서 떠난 피난길에 목격한 한 장면은 그 뒤 평생을 두고 문득문득 떠올라 그를 괴롭혔다. 손바닥만한 자락을 깔아놓고 앉아 있는 노인의 모습으로, 옆에는 물병 하나만이 놓여 있었다. 아마도 피난을 가던 가족이 도저히 안 되겠다 싶어 버리고 갔으리라. 노인을 보면서 딱하다는 생각을 했지만 '내 코가 석 자'라 외면하고 가던 길을 재촉했다.

정보국의 아는 사람을 통해 이리저리 물어 피난처에 온 아버지는 가족들을 이끌고 대구로 돌아갔다. 이 과정에서 고생을 많이 했지만 그래도 집에 도착했을 때는 다들 안도했다. 생각해보면 애초에 그냥 대구에 있고 대신 고향 본가 사람들을 데려왔으면 안 해도 될 '사서 고생'이었다. 물론 이건 결과론이고 당시 아버지로서는 가족이 살아남기 위한 최선의 길이라고 생각한 선택을 한 것이다.

---

4 북한군은 대구가 아닌 남쪽 창녕을 통해 밀양을 거쳐 부산을 함락한다는 계획을 세웠다. 1950년 8월 5일 낙동강을 건너 영산(현 창녕군 영산면)에 진입한 북한군은 미군과 보름 동안 전투를 벌인 끝에 퇴각했다. 한국전쟁에서 치열한 교전으로 꼽히는 영산전투의 사망자는 미군이 600여 명, 북한군이 1,200여 명에 이른다.

피난길에서 대구로 돌아올 때 할아버지도 함께 했다. 고향은 아직 불안정했고 그렇다고 피난처에 마냥 있을 수도 없었기 때문이다. 고령의 할아버지에게는 여정이 너무 힘에 부쳤을까. 대구로 돌아오고 얼마 지나지 않아 할아버지는 병에 걸려 누웠고 폐렴 증세가 심해지면서 결국 눈을 감았다. 장손이라 무척 귀여움을 받은 김성호는 할아버지의 마지막 순간을 이렇게 기억했다.

"할아버지 옆에 앉아 있었는데, 숨이 점점 가빠지는 걸 느낄 수 있었습니다. 할아버지를 지켜보다 마지막 숨소리를 들을 수 있었죠. 할아버지는 고통스러워하지 않았고 서서히 죽음에 이르렀습니다. 사람이 죽는 과정을 지켜본 첫 경험이었죠."

집에는 거주할 수 있었지만 공장은 여전히 군에 징발된 상태였다. 훗날 공장을 돌려받은 뒤에도 설비가 다 망가진 데다 직원들도 뿔뿔이 흩어져 사업을 다시 할 수는 없었다. 이때 어머니가 나섰다. 인근 여자중학교에 주둔하고 있는 미군을 상대로 빨래와 옷 수선을 해주는 세탁일을 하면서 가족을 부양했다. 김성호는 종종 자전거를 타고 소위 '양키시장'이라고 부르는 암시장에 가서 어머니가 받은 달러를 환전해 생필품을 사 오곤 했다. 물론 불법이지만 당시에는 먹고사는 게 먼저였다. 한편 아버지는 십수 년 전 따놓은 대서사 면허증이 있어 대서소 사무실을 열었지만, 수입은 시원치 않았다. 문맹률이 빠르게 떨어지며 수요가 줄었기 때문이다. 한마디로 사양 업종이었던 셈이다.

김성호 교수는 "전쟁이 터지고 난 뒤 2년 반 동안 중학교 수업을 학교에서 제대로 받은 적이 없었다"며 어수선했던 당시를 회상했다. 그 혼란 속에서 살아남은 것만 해도 행운이라는 생각이 들기도 한다. 인천상륙작전과 1·4후퇴 이후 전선은 교착상태에 빠졌고 1953년 봄 김성호는 경북고등학교에 입학했다. 이 해 7월 27일 정전협정을 맺으며 3년에 걸친 한국전쟁은 일단락됐다.

2장

문학에서 종교로, 종교에서 과학으로

보통 사춘기는 반항기라지만, 한국전쟁이라는 비극을 겪으며 인간 모럴(도덕성)의 실상을 눈으로 직접 본 김성호는 오히려 차분해졌고 '과연 무엇이 진짜인가?' '진실은 뭘까?'라는 근본적인 물음을 던지며 사색에 잠겼다. 그래서인지 사물의 표면이 아니라 그 이면을 꿰뚫어 정수(精髓)를 뽑아내는 시가 마음에 와닿았고 그도 시인이 되고 싶었고 시 쓰기를 좋아했다.

경북고등학교 2학년 때 이듬해 학교 문집『慶脈(경맥)』에 실린 시를 투고하기도 했다. 당시 편집진에 참여했던 학생이 전해준 말에 따르면 시를 읽어보던 선생님들이 "누가 써준 것 같은데 정말 이 학생이 쓴 게 맞냐?"고 물었다고 한다. 17살 학생의 작품이라 하기에는 너무 추상적이고 비판적이었기 때문이다. 다행히 김성호 본인이 쓴 게 맞다는 말이 받아들여져 문집에 실렸다.

"십수 년이 지난 뒤 그때 쓴 시가 생각나 고교 동창에게서 문집을 구해 읽어보고 저도 놀랐습니다. 그 나이에 죽음에 관한 질문이 많아 아마 선생님들도 의아해하셨던 것 같습니다." 어린 나이에 전쟁을 겪은 마음의 상처가 투영되었던 건 아닐까. 〈奴隷(노예)〉라는 시의 제목부터 심상치 않다. 다음은 17세 김성호가 쓴 시의 전문이다.

2-1 대구 경북고 재학 시절 친구들과 함께 찍은 사진으로 맨 왼쪽이 김성호다. (제공 김성호)

2-2 김성호가 경북고 2학년 때 쓴 시 〈奴隷(노예)〉는 이듬해 학교 문집 『慶脈(경맥)』에 실렸다(위). 아래는 게재된 〈노예〉의 전문이다. (제공 김성호)

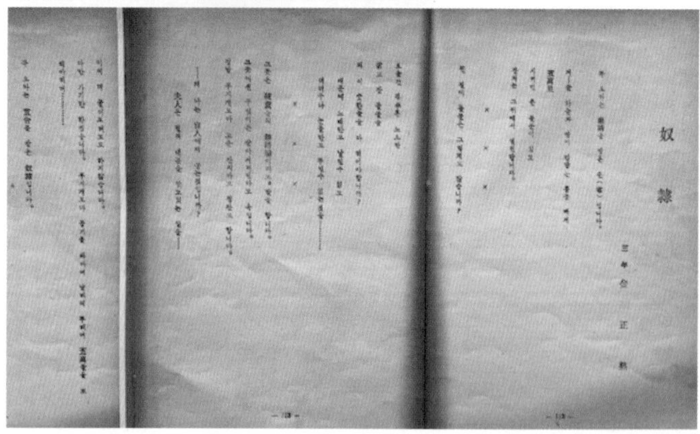

奴隷

奴隷(노예)

꼭 오라는 懇請(간청)을 받은 손(客)입니다.
저-끝 하늘과 땅이 맞닿는 틈을 빠져
五萬里(오만리)
시커먼 큰 돌문이 있고
잔치는 그뒤에서 열린답니다.

웬 길에 돌들은 그렇게도 많습니까?
부을근 검푸른 노오란
굵고 잔 돌들을
왜 이 숫한돌을 다 헤어야합니까?
때문에 노래만도 날릴 수 없고
더더구나 눈물만도 뿌릴 수 없는 것을...

그곳은 硫黃(유황)불의 舞蹈場(무도장)이라고 말을 합니다.
그곳에선 무엇이든 사라져버린다고 우깁니다.
정말 무지개보다 고운 잔치라고 칭찬도 합니다.
-왜 나는 盲人(맹인)에게 묻는것입니까?
主人(주인)은 벌써 내뭇을 알고있는 일을-
이제 더 물어보려고도 하지않습니다.
다만 가기만 하겠습니다.
무지개보다 곱기를 바라며 날리며 뿌리며 五萬(오만)돌을
헤아리며...

꼭 오라는 宣告(선고)를 받은 奴隷(노예)입니다.

문학소년 김성호는 그리 오래가지 않았다. "진실은 무엇인가?"에 대한 질문에 문학은 만족할만한 답을 주지 않았기 때문이다. 2학년에 올라갔을 무렵에는 철학과 심리학에 관심이 생겼다. 특히 지그문트 프로이트에 관심이 많아 『꿈의 해석』을 비롯해 그의 저서를 몇 권 읽기도 했다. 물론 그 나이에 제대로 이해할 수는 없었을 것이다.

같은 맥락에서 종교에도 관심이 생겼다. 이 무렵부터 주말이면 주변 교회와 성당을 찾곤 했는데, 하루는 작은 성당에서 수녀님들이 그레고리안 성가를 부르는 장면을 우연히 보게 됐다. 이 모습과 성가에 깊이 감동한 김성호는 신학교에 진학해 가톨릭 신부가 되기로 결심하고 사제를 찾아갔다. 뜻밖에도 신부님은 "넌 안 된다"고 딱 잘라 말했다. 가족이 전부 가톨릭 신자가 아니면 추천할 수 없다는 이유였다. 신부가 꼭 되고 싶었던 김성호는 먼저 동생들을 성당으로 데려갔고 나중에는 부모님도 가톨릭 신자가 됐다.

그런데 고3이 되면서 정작 본인은 종교에서 마음이 멀어졌다. 진실을 찾는 길이 꼭 종교여야 하는 건 아니라는 생각이 들면서 과학이 눈에 들어왔다. 즉 철학이나 종교와는 전혀 다른, 좀 더 정직하고 조작이 덜한 접근 방식으로 이 문제에 대한 답을 찾을 수 있지 않을까. 작정하고 공부하지 않았음에도 수학과 과학 성적이 뛰어났던 것도 이런 변심의 배경일 것이다.

아무튼 고3에 올라가서는 대학에서 과학을 공부하기로 결심을 굳혔다. 지금도 그렇지만 당시에도 소위 명문대를 가려면 경쟁이 치열했다. 성적이 좋았던 김성호는 친구 두 명과 함께 서울대를 목표로 방과 뒤 공부를 함께 했다. 아쉽게도 셋 가운데 두 사람만 서울대에 합격했다.

커피 향이 아침을 깨운 하숙집

이렇게 해서 김성호는 1956년 서울대 문리대 화학과 신입생이 됐다. 원래는 물리학과에 진학할 생각이었는데 주변, 특히 자형(아홉 살 연상인 누나의 남편)이 "물리학을 하면 굶어 죽는다. 쓸모가 있는 걸 공부해라"라며 강력하게 반대해 아무래도 졸업 뒤 일자리가 많아 보이는 화학과로 바꾼 것이다.

당시 화학과 동기는 34명이었고 학과의 교수님은 6~7분으로 전공별로 한 명씩 있는 셈이었다. 대학 역시 전후 어려운 상황이었지만 교수님들이 열심히 가르쳤다. 당시 서울대는 문리대, 즉 지금의 인문대와 자연과학대가 하나의 단과대로 묶여 혜화동에 자리해 있었다. 지금도 이곳이 대학로로 불리는 배경이다. 그래서인지 김성

2-3 1956년 서울대 신입생 시절 김성호(오른쪽). (제공 김성호)

2-4 서울대 화학과 재학시절 (제공 김성호)

호는 전공뿐 아니라 문학과 철학 강의도 많이 들었다. 옛날 취향이 남아있었던 셈이다. 다만 종교와는 점점 멀어졌다. 종교에 심취했던 시절 성당에서 알고 지내던 친구들 가운데 몇몇은 신학대학에 들어갔고 대학생 김성호는 이들을 종종 찾아갔다. 훗날 이들은 신부나 수녀가 됐다.

서울에 올라온 김성호는 먼 친척의 소개로 같이 하숙할 룸메이트를 소개받았다. 그런데 같은 신입생이 아니라 나이가 다섯 살이나 더 많고 서울대 외교학과 졸업반인 정춘택이었다. 이 분은 훗날 고위 외교관으로 활약하며 차관 도입 등 우리나라 발전을 위해 봉직했다. 두 사람의 하숙집에는 정춘택의 친구가 자주 놀러 왔다. 훗날 김영삼 정부의 부총리가 된 권오기로 당시는 경향신문 신입 기자였다. 권오기는 김성호의 경북고 5년 선배이기도 하다. 김성호는 두 사람과 함께 여러 주제로 지적인 토론을 즐겼다. 지금 생각하면 연배가 한참 높은 두 사람이 너그러웠던 셈이다.

정춘택은 사람이 좋았지만 골초였다. 하숙을 시작한 뒤 김성호는 종종 심한 두통에 시달리며 이유를 몰랐는데, 나중에 알고 보니 담배 연기 때문이었다. 그럼에도 결국 김성호 역시 담배를 배웠다. 훗날 미국으로 유학해 생활하며 담배가 해롭다는 걸 알게 된 뒤 여러 차례 끊으려고 시도했지만 번번이 실패했다. 그러다가 아내와 함께 캠핑 여행을 떠났을 때 담배를 챙겨오지 않아 며칠 동안 어쩔 수 없이 금연하게 된 걸 계기로 완전히 끊는 데 성공했다.

하숙한 지 몇 달 안 지난 어느 날 정춘택은 김성호에게 "좀 더 넓은 방으로 옮기자"고 제안했고 김성호는 "좋습니다"라고 맞장구쳤다. 이들은 1층에 '대학다방'이 있는 건물 2층의 널따란 방으로 이사했다. 매일 아침에 눈을 뜨면 1층에서 올라온 커피 향이 방안에 가득했고 늘 같은 곡이 들려왔다. 아침 일찍 문을 연 다방 종업원이 커피를 내리며 당시 인기가 많던 이브 몽탕의 샹송 〈고엽〉이 실린 음반을 틀었던 것 같다. 감미로운 향기와 음악이 자명종 역할을 한 셈이다. 지금도 아침에 커피 향을 맡으면 그 시절이 아련히 떠오른다.

김성호의 대학 생활에서 큰 즐거움은 시간 날 때마다 음악 감상실에 들러 클래식 음악을 듣는 것이었다. 사실 클래식 음악 감상 취미는 고등학생 때 생긴 것으로, 대구의 미국 문화원에서 매주 한 차례 클래식 음악을 감상하는 시간을 제공했다. 이곳에는 음질이 뛰어난 오디오가 설치돼 있었고 LP판을 많이 보유하고 있었다.

화학을 전공했지만 김성호는 다른 분야에도 관심이 많아 철학과 문학, 그리고 특히 외국어 과목을 많이 들었다. 프랑스어와 독일어에 러시아어까지 공부했다. 그러다 보니 주중에는 대학 생활도 마치 고교 시절처럼 오전과 오후 내내 수업을 듣다시피 했다. 그래도 주중 저녁과 주말에는 영화도 보고 클래식 공연장도 즐겨 찾았다. 불과 수년 전 전쟁이 일어났다는 사실이 비현실적으로 느껴질 만큼 차분하고 평화로운 시절이었다.

2학년이던 1957년 김성호는 입영 신체검사를 받았는데 불합격 판정을 받아 병역이 면제됐다. 왼쪽 무릎이 문제였다. 어릴 때부터 무슨 이유에서인지 왼쪽 무릎이 안 좋았던 김성호는 특히 날이 추워지면 통증이 심했다. 신체 검사장에서 왼쪽 무릎 상태를 진단한 의사가 고개를 내저은 것이다.

국내에서 최첨단 연구해

1960년 졸업 뒤 대학원에 진학했다. 지금은 대학원에 들어가면 바로 지도교수를 정하고 연구에 들어가지만 당시에는 여건이 미비해 첫 학기에는 학부 때처럼 강의만 들었다. 그런데 1학기가 끝나고 여름 방학 때 화학과에 신임 교수가 부임했다. 일본 오사카대에서 X선 결정학 연구로 박사학위를 막 받고 온 구정회 교수다.

구 교수는 1947년 서울대 화학과에 입학했으므로(2회) 김성호의 9년 선배인 셈이다. 전쟁이라는 북새통에 졸업한 구정회는 수년이 지난 뒤 학문에 뜻을 품고 일본으로 건너가 오사카대 화학과 대학원에 진학해 당시 최첨단 분야인 X선 결정학을 연구했다. 평소 기하학에 관심이 많았던 김성호는 과주임(학과장)이었던 김순경 교수에게서 구 교수의 부임 소식을 듣고 X선 결정학에 흥미를 느껴 구 교수를 찾아가 연구하고 싶다고 말했다.

김순경 교수(1920–2003)는 1944년 일본 오사카대 화학과를 졸업하고 교토대에서 연구원으로 있다가 1946년 귀국해 서울대 화학과에서 강사를 하다 1949년 교수가 됐다. 1954년 정부 지원으로 미국으로 유학해 예일대에서 박사학위를 받고 돌아와 후진을 양성하고 서울대 화학과를 발전시키기 위해 노력했다. X선 결정학이라는 최신 학문을 연구한 구정회 교수를 임용한 것도 이런 맥락이다. 후학을 키우는 것도 보람된 일이지만 연구의 꿈을 버릴 수 없었던 김순경 교수는 1966년 미국 루이빌대 화학과 교수가 됐고 1969년 템플대로 옮겨 정착했다. 김 교수는 화학을 수학적으로 접근한 군론group theory에서 두각을 나타냈고 1971년 재미한인과학기술자협회KSEA를 창립할 때 주도적으로 참여해 초대 회장을 역임하기도 했다.

2학기가 시작하면서 문을 연 X선 결정학 연구실의 대학원생은 김성호와 화학교육과를 졸업하고 화학과 대학원에 진학한 유정수, 이렇게 석사과정 1년 차 둘 뿐이었다. 실험실 동기이자 동갑이었던 김성호와 유정수는 열심히 연구하면서도 종종 술집에서 막걸리를 마시며 이런저런 얘기를 나누며 서로에게 힘이 됐다. 이듬해에는 공군에서 파견한 안중태가 들어와 실험실 인원이 세 명이 됐다.

이들은 구 교수를 도와 실험실을 꾸몄지만 사실 이렇다 할 장비는 없었다. 다행히 태릉에 있는 한국원자력연구소에 X선 장비가 있어 연구를 할 수 있었다. 이들은 장비가 쉴 때인 밤이나 주말에 찾아가 실험했는데, 그것만으로도 감지덕지한 일이었다. 당시 우리나라 이공계 석사과정 대학원생으로서는 손에 꼽을 정도로 최첨단 연구를 수행한 셈이다.

김성호는 간단한 인산염 화합물hydrazonium diphosphate의 결정을 만들어 구조를 밝히는 연구를 진행했다. X선 회절 데이터를 분석하는 과정에서 상당한 분량의 계산을 직접 손으로 해야만 했다. 당시에는 컴퓨터가 없었기 때문이다. 그의 석사과정 연구 결과는 졸업하고 미국에서 유학 중이던 1965년에야 논문으로 정리돼 국내 학술지인 『대한화학회지』에 실렸다(1)[5]. 그가 저자로 이름을 올린 첫 논문이다.

김 교수는 “당시 모든 과정을 손으로 하느라 시간이 많이 걸렸지만 덕분에 X선 결정학의 기본 원리를 확실히 깨우칠 수 있었다”며 “지금은 컴퓨터가 내놓은 결과만 보기 때문에 오히려 전반적인 이해가 낮

---

5 괄호 안의 숫자는 부록 ‘김성호 교수의 과학 출판 목록’의 논문 번호다. 해당 번호를 찾으면 논문의 저자, 실린 학술지와 연도를 알 수 있다.

2-5 1962년 서울대 화학과 대학원 석사과정 졸업을 기념해 실험실 구성원이 모였다. 왼쪽부터 공군에서 파견한 석사과정생 안중태, 졸업생 유정수, 구정회 교수, 졸업생 김성호다. (제공 김성호)

을 수도 있다"고 덧붙였다.[6]

석사과정에서 연구의 즐거움을 알게 된 김성호는 유학을 꿈꾸기 시작했다. 당시 우리나라는 박사과정 수준의 연구를 할 만한 곳이 마땅치 않았다. 게다가 사회와 정치가 너무 불안해 10년은 커녕 1년 뒤도 예측할 수 없었다. 따라서 국내에서는 학자로서 인생 계획을 세우기 어렵다고 판단한 젊은이들 가운데 유학을 떠나는 친구들이 더러 있었다. 김성호도 선진국에 가서 마음껏 공부하고 싶었지만, 당시 가정 형편으로는 유학하기가 어려웠다. 그런데 믿을 수 없는 기회가 찾아왔다. 유학 비용을 전액 대주는 풀브라이트 장학생을 선발한다는 것이다.

---

6 X선 결정학의 역사와 원리에 대해서는 부록 1 'X선 결정학의 성립 역사와 기본 원리' 참조.

뜻밖의 기회 찾아와

1945년 미국 상원의원 윌리엄 풀브라이트William Fulbright(1905-1995)는 미국인과 다른 나라 사람들의 상호 이해를 증진하기 위한 교환 교육 프로그램을 제안했고, 이듬해 그의 이름을 따 '풀브라이트 장학 프로그램'이 만들어졌다. 우리나라도 1950년 4월 미국 정부와 협정을 체결했지만, 두 달 뒤 한국전쟁이 터지면서 실행되지는 않았다. 10년이 지난 1960년 프로그램을 주관할 주한미국교육위원단이 설립됐고[7] 이듬해 첫 장학생을 뽑았다.

1961년이면 김성호가 대학원 2학년 때니 우연이라고 하기에는 너무나도 절묘한 타이밍이었다. 만일 풀브라이트 장학 프로그램이 수년 늦게 시작했다면 석사 졸업 뒤 김성호의 인생은 전혀 다른 길을 갔을 것이다. 김성호는 운명처럼 찾아온 기회를 열심히 준비했고 이해 5월 26일 발표한 장학생 11명 가운데 한 명으로 뽑혔다. 168명이 응시했으니 15대 1의 경쟁률이었다.

김성호가 치열한 경쟁을 뚫고 합격한 데에는 아버지의 핀잔이 한몫했다. 중고등학생 때 어머니의 세탁소를 찾은 미군들 덕분에 간단한 말은 알아들었지만, 영어 회화 실력은 다른 학생들과 별 차이가 없었다. 영어 문법만 능숙한 우리나라의 전형적인 우등생이었던 셈이다. 이래서는 안 되겠다 싶어 가끔 라디오로 주한미군방송AFKN을 들었지만, 도무지 알아들을 수 없었다.

7 1972년 한미교육위원단으로 이름을 바꿔 오늘에 이르고 있다.

하루는 이 모습을 지켜보던 아버지가 "중학교 3년, 고등학교 3년에 대학교에서도 영어를 배우는데 어떻게 영어 뉴스를 하나도 못 알아듣나?"고 물었다. 초등학교 공부가 전부인 아버지의 눈에는 영어로 된 전공 서적으로 공부하는 아들이 정작 영어를 못 알아들으니 이해가 안 되는 현상이었나보다. 책에서 배우는 영어와 실제 쓰는 영어는 차이가 크다고 변명하면서도 내심 자신도 말이 안 된다는 생각이 들었다.

이날 이후로 김성호는 틈만 나면 AFKN의 영어 뉴스를 들었고 비슷비슷한 내용을 반복해 청취하다 보니 어느 순간 거짓말처럼 영어가 들리기 시작했다. 이런 상황에서 풀브라이트 장학생 모집 공고가 났고 치열한 경쟁 속에서 당락을 좌우했을 영어 회화 과목에서 높은 점수를 받아 합격할 수 있었다.

이제 비용 문제는 해결됐고 다음은 어느 대학 어느 교수에게 가는가를 정하는 일이 남았다. 당시 X선 결정학은 영국과 미국이 주도했으므로 김성호는 미국의 대학을 가고 싶었는데, 아쉽게도 일본에서 공부한 구정회 교수는 별 도움을 주지 못했다. 다행히 당시 서울대 도서관이 학술지 『결정학Crystallography』을 구독하고 있었는데, 김성호는 1년 치를 가져다 놓고 논문 저자들의 소속 대학을 표로 정리했다. 그 결과 알아낸, 논문 수 기준 상위 세 곳인 피츠버그대와 펜실베이니아대와 코네티컷대에 입학 지원서를 보내고 답을 기다렸다.

다행히 얼마 지나지 않아 상위 1위인 피츠버그대에서 합격 통지서가 왔고 김성호는 주저 없이 이곳으로 정했다. 그런데 유학을 준비하는 중 다른 두 대학도 합격을 알렸다. 김성호는 이미 대학을 정했다는 답신을 보냈다. "아마도 풀브라이트 장학생이라는 게 작용했던 것 같습니다. 당시 한국 대학은 인정받을 만한 수준이 아니었으니까요." 김 교수의 회상이다.

2-6 남동생 김헌무(오른쪽)와 함께. 장남인 김성호가 1962년 미국으로 유학을 떠날 수 있었던 이유도 김헌무가 형 몫까지 든든한 버팀목이 됐기 때문이다. (제공 김성호)

가족들에게 유학하고 싶다고 얘기했음에도 막상 진짜 외국에 공부하러 가게 되자 장남으로서 마음이 무거웠다. 이때 동생이 나서 "부모님은 걱정하지 말고 가서 열심히 연구하라"며 형을 안심시켰다. 세 살 아래인 남동생 김헌무로 당시 서울대 법대생이었다.[8] 동생은 학부 3학년 때 사법고시에 합격해 주위를 놀라게 했다. 1년에 채 열 명을 뽑지 않던 시절이었으므로 아마 신문에도 났을 것이다. 훗날 김헌무는 판사를 거쳐 변호사로 활동했다. 아무튼 김성호는 잘난 동생 덕분에 장남의 부담을 덜고 유학을 떠날 수 있었다. 김성호 교수는 한 인

8 원래 이름은 김홍숙으로 어릴 때 개명했다.

터뷰에서 동생과 자신을 이렇게 비교했다.

"세 살 터울의 동생이 있는데, 저보다 동생이 머리가 더 좋았어요. 어릴 때 동생과 장기를 두면 저는 말을 하나 옮기는 데도 시간이 오래 걸리는데, 동생은 빨리빨리 결정하고 옮기더라고요. 나한테 빨리 좀 두라고 재촉했을 정도였어요. 동생의 성화에 깊이 생각하지 않고 빨리 두면 항상 졌습니다. 그런데 충분히 생각하고 두면 제가 이겼어요. 저는 깊이 생각하는 것은 자신 있는 편이었습니다. 시인이 되고 싶었던 것도 제 이런 성격 때문이었던 것 같아요. 이렇게도 생각해보고 저렇게도 생각해보는 것이 좋았어요."[9]

1962년 서울대 대학원을 졸업한 25세 청년 김성호는 이해 8월 미국행 비행기에 몸을 실었다. 한 5년 열심히 공부해 박사학위를 받고 돌아올 생각이었던 그는 그 열 배가 넘는 60여 년의 세월 동안 미국에 머물게 될 줄 꿈에도 몰랐다.

---

9 한국과학기술한림원 유공자지원센터 인터뷰(2023).

3장

미국 X선 결정학의 산실에서

1962년 여름, 25세 청년 김성호는 미국 펜실베이니아주 피츠버그 공항에 내렸다. 지금이야 한국과 미국 차이가 크게 느껴지지 않지만, 당시는 완전히 딴 세상이었다. 외향적인 사람이라도 이런 상황에서는 위축되지 않을 수 없을 것이다. 하물며 남들 앞에 나서기를 꺼리는 김성호처럼 내향적인 성격은 적응하지 못하고 유학 생활을 포기할 수도 있다. 실제 유학 생활에 실패해 귀국길에 오르는 학생도 적지 않다.

그런데 김성호는 반대였다. 한국에서는 다들 자신의 그런 성격을 잘 알고 있어 변신을 꾀하기가 어색했지만 낯선 곳인 미국에서는 오히려 자신의 첫인상을 만들어갈 수 있지 않을까. 즉 좀 더 적극적으로 행동한다면 외향적인 모습으로 비칠 수도 있다는 말이다. 다행히 김성호는 변신에 성공했고 심리적 문제를 겪지는 않았다. 대학원 시절 미팅이나 세미나에서 영어로 발표를 할 때도 힘들지 않았다. 말을 하다 실수를 해도 '외국 학생이 이 정도면 잘하는 거 아닌가'라고 생각하며 대수롭지 않게 넘겼다. 이렇게 한해 두해 보내다 보니 어느새 그는 딴사람이 돼 있었다.

당시 미국 대학은 한국과는 비교할 수 없는 수준이었고 특히 그가 들어갈 제프리 교수의 실험실은 미국 대학에서도 엄청난 규모였다.

3-1 김성호의 피츠버그대 화학과 박사과정 지도교수인 조지 제프리 교수는 전형적인 영국 신사로 1953년 미국으로 건너와 1985년 은퇴할 때까지 30여 년 동안 미국 결정학 발전에 크게 기여했다. (제공 『Acta Cryst.』)

X선 결정학의 대가인 영국인을 모셔오기 위해 피츠버그대에서 파격적인 지원을 했기 때문이다.[10]

김성호의 지도교수인 조지 제프리George Jeffrey(1915–2000)는 영국 웨일즈 카디프에서 태어나 1939년 버밍엄대 화학과에서 박사학위를 받았다. 제프리의 지도교수는 어니스트 콕스Ernest Cox(1906–1996)다. 콕스는 브리스톨대 물리학과를 졸업한 뒤 런던 왕립연구소의 윌리엄 헨리 브래그William Henry Bragg(1862–1942)의 실험실에 들어가 X선 결정학을 배웠다. 학문의 계보를 그리자면 '브래그(아버지)–콕스–제프리–김성호'인 셈이다.

---

10 김성호의 대표적인 업적인 tRNA 구조규명과 ras 단백질 구조규명은 모두 X선 결정학으로 해낸 일이다. 229쪽 부록1에서 X선 결정학의 성립 역사와 기본 원리를 소개했다.

제프리는 제2차 세계대전 기간 동안 영국고무생산자연구협회에서 고무의 단위체 결정 구조를 연구했고 전쟁 뒤에는 리즈대에서 강의했다. 1950년대 초 미국 피츠버그대에 방문교수로 갔다가 초빙 제의를 받고 1953년 아예 자리를 잡았다. X선 결정학 분야에서 대가가 즐비한 영국 대신, 아직 초창기인 미국에서 학교의 파격적인 지원을 받으며 꿈을 펼치기로 한 것이다.

실제 제프리 교수는 1985년 은퇴할 때까지 32년 동안 수많은 학생을 배출하며 미국 결정학 분야에 큰 기여를 했다. 미국결정학회 사이트에는 '북미의 결정학'이라는 제목으로 미국과 캐나다의 결정학 역사를 간단하게 정리한 글이 있는데, 제프리 교수에게 한 문단을 할애했을 정도다. 여기서 젊은 결정학자라며 제자 세 사람을 소개하고 있는데 헬렌 버먼Helen Berman과 네드 시먼Ned Seeman, 그리고 김성호다.

훗날 버먼은 단백질데이터은행Protein Data Bank을 구축해 이끌었고 시먼은 나노결정학Nano Crystallography 분야를 개척했다. 그리고 김성호는 미국 단백질 구조생물학의 리더가 됐다. 사실상 정보가 없던 서울대 대학원 시절, 결정학 학술지 논문 저자의 소속 대학의 빈도를 분석해 유학 지원서를 보낼 곳을 정한 김성호의 판단이 얼마나 정확했는지 새삼 놀라울 뿐이다.

구조결정학 분야에서 제프리의 가장 큰 기여는 수소결합의 특성을 밝힌 연구일 것이다. 수소결합이란 한 분자의 수소원자와 해당 분자 또는 다른 분자의 산소원자 또는 질소원자 사이의 약한 결합이다. 이는 원자가 전자를 끌어당기는 힘인 전기음성도라는 특성의 차이에서 비롯한다. 원자핵에 양성자가 하나뿐인 수소원자는 전기음성도가 작아 전기음성도가 큰 산소원자나 질소원자와 공유결합한 상태에서는 전자를 일부 빼앗겨 약간 양전하를 띤다. 이때 주변에 약간 음전하를 띤 산소원자나 질소원자가 있으면 정전기적으로 서로 끌려 안정화된 상태가 바로 수소결합이다.

수소원자와 산소원자 사이의 수소결합의 힘은 두 원자 사이의 공유결합에 비하면 훨씬 약하지만 미묘한 생체반응에서 중요한 변수가 될 수 있다. 또 티끌 모아 태산이라고 수소결합이 여럿 모이면 상당한 힘을 발휘할 수 있다. DNA 이중나선이 대표적인 예로, 짝을 이루는 두 염기 사이에 수소결합이 셋(구아닌(G)과 시토신(C)) 또는 둘(아데닌(A)과 티민(T))이므로 염기 1,000개(전형적인 유전자 길이)로 된 DNA 조각의 경우 수소결합이 2,000~3,000개나 되는 셈이다. DNA 이중나선이 꽤 안정한 이유다.

제프리는 탄수화물 결정 연구를 통해 분자 내부의 수소결합 배열을 규명했고 결정 주변의 물 분자가 수소결합을 통해 배열되는 방식도 연구했다. 1950년대 들어서는 막 개발된 디지털 컴퓨터를 연구에 도입해 구조 분석에 필요한 수식을 계산하는 데 적용했다. 분자가 커질수록 계산해야 하는 양이 기하급수적으로 늘어나므로 컴퓨터의 도입은 필수적이라는 걸 일찌감치 파악했던 셈이다.

직접 가서 '직접 방법' 배워

1962년 김성호가 합류할 당시 제프리 교수 실험실에서는 '가벼운 원자 결정학' 연구에 집중하고 있었다. 기존 X선 결정학은 금속이나 인, 황 같은 무거운 원자가 포함된 광물의 결정을 분석하는 '무거운 원자 결정학'이다. 원자량이 클수록 X선 회절 패턴이 뚜렷하게 나오므로 무거운 원자를 포함한 분자는 기본 골격을 쉽게 알아낼 수 있다. 이를 기준 삼아 탄소와 수소 같은 가벼운 원자의 자리를 정해 전체 분자 구조를 규명하는 방식이다. 김성호가 서울대 석사 과정에서 연구한 무기분자 역시 무거운 원자인 인(P)이 포함돼 있다.

그런데 생명체에서 발견되는 생체 분자의 상당수가 수소, 산소, 질소 같은 가벼운 원소로만 이뤄져 있는 유기화합물이라서 이를 분석하는 방법을 개발해야 했고 김성호도 연구에 참여했다. 김성호가 박사학위에 들어갔을 무렵 새로운 방법이 개발돼 가벼운 원소로 이뤄진 유기분자의 구조를 빠르게 밝힐 수 있게 됐고 제프리 교수도 관심을 갖고 적용을 검토하고 있었다. 바로 '직접 방법direct method'으로, 미국 해군연구소의 수학자 허버트 하우프트먼Herbert Hauptman(1917–2011)과 물리학자 제롬 칼Jerome Karle(1918–2013)이 1950년대 이론 연구로 개발했다.

한 살 차이인 두 사람은 영재로 뉴욕시립대에 조기 입학해 1937년 불과 20살(하우프트먼)과 19살(칼)에 졸업했다. 그 뒤 두 사람은 각자의 길로 갔지만 2차 세계대전이 끝난 뒤 워싱턴DC의 해군연구소에서 재회한 뒤 X선 결정학의 데이터 해석 이론 연구를 같이 수행했다. 이때까지 결정 구조를 알려면 몇 가지 가정과 추측을 바꿔가며 정답을 찾는 시행착오 방법을 썼다. 투사하는 X선에 대한 결정격자의 방향, 즉 위상을 알 수 없었기 때문이다.

하우프트먼과 칼은 분자에서 전자밀도가 결코 음이 될 수 없다는, 즉 전자가 존재하거나 없는 두 경우밖에 없다는 물리적 전제(그 결과 음의 값이 나오는 수식들은 무시할 수 있다)와 회절 실험의 수가 많으면 통계적 방법으로 위상을 알아낼 수 있다는 사실을 바탕으로 가정 없이 데이터에서 바로 구조를 유추할 수 있는 직접 방법을 개발했다. 그러나 이들은 제안한 이론은 고급 수학을 이용했기 때문에 X선 결정학자들은 제대로 이해할 수 없었고 따라서 수년이 지나도 받아들이지 않았다.

그런데 화학자로 역시 해군연구소에서 근무하던 칼의 아내 이사벨라 칼Isabella Karle(1921–2017)이 남편과 남편 친구가 개발한 이론을 실험적으로 증명해 보이겠다고 나섰다. 즉 간단한 분자로 결정을 만든 뒤 회절 데이터값을 수식에 넣어 해를 구해 구조를 밝힌 것이다. 이를 통해 직접 방법을 실제 적용할 수 있는 것으로 밝혀지면서 결정학자들의 인식도 바뀌기 시작했다.

김성호가 대학원에 들어갔을 때 이런 분위기였지만 제프리 교수 실험실에서는 아직 도입하지는 않은 상태였다. 이런 상황을 알게 된 김성호는 하우프트먼과 칼의 이론 논문을 읽어 봤지만 너무 어려웠다. 결국 실제 데이터 해석 과정에서 수식을 어떻게 적용하는지 알아야만 이해할 수 있을 것 같았다. 박사과정 2년 차인 1963년 어느 날 김성호는 제프리 교수에게 이사벨라 칼을 아는지 물었고 칼 부부와 친분이 있다는 말을 듣고 방문을 주선해달라고 부탁했다.

다행히 이사벨라는 흔쾌히 허락했고 해군연구소에 간 김성호는 1주일 정도 머물며 새 방법을 익힐 수 있었다. 김 교수는 "당시 이사벨라는 자신의 노트를 보여주며 데이터를 수식에 적용해 위상을 구하는 모든 과정을 공개했다"며 "지금 생각해도 놀라운 관대함"이라고 회상했다. 직접 방법은 데이터를 많이 모아 통계처리를 해야 하므로 계산량도 많아 컴퓨터를 쓰면 일이 훨씬 줄고 빨라질 수 있다. 따라서 이사벨라 칼 박사의 실험실에도 프로그래머가 있었다.

그런데 오랜 친구인 제프리 교수도 차마 찾아가지 못하고 있는데 유학 2년 차로 아직 영어도 서툰 외국인 젊은이가 가서 배워오겠다고 나섰으니 지금 생각하면 대단한 용기다. 김 교수는 "솔직히 방문하면서도 도움을 받을 수 있을지 확신하지 못했다"며 "그래도 너무나 배우길 원했기에 부딪쳐 본 것"이라며 이사벨사 칼 박사도 이런 열정을 느꼈기에 기꺼이 도와준 것 같다고 말했다.

김성호는 피츠버그로 돌아와 동료들에게 직접 방법을 실제 적용하는 요령을 알려줬고 네덜란드에서 온 박사후연구원인 버스킨Burskin이 직접 방법으로 데이터를 처리하는 프로그램을 만들었다. 그 결과 제프리 교수의 실험실에서도 가벼운 원소로 이뤄진 분자의 구조를 빠르게 밝힐 수 있게 됐다. 김 교수는 "전자밀도 지도에서 구조가 모습을 드러내는 과정을 지켜보며 꽤 신났다"고 당시를 기억했다.

김성호는 고리형 카복실기 에스터인 락톤lactone의 기본구조를 연구했고(2) 이를 바탕으로 글루쿠로놀락톤glucuronolactone의 결정 구조를 밝혔다(5). 또 단당류인 아라비노스arabinose와 당알코올인 소르보오스sorbose의 결정 구조를 규명했다(3, 4). 이처럼 짧은 기간에 여러 분자의 구조를 밝힐 수 있었던 것도 직접 방법 덕분이다.

1985년 하우프트먼과 제롬 칼은 직접 방법을 개발한 공로로 노벨화학상을 공동 수상했다. 그런데 이론의 영역에 머물던 직접 방법을 실제 실험에 적용해 분자 구조를 밝혀 X선 결정학 학계가 받아들이게 한 이사벨라 칼은 상을 받지 못했다. 노벨상은 최대 3명까지 줄 수 있으므로 자리가 없는 것도 아니고 이론을 중요시하는 물리학상도 아닌데 이해하기 어려운 결정이었다. 김 교수도 "당시 X선 결정학 분야 사람들은 이사벨라가 빠져 의아하게 생각했다"고 회상했다.

일찌감치 컴퓨터 사용

김성호가 박사과정 3년 차인 1964년 실험실에 대학원 신입생 헬렌 버먼이 들어왔다. 1943년 생으로 김성호보다 6년 연하인 버먼은 꽤 수다스러운 여학생으로 다소 삭막했던 실험실에 활기를 부여했다. 실험실 선배인 김성호는 버먼의 적응을 도왔을 뿐 아니라 수산화요소hydroxyurea와 단당류인 메틸글루코사이드methylglucoside의 결정을 만들어 구조를 밝히는 연구를 공동으로 수행했다(6, 9). 이들은 졸업 뒤 각자 길을 가면서도 취미 프로젝트를 같이 진행하며 인연을 이어나갔다. 김성호는 입학 4년만인 1966년 박사학위를 받았다. 그의 박사학위 논문의 제목은「탄수화물의 결정 구조」다.

피츠버그대에 머문 4년 동안 김성호는 많은 것을 배웠다. 제프리 교수의 연구실에는 세계 각국에서 뛰어난 박사후연구원과 대학원생이 모여들었고 연구 여건도 우수했다. 예를 들어 연구실 전용 컴퓨터실과 전담 엔지니어도 있었는데 당시로는 파격적이었다. 보통은 대학 전체에 컴퓨터실이 한 곳 있고, 사용자는 시간을 예약해 쓰던 시절이었다. 학생들은 데이터를 계산할 기계어 프로그램을 직접 짜고 펀치 카드에 입력했다. 김 교수는 "대학원은 가능한 세계적으로 해당 분야를 이끄는 그룹으로 가는 게 좋다"며 자신이 제프리 교수팀에서 연구할 수 있었던 건 행운이라고 회상했다.

김성호가 유학하던 시기 피츠버그대에는 한국인은 물론 동양인도 흔치 않았다. 규모가 큰 제프리 교수의 실험실에도 동양인은 김성호와 일본인 연구원 한 명 뿐이었다. 이 분은 일본에서 교수였는데, 첨단 학문인 X선 결정학을 공부하기 위해 사표를 내고 미국으로 건너와 연구원으로 일하고 있었다. 지금 생각하면 학문을 향한 순수한 열정이 대단한 사람이었다.

피츠버그대 유학 생활에서 위안이 된 건 역시 클래식 음악이었다. 특히 학교 근처에 유명한 피츠버그 오케스트라가 있어 음반이 아닌 현장 연주를 감상할 수 있었다. 공연장을 자주 찾다 보니 피츠버그 오케스트라에 소속된 한국인 비올라 연주자와도 친분이 생겼을 정도다. 샘이라는 애칭으로 부른 새뮤얼 강은 미국에서 가장 오래된 명문 음대인 뉴잉글랜드음악원에서 유학한 뒤 한국으로 돌아갔다가 피츠버그 오케스트라에서 비올라 단원을 뽑는다는 얘기를 듣고 오디션을 봐 100대 1이 넘는 경쟁률을 뚫고 합격해 다시 미국으로 건너왔다. 김성호보다 8년 연상인 샘 강은 몇 명 안 되는 유학생들과 주말이면 교외로 놀러 가기도 했고 가끔 주말에 집에 초대해 집밥을 먹여주기도 했다.

덕분에 김성호의 클래식 사랑은 더 깊어졌다. 피츠버그 유학 시절에서 두 세대가 지난 2022년 김성호 교수는 우연히 피아니스트 임윤찬의 반 클라이번 국제 피아노 콩쿠르 동영상을 봤다. 임윤찬은 준결승에서 리스트의 〈초절기교 연습곡〉을, 결승전에서 라흐마니노프의 〈피아노협주곡 3번〉을 신들린 듯 연주해 센세이션을 불러일으켰다. 김 교수는 "연주 장면을 보고 굉장히 감동했다"며 "불과 18살 나이에 저런 경지에 도달했다는 것을 믿을 수 없다"고 말했다.

1966년 김 교수가 졸업한 뒤에야 제프리 교수 실험실에 한국인 유학생이 들어왔다. 그 가운데 한 사람이 서울대 대학원 시절 실험실 동기였던 유정수였다. 석사를 마치고 국내에서 일자리를 잡았지만 학문에 미련이 남아 뒤늦게 유학길에 오른 것이다. 한편 유정수의 서울대 화학교육과 동기였던 이상규도 이 시기 피츠버그대에 유학해 교육학 박사과정에 있었다.

화학교육과 동기이자 같은 대학으로 유학 온 두 사람의 인연은 20여 년 뒤 비극적인 사건으로 이어졌다. 결정학 연구로 학위를 받은 유정수는 피츠버그의 퇴역군인관리병원VA Hospital 부설 X선 연구소에서 근무하며 피츠버그대 겸임교수직도 맡으며 연구 활동을 이어갔다. 한편 이상규는 학위를 받고 한국으로 돌아가 교수를 하다 우연한 계기에 청와대에 근무하게 됐고 그 덕분인지 40대의 젊은 나이에 강원대 총장으로 부임했다.

의욕에 넘쳤던 이 총장은 캠퍼스에 학문적 활기를 불어넣으려고 1983년 피츠버그의 유 박사에게 강원대 초빙교수직을 제안했고 유 박사는 이해 9월 1일 귀국 비행기에 몸을 실었다. 그러나 비행기가 사할린 인근을 지나갈 때 소련 전투기가 미사일을 쏴 격추하는 충격적인 사건이 발생했다. 이 사건으로 16개국 269명의 탑승객 전원이 사망했고 이 가운데 유 박사도 포함됐다.

서울대 화학교육과 후배이자 명지대 화학과 교수로 재직하면서 뒤늦게 구정회 교수 밑에서 박사학위를 받은(1980년) 서정선 명지전문대 전 총장은 1982년 안식년을 맞아 학과 선배인 유 박사의 연구소에서 보냈다. 원래는 같이 귀국하려고 했으나 사정이 생겨 일정을 늦췄다. 서 총장은 미국에서 사고 소식을 듣고 망연자실했던 순간을 지금도 생생하게 기억했다.

당시 버클리대 화학과 교수였던 김성호도 이 소식을 듣고 충격을 받았다. 20여 년 전 막 부임한 신참 교수의 실험실에서 둘뿐인 석사과정 대학원생으로 힘들게 연구하고 가끔은 막걸리 잔을 앞에 두고 이런저런 얘기를 나누던 친구가 이렇게 허무하게 세상을 떠난 게 믿어지지 않았다. 가끔 학회에서 얼굴을 보고 안부를 나누기는 했지만 그게 마지막일 줄을 꿈에도 생각하지 못했다.

사건이 있고 28년이 지난 2011년 유 박사의 유족은 "후학 양성에 써달라"며 강원대에 발전기금 1억 원을 기탁했다. 한국의 과학발전을 돕기 위해 오다가 소련의 민간 여객기 테러로 연구자로서 한창인 46세의 나이에 목숨을 잃은 유정수 박사의 비극적인 삶을 애도하며 명복을 빈다.

생물학이라는 낯선 땅으로

1966년 박사학위를 받은 김성호는 MIT 생물학과 알렉산더 리치 교수팀에 박사후연구원으로 들어가기로 해 주위를 놀라게 했다. 거기서도 X선 결정학 연구를 한다지만 물리학과나 화학과가 아닌 생물학과에서 경력을 쌓는다는 건 별 도움이 안 되고 자칫 길을 잃을 수도 있기 때문이다. 여기에 덧붙여 인맥이 없다는 것도 훗날 자리를 잡는 데 불리하게 작용할 수도 있다.

사실 김성호는 대학원 생활을 하면서 신생물학new biology이라고 불리는, 새로 떠오르는 생물학 분야에 관심이 많았다. 얼마 뒤 분자생물학molecular biology으로 이름이 바뀐 신생물학은 기존 생물학과는 달리 물리학과 화학의 방법론을 적용해 분자 수준에서 생명현상을 이해하려는 움직임이다. 다만 생물학 지식이 없다면 지도교수가 시키는 연구만 할 수 있을 뿐 새로운 연구주제를 발굴해 독자적인 연구를 수행하기는 힘들 것이다. 생물학 지식이 전혀 없는 김성호로서는 마음뿐 막상 어떻게 해야 할지 몰랐다.

이런 고민을 하고 있을 때 마침 기회가 찾아왔다. 박사과정이 끝나가던 어느 날 제프리 교수가 김성호를 불렀다. 영국에서 함께 지낸 적이 있는 MIT 생물학과의 리치 교수가 박사후연구원을 추천해 달라는데 관심이 있느냐는 것이다. 리치 교수는 생화학 실험을 주로 하는 연구를 하면서 X선 결정학으로 비정규 염기쌍[11]의 구조를 밝히는

---

11 G:C(구아닌:시토신)와 A:T(아데닌:티민)(RNA에서는 A:U(우라실))를 정규 염기쌍이라고 부르고 그 외의 조합을 비정규 염기쌍이라고 부르는데 G:U 등이 있다.

프로젝트도 하고 있었는데, 박사후연구원 두 명을 투입했음에도 진전이 잘 안 돼 실력 있는 졸업생을 찾고 있었다. 김성호는 "흥미가 있다"고 대답했고 제프리 교수에게 이 말을 들은 리치가 바로 연락해 MIT를 방문해달라고 말했다.

막상 만나보니 지도교수인 제프리 교수와 정반대의 캐릭터였다. 제프리 교수는 전형적인 영국 신사 스타일에 나이 차도 꽤 나 삼촌뻘이었다면 미국인인 리치 교수는 김성호보다 13살 연상으로 미국인답게 격의가 없었고 사람도 좋아 보였다. 두 사람은 첫 만남의 자리에서 바로 같이 일해보기로 했다.

이 말을 들은 제프리 교수는 자신이 소개했음에도 좀 더 신중히 결정했어야 한다고 아쉬워했다. 동료들 역시 낯선 생물학과에 가겠다는 김성호를 만류했다. 그러나 새로운 분야로 뛰어들고 싶은 김성호는 이미 마음을 굳혔다. 1966년 여름 박사학위를 받은 29세 청년 김성호는 이해 연말 정든 피츠버그를 뒤로하고 MIT가 있는 케임브리지[12]로 향했다.

---

12 매사추세츠주 보스턴의 위성도시로 이민자들이 영국의 케임브리지를 기념하기 위해 같은 이름을 썼다. 미국의 명문 대학인 MIT와 하버드대가 자리하고 있다.

4장

tRNA 구조규명 경쟁의 시작

김성호 박사가 박사후연구원을 보내기로 한 MIT 생물학과의 연구실을 이끄는 알렉산더 리치Alexander Rich(1924–2015) 교수(보통 애칭인 알렉스로 부른다)는 분자생물학의 초창기나 개척자를 다루는 책들에서 이름이 보이는 과학자다. DNA 이중나선 구조를 제안한 제임스 왓슨James Watson과 1950년대 중반 함께 연구하며 친분을 쌓은 덕에 'RNA 타이 클럽' 회원에 뽑혔기 때문이다.

미국 코네티컷주 하트포드에서 태어난 리치는 1947년 하버드대에서 생화학으로 학사학위를 받고 하버드 의대 존 에드살 교수 실험실에서 단백질 화학을 연구해 1949년 박사학위를 받았다. 그 뒤 칼텍Caltech(캘리포니아공대)의 라이너스 폴링Linus Pauling(1901–1994) 교수 실험실에서 5년 동안 박사후연구원 생활을 했다. 폴링은 단백질의 2차 구조인 알파나선구조와 베타병풍구조를 제안한 저명한 화학자다.

1953년 봄 영국 캐번디시연구소에서 프랜시스 크릭Francis Crick과 함께 DNA 이중나선 구조를 제안한 왓슨은 그해 9월 폴링이 주관한 단백질 구조 컨퍼런스에 참석차 칼텍에 왔다가 폴링 실험실에 눌러앉아 2년이나 머물렀다. 이곳에서 왓슨은 RNA의 3차원 구조를 밝히는 연구를 진행했고 리치도 이듬해 떠날 때까지 참여했다.

왓슨이 RNA에 주목한 건 DNA의 유전정보에 따라 단백질을 만드는 과정에서 RNA가 개입하는 것 같다고 생각해서였다. 즉 진핵생물에서 단백질이 만들어지는 곳은 DNA가 있는 핵이 아니라 세포질에 있는 리보솜이고 여기에 RNA가 존재했기 때문이다. RNA는 DNA와 꽤 비슷한 분자로, 네 염기 가운데 하나가 DNA의 티민 대신 약간 구조가 다른 우라실(U)이라는 것과 당의 구조가 DNA의 디옥시리보스deoxyribose와 약간 다른 리보스ribose라는 게 다른 점이다.

당시에는 아는 게 이 정도라 세포 안에 얼마나 다양한 RNA 분자가 있는지 몰랐고 따라서 분리한 RNA 혼합물로 결정을 만들어 X선 회절로 구조를 분석한다는 게 얼마나 무모한 시도인지 깨닫지 못한 상태였다. 그러다 보니 칼텍에 머무른 2년 동안 아무 소득이 없었다.

한편 리치는 1954년 미 국립보건원NIH 물리화학분과 수석연구원으로 자리를 잡았고 이듬해 안식년을 맞아 영국 캐번디시연구소로 건너가 막스 페루츠Max Perutz의 실험실에서 1년간 머물렀다. 이때 왓슨도 따라간 것으로 보아 아마도 왓슨이 바람을 넣었을 것이다. 영국에서 리치는 왓슨과 RNA 연구를 하면서 동시에 크릭과 콜라겐 단백질의 구조를 규명하는 연구를 수행했다.

RNA 구조규명 연구에 3년을 소득 없이 보낸 왓슨은 결국 포기하고 1956년 하버드대에 자리를 잡은 뒤에는 리보솜의 생화학 연구에 뛰어들었다. 반면 리치는 왓슨과 달리 완전히 포기하지는 않았다. 1958년 MIT 생물학과에 교수로 부임해서는 박테리아의 단백질 합성 과정을 밝히는 연구에 주력했고 1963년 mRNA 가닥 하나에 리보솜 여러 개가 붙어 동시에 단백질이 만들어지는, 즉 번역이 일어나는 복합체인 폴리솜polysome을 발견했다. 동시에 비정규 염기쌍 결정을 만들어 X선 회절 패턴을 분석해 구조를 밝히는 연구도 병행했다. 다

4-1 1966년 학위를 받은 김성호 박사는 이해 연말 MIT 생물학과 알렉산더 리치 교수 연구실로 옮겨 박사후연구원 생활을 시작했다. 리치 교수는 분자생물학의 개척자 가운데 한 사람으로 RNA 타이 클럽의 회원이다. RNA를 형상화한 무늬의 넥타이를 맨 리치의 모습이다.

만 별 진전이 없어 이 분야에 뛰어난 박사후연구원을 찾은 것이다.

리치는 2015년까지 무려 57년 동안 MIT에 머물렀다. 그는 이해 4월 세상을 떠나기 두 달 전까지도 실험실에 나왔다고 한다. 반세기가 넘는 연구에서 리치의 대표적인 업적을 뽑으라면 1973년 tRNA가 'L'자 형태임을 밝힌 저해상도 구조규명[13]과 1979년 Z-DNA 구조규명 연구일 것이다. 이 가운데 tRNA 구조규명 연구를 김성호 박사와 함께했다.

tRNA는 왓슨, 크릭과 함께 리치가 회원이었던 RNA 타이 클럽과 깊은 관계가 있는 생체분자로, 리치의 입장에서는 자신의 실험실에

13 1974년 tRNA 고해상도 구조규명은 김성호와 리치의 공동 업적으로 보기 어렵다. 그 이유는 다음 장에서 다룬다.

서 tRNA 구조를 밝힌 건 운명 같은 일이었을 것이다.[14] 이런 애착이 있었기에 tRNA 고해상도 구조규명을 앞에 두고 독점욕에 당시 듀크대로 자리를 옮긴 김성호 교수를 멀리하게 됐고 경쟁하던 영국 팀과 오해가 생겨 우선권 논란에 휩싸이며 결국 놀라운 성과를 내고도 노벨상을 받지 못하게 되는데, 이 이야기는 4장에서 다룬다. tRNA 구조규명 연구에 대해 본격적으로 이야기하기 전에 MIT에 가서 2년 뒤 김성호 박사의 삶에 일어난 엄청난 변화에 대해 먼저 알아보자. 바로 그의 결혼이다.

서른에 중국계 미국 여성과 깜짝 결혼

1962년 미국 유학을 떠날 때만 해도 김성호는 박사학위를 받고 돌아와 자리(아마도 대학교수)를 잡을 생각이었다. 1966년 4년 만에 학위를 받을 때만 해도 마찬가지였다. 다만 박사후연구원을 하면서 미국에 2, 3년 더 머물며 경력을 쌓은 뒤 돌아갈 생각이었다. 따라서 리치 교수 실험실에서 좋은 성과를 낸 뒤에는 본격적으로 국내 일자리를 알아봤을 것 같은데 김성호 박사는 그렇게 하지 않았다. 이 사이 뜻밖의 상황이 벌어지며 김성호 박사는 인생 계획을 다시 써야 했기 때문이다. 1968년 7월 27일 MIT 부속 예배당에서 서른 살의 김 박사는 여덟 살 연하인 중국계 미국인 로절린드 유안Rosalind Yuan과 결혼했다.

---

14 RNA 타이 클럽과 tRNA 구조 규명 초기 연구에 대해서는 235쪽 부록2 '어댑터 실체는 tRNA' 참고.

4-2 MIT 생물학과 박사후연구원 시절 (제공 김성호)

오하이오주의 작은 사립대인 앤티악칼리지 생물학과 학생인 로절린드는 1966년 MIT로 외부 실습을 나왔다. 이 대학은 특이하게도 5년제로, 본교에서 4년을 보내고 중간에 외부 대학에서 1년 동안 실습을 해야 졸업할 수 있었다. 3학년을 마친 로절린드는 MIT 생물학과에서 이름이 알려진 리치 교수의 실험실을 선택했다.

박사후연구원을 막 시작한 김 박사는 비슷한 시기에 들어온 동양인 여학생에 별 관심이 없었다. 겉모습만 친숙할 뿐 사고방식이나 생활 양식은 미국 스타일이라 자신과는 완전히 다를 것이라고 지레짐작했기 때문이다. 이 무렵 김 박사는 가끔 보스턴과 프로비던스 등 가까운 지역의 한국 유학생을 소개받아 만났지만, 연인으로 발전하지는 못했다.

그런데 반년쯤 지난 어느 날 김성호는 로지Rosie(로절린드의 애칭)와 같이 영화를 봤고 나와서는 술을 마시고 춤까지 췄다. 김 교수는 "첫 데이트에서 그녀의 젊음과 밝은 성격, 건강한 아름다움에 깊은 인상을 받았다"며 "우리는 금방 아주 가까운 사이가 됐다"고 당시를 회상했다. 김 박사와 로지 두 사람은 주중에 한 실험실에서 일하고 주말이면 교외로 돌아다니며 같이 시간을 보냈다. MIT에서 두 학기를 보내고 로지가 앤티악으로 돌아간 뒤 두 사람은 수시로 통화를 하고 편지를 주고받았다. 주말이면 김 박사가 앤티악으로 가거나 로절린드가 케임브리지로 와서 데이트를 즐겼다.

이 무렵 김성호는 유학 올 때 세운 계획을 따르기 어렵겠다는 걸 깨닫기 시작했다. 로지와 함께 하려면 현실적으로 미국에서 계속 살 수 밖에 없었기 때문이다. 김 교수는 "그때까지 누구도 그렇게 사랑한 적이 없었다"며 "첫인상과는 달리 나와 여러 면에서 인생관이 잘 맞았다"고 회상했다. 놓칠 수 없는 여성이었다는 말이다. 결국 김성호는 결심을 굳히고 로지에게 프러포즈했다.

김성호 교수는 "부모님께 미국 여성을 사귀고 있다고 알렸을 때 아마도 마음에 안 드셨겠지만 대놓고 반대하시지는 않았다"고 당시를 회상했다. 로절린드가 앤티악칼리지를 졸업한 직후인 1968년 여름 두 사람은 결혼식을 올렸다. 당시는 비행기를 타기가 어려운 시기라 김 박사의 가족은 참석하지 못했다. 로절린드는 결혼 3년 뒤에야 한국을 방문했는데, 안타깝게도 시아버지의 장례식에 참석하기 위해 부랴부랴 온 것이었다.

사실 로절린드의 삶도 김성호만큼이나 우여곡절이 많았다. 그녀의 아버지, 즉 김성호의 장인인 유안따오펑袁道豐은 중국인으로 1930년대 프랑스 소르본대학에서 유학한 엘리트다. 정치학을 공부해 박사학위를 받고 귀국해 잠시 중국에서 교수를 하다 파리 영사로 임명돼 다시 프랑스로 건너갔다. 그런데 얼마 뒤 2차 세계대전이 일어났고 프랑스는 속절없이 나치 독일에게 점령됐다. 한편 중국도 정치 격변을 겪으며 장제즈 정부는 공산당에 밀려 대만으로 쫓겨났다.

독일 점령으로 프랑스의 중국 영사관이 문을 닫게 되면서 유안따오펑은 본국 정부로부터 대만으로 오든지 쿠바 아바나에 영사로 가든지 선택하라는 연락을 받았다. 유안따오펑은 쿠바를 택했다. 그리고 쿠바에 온 지 얼마 되지 않은 1945년 아내가 딸을 낳았는데 바로 로절린드다. 그녀는 중학생 때까지 쿠바에서 살아 중국인임에도 스페인어가 모국어이고 실제 중국말을 잘하지 못한다.

그럭저럭 살아가던 쿠바에서의 삶도 피델 카스트로의 등장으로 다시 흔들리기 시작했다. 오랜 내전 끝에 1959년 마침내 권력을 잡은 카스트로는 대만과 외교관계를 단절했고 결국 총영사관도 문을 닫았다. 이미 외국 생활을 오래 했고 고국이라는 대만 역시 낯선 땅이었기 때문에 유안따오펑은 쿠바에 남기로 했다. 생계를 유지하려고 법률사무소를 열었는데, 어찌 보면 한국전쟁 뒤 대서소를 연 김성호의 부친과 비슷한 처지가 된 것이다.

그런데 쿠바 공산주의 체제의 압박이 점차 거세지면서 쿠바에 머문다는 건 위험한 일이 됐고 결국 유안따오펑은 결단을 내려 쿠바를 탈출해 미국으로 가기로 했다. 유안따오펑은 쿠바 당국의 의심을 사지 않기 위해 작전을 짰다. 즉 1960년 여름 유안따오펑은 당시 미국 앤티악칼리지에서 유학하고 있던 아들의 졸업식에 참석해야 한다는 핑계로 먼저 미국으로 떠났다. 그리고 수주 뒤 아내와 딸이 여행 가방만 들고 비행기에 올랐다.

물론 살던 집을 포함해 비롯해 쿠바의 재산 대부분을 포기해야 했다. 유안따오펑은 평소 잘 알고 지내는 인근 성당 신부에게 탈출 계획을 말한 뒤 재산을 처분할 권한을 넘겼다. 그 결과 그의 재산은 가톨릭 교단에 귀속됐다. 미국에 온 유안따오펑은 정치 칼럼니스트로 변신했다. 현대 정치의 한복판에서 온갖 경험을 한 그였기에 대만의 언론사나 출판사에서 원고 청탁이 끊이지 않았다.

흥미롭게도 딸이 나이가 여덟 살이나 더 많은 한국 남자와 결혼하겠다는 얘기를 들은 유안따오펑은 과거 외교관 시절 인맥을 동원에 장래 사위의 뒷조사를 했다. 혹시라도 한국에 처자식을 두고 온 유부남이 아닐까 걱정이 된 것이다. 물론 김성호의 호적은 깨끗했다.

14살에 미국으로 와서 22살 다소 이른 나이에 결혼한 로절린드는 MIT와 멀지 않은 보스턴대 미생물학과 대학원에 진학해 박사과정을 밟았다. 젊은 부부는 신혼의 꿈에 빠져있을 여유도 없이 연구에 매달리는 생활을 이어갔다. 2세 계획 역시 로절린드가 학위를 받을 때까지 미뤘다.

결혼하고 5년이 지난 1973년에야 첫아들인 크리스토퍼(한국 이름은 김상재)가 태어난 배경이다. 첫아들은 미국 프린스턴대에서 지질학을 전공했고 스탠퍼드대에서 박사학위를 받은 뒤 지금은 미국 채프먼대 지구환경과학부 교수로 재직하고 있다. 1976년 태어난 둘째 아들 조너선(김상준)은 IT매체 기자를 거쳐 지금은 최신 전자기기 리뷰를 주로 하는 프리랜서 작가로 활동하고 있다. 아마도 외할아버지의 글솜씨를 물려받은 듯하다.

하버드에서 강의 듣다 정보 얻어

1966년 MIT에 왔을 때 리치 교수 실험실의 분위기는 제프리 교수 실험실과 꽤 달랐다. 생화학 연구는 세계적 수준이었지만 X선 결정학 연구는 수준이 좀 떨어졌다. 리치부터 X선 결정학이 원래 전공이 아니라 박사후연구원 시절 폴링과 크릭에게서 배운 것으로, 섬유나 분말에 X선을 쪼여 얻은 회절 패턴에서 구조를 추측해 모형을 만드는 연구였다. 반면 단결정[15]을 만들어 구성 원자 하나하나의 위치까지 알아내는 결정학 연구에 대한 경험이 없었다. 그리고 데려온 박사후연구원 두 사람도 X선 결정학 연구에서 고전했다.

당시 리치 교수 실험실에서는 비정규 염기쌍 분자의 결정을 만들어 구조를 밝히는 연구를 진행하고 있었다. 그런데 회절 데이터를 얻고도 이를 제대로 해석하지 못해 고생하고 있었다. 김 박사는 들어가자마자 이런 문제 몇 가지를 바로 해결해 주위를 놀라게 했다. 그 뒤 김 박사는 작은 분자 두세 개로 이뤄진 복합체의 X선 결정학 연구를 맡았고 그 결과를 담은 논문을 『사이언스』와 『미국립과학원회보』 같은 저명한 학술지에 실었다(7, 8).

리치 교수는 학생이나 연구원이 주어진 일만 제대로 해내면 실험실 생활에 간섭하지 않는 스타일이었다. 따라서 김 박사는 연구를 요령 있게 하고 수시로 실험실 자리를 비웠다. 그에게는 낯선 분야인 생물학의 기본을 배우기 위해서다. MIT는 물론 인근 하버드대에서도 생물학 분야의 여러 강의를 청강했는데, 처음에는 강의 내용을 이해하지 못해 고생했다. 무엇보다도 용어가 낯설었고 알고 있다고 생각한 용어도 의미가 다른 경우가 많았다.

그럼에도 몇몇 강의에서는 깊은 인상을 받았다. MIT 생물학과에서 들은 생물학 개론 수업에서 살바도르 루리아Salvador Luria(1912–1991)

---

15 자세한 내용은 67쪽 참조

교수는 낯선 개념을 알기 쉽게 강의했다. 이탈리아 출신의 미생물학자로 바이러스의 분자생물학 연구를 개척한 루리아는 얼마 뒤인 1969년 노벨생리의학상을 받았다.

실험실에 오자마자 연구와 연애에서 탁월한 성과를 보인 동양인 박사후연구원에 리치 교수 역시 깊은 인상을 받았는지 김 박사에게 중요한 프로젝트를 맡기며 전권을 위임했다. 그리고 인력과 장비가 필요하면 언제라도 요청하라고 덧붙였다. 김 박사가 맡은 프로젝트가 바로 당시 학계의 뜨거운 이슈로 떠오른 tRNA의 3차원 구조 연구다.

1965년 코넬대 로버트 할리Robert Holley 교수팀이 tRNA의 1차 구조인 염기서열을 규명하고 2차 구조로 네잎클로버 모형을 제시하자 이 분자의 실제(3차원) 구조를 밝히려는 연구가 본격적으로 시작됐다.[16] 염기서열이나 2차 구조만으로는 tRNA가 어떻게 mRNA의 코돈과 해당 아미노산 사이에서 중개자 역할을 하는지 구체적인 단계를 알 수 없기 때문이다. X선 결정학의 산실인 영국은 물론 독일, 미국에서 여러 팀이 구조규명 경쟁에 뛰어들었다.

10여 년 전 혼합물 상태의 RNA로 결정을 만들어 구조를 밝히겠다고 제임스 왓슨과 함께 3년을 소득 없이 보낸 리치 역시 1967년 말 참전했고 박사후연구원인 바버라 볼드Barbara Vold에게 일을 맡겼다. 볼드는 효모 추출물을 칼럼으로 분리해 페닐알라닌 tRNA를 얻었고 여러 시도 끝에 두 차례 결정을 만드는 데 성공하기도 했지만, 그 뒤 제대로 재현되지 않았다.

---

16 자세한 내용은 부록2 '어댑터 실체는 tRNA' 후반부 참조.

이런 상태에서 볼드가 스크립스연구소에 자리를 잡아 떠나자 김성호 박사에게 프로젝트를 넘긴 것이다. 당시 세계 최고의 실험실들이 tRNA 구조규명 레이스에 뛰어들었다는 것은 물론 지금까지 RNA 결정을 만들려는 무수한 시도가 실패했다는 걸 몰랐던 김성호는 연구에 전권을 주겠다는 리치 교수의 파격적인 제안을 선뜻 받아들였다.

앞서 언급했듯이 김 박사는 틈이 나는 대로 MIT와 하버드대에서 여러 생물학 강의를 들었다. 이 가운데 하나가 하버드대에서 들은 신생물학new biology, 즉 지금 용어로는 분자생물학 수업이다. 당시 강의를 맡은 월터 길버트Walter Gilbert(1932–) 교수는 생물학자가 아닌 물리학자였다. 1920년대 양자이론을 만든 저명한 물리학자 에르빈 슈뢰딩거Erwin Schrödinger(1887–1961)가 1936년 펴낸 책『생명이란 무엇인가』를 읽고 생물학에 뛰어든 물리학자가 꽤 있었는데, 길버트도 그 가운데 한 명이다. 그래서인지 길버트의 강의는 훨씬 명쾌했고 김 박사가 분자생물학을 이해하는 데 큰 도움이 됐다.

당시 길버트가 사용한 교재는 제임스 왓슨이 집필해 1965년 출간한『유전자의 분자생물학Molecular Biology of the Gene』으로 이 분야의 첫 교재다. 김성호 교수는 "이 책을 읽고 분자생물학에 눈을 떴다"며 "집안 어딘가에 당시 산 초판본이 있을 것"이라고 말했다.『유전자의 분자생물학』은 여러 차례 개정됐고 2013년 7판이 나왔다(왓슨과 함께 5명이 공동 저자).

길버트 교수는 10년 뒤 DNA의 염기서열을 결정하는 방법을 개발했고, 이 업적으로 1980년 노벨화학상을 받았다. 그리고 단백질이 아닌 RNA가 촉매로 작용할 수 있다는 발견에 영감을 받아 1986년 생명의 기원, 즉 초기 생명체가 RNA 분자라는 'RNA 세계' 가설을 내놓기도 했다.

하루는 길버트 교수가 "최근 tRNA 연구에 큰 진전이 있었다"며 "tRNA 혼합물을 분리하는 방법을 개발해 하나를 대량으로 얻는 데 성공했다"고 말했다. 할리 교수팀의 연구를 정리한 부록2에서 언급했듯이 tRNA는 크기가 비슷해 50여 가지로 이뤄진 혼합물에서 각각을 분리하기가 어렵고 얻는 양도 적다. 결정을 만들기 위해 여러 조건에서 실험하려면 정제된 tRNA가 많이 있어야 하므로 이는 큰 문제였다.

그런데 미국 테네시주에 있는 오크리지국립연구소의 연구자들이 대장균의 RNA 혼합물에서 tRNA 한 종류를 대량으로 분리하는 데 성공했다는 것이다. 이들은 역상컬럼크로마토그래피reversed-phase column chromatography 방법을 이용했다. 길버트는 연구소가 분리한 시료를 tRNA 결정 연구자들에게 제공할 수 있을 것이라고 덧붙였다.

김성호 박사에게는 굉장한 희소식이었다. 수업 뒤 리치 교수에게 찾아가 이 사실을 전했고 리치는 연구소장을 잘 안다며 바로 연락했고 김 박사는 연구소를 방문해 장치를 둘러봤다. 얼마 뒤 연구소는 대장균의 포르밀메티오닐 tRNA 시료를 보내줬다. 원핵생물의 단백질 합성, 즉 번역 과정에서 첫 번째 아미노산인 포르밀메티오닌formylmethionine을 가져오는 tRNA다.

김 박사는 받은 시료를 다시 한번 정제해 순도를 높인 뒤 다양한 조건에서 결정을 만드는 실험을 진행했다. 결정을 만드는 과정은 염전에서 소금을 만드는 과정과 비슷하다. 바닷물을 가둬 강렬한 햇볕에 증발시키면 소금 결정이 만들어진다. 분자 역시 적당한 수용액에 녹인 뒤 물을 아주 천천히 증발시켜 결정을 얻는다.

물론 말처럼 쉽게 모든 분자에서 결정이 형성되는 건 아니다. 특히 tRNA는 염기 사이를 연결하는 인산기의 음전하가 분자 표면에 분포하면서 tRNA 분자가 서로 밀치기 때문에 차곡차곡 쌓이기 어렵다. 수용액에 적당한 이온 등을 넣어 이런 반발을 상쇄하는 조건을 만들어줘야 하는데, 수많은 시행착오가 필요한 작업이고 운도 따라야 한다.

김 박사 역시 결정을 만들기 위해 다양한 조건에서 실험을 반복했고 그 결과 마침내 결정이 만들어지는 특이한 조건을 찾았다. 즉 마그네슘 양이온이 들어있는 수용액에 정제한 대장균의 포르밀메티오닐 tRNA를 넣고 여기에 수용액과 같은 부피의 클로로포름chloroform을 더했다. 수용액과 클로로포름은 섞이지 않아 두 층으로 나뉜다(수용액 층이 위). 이 용액을 습도가 낮은 4℃ 저온 조건에 놓아 용액이 서서히 증발하면서 결정이 만들어지기를 기다렸다.

마침내 2주 뒤 맨눈에도 보이는 결정이 만들어졌다. 휘발성이 큰 클로로포름 층은 사라졌고 졸아든 수용액 층에 결정 여러 개가 존재했다. 두 층의 서로 다른 휘발 속도에 따른 상태 변화가 결정 형성을 촉진한 것으로 보인다. 게다가 이렇게 만들어진 결정은 단결정이었다. 단결정single crystal이란 고체 덩어리 전체의 원자가 규칙적으로 배열하여 하나의 결정을 이룬 것이다. X선 회절 패턴을 분석해 구조를 밝히려면 단결정이어야 한다. 따라서 단결정을 만들었다는 건 상당한 성공이다. 결정 가운데 큰 것은 길이가 1.7mm에 달했다.

김 박사가 단결정을 만들어 좋아할 무렵인 9월 21일자 학술지 『네이처』에 「tRNA 결정화」라는 제목의 논문이 실렸다. 영국 의학연구위원회MRC 분자생물학연구소LMB 분자유전학실의 브라이언 클라크Brian Clark 박사팀과 아론 클루그Aaron Klug 박사팀의 공동연구다. 놀라움과 실망감이 섞인 마음으로 논문을 읽었지만 곧 안심했다. 단결정이 아니라 미결정이 모인 덩어리를 만든 것에 X선을 쪼여 약간의 정보를 얻었다는 내용이었기 때문이다. 미결정microcrystalline이란 아주 작은 단결정으로 이것들이 뭉친 덩어리는 원자 배열이 얼마 못 가 틀어지므로 구조를 밝히는 데 소용이 없다.

클라크 박사는 1966년 가을부터 tRNA 결정화 프로젝트를 시작했는데, 당시 분자유전학실 책임자가 바로 프랜시스 크릭이었다. 자신이 제안한 어댑터의 구조를 밝히겠다고 뛰어든 연구자를 보고 기뻐한 크릭의 든든한 지원 아래 클라크 박사팀은 할리 박사팀이 썼던 향류 분배 방법으로 대장균의 tRNA 혼합물에서 포르밀메티오닐 tRNA를 분리해 결정(엄밀히는 미결정이 모인 덩어리)을 만드는 데 2년 만에 성공했고 클루그 박사팀이 X선 실험을 수행했다.

이 논문이 나가고 불과 석 달 뒤인 12월 학술지 『앙게반테케미』와 『네이처』, 『사이언스』에 tRNA 결정 논문 네 편이 실렸다. 『사이언스』 12월 20일 자에 연달아 실린 논문 두 편 가운데 앞의 것이 MIT 리치 교수팀의 논문으로, 제1 저자가 바로 김성호 박사다(10). 이어서 미국 위스콘신대 로버트 복Robert Bock 교수팀의 논문이 실렸다. 둘 다 단결정을 만드는 데 성공했다는 내용으로 결정에서 얻은 X선 회절 패턴도 실었지만, 결정의 질이 좋지 않아 얻을 수 있는 데이터가 얼마 안 돼 이를 분석해 이를 분석해 구조를 밝힐 수는 없었다. 즉 tRNA로 단결정을 만들 수 있다는 데 의미를 둔 것이다.

아무튼 여러 실험실에서 tRNA 결정을 만드는 데 성공했다는 논문이 거의 동시에 나오면서 영국의 주간 과학지 『뉴사이언티스트New Scientist』는 'RNA 경쟁이 시작됐다'며 기사로 다루기도 했다. 그러나 추가 취재를 통해 다들 결정의 질이 좋지 않다는 걸 확인하자 이듬해 1월 경쟁 분위기를 전하는 추가 기사에서 "조만간 3차원 구조가 풀릴 것 같지는 않다"는 어두운 전망을 내놓았다.

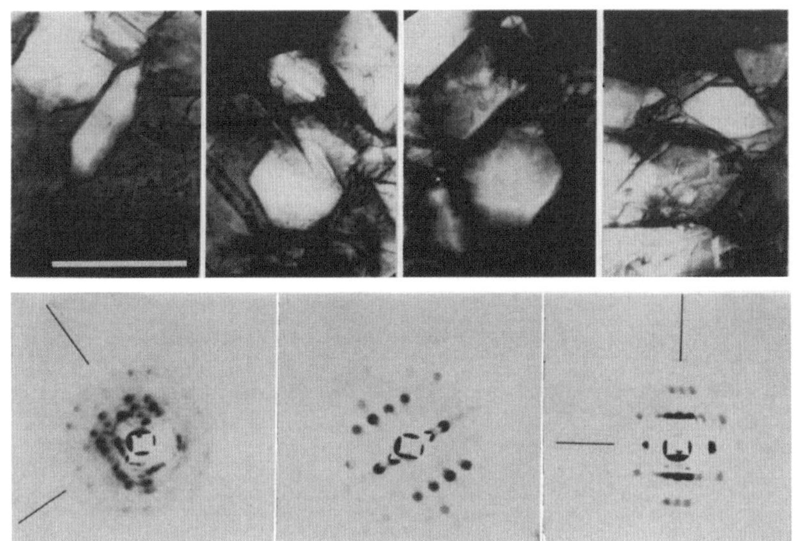

4-3 1968년 김성호 박사는 최초로 tRNA 단결정을 만드는 데 성공했다(위). 그러나 결정의 질이 좋지 않아 여기서 얻은 X선 회절 데이터로는 구조를 해석하지 못했다(아래). (제공 『사이언스』)

실제 김성호 박사가 만든 결정을 봐도 너무 물러 현미경 아래에서 조작하는 과정에서 형태가 무너졌다. 저온실에서 꺼내 실온에 두면 10~20분 만에 결정이 녹아내릴 정도였다. 분석 결과 결정에서 물이 차지하는 비율이 88%나 되는 것으로 밝혀졌다. tRNA 분자들이 띄엄띄엄 자리를 잡고 있다는 말이다. 결정에서 구조를 밝히려면 각도를 돌려가며 X선을 쪼여 회절 데이터를 많이 모아야 하는데 이런 상태로는 불가능한 일이다.

따라서 모든 연구팀이 좀 더 양질의 결정을 얻으려고 노력했지만 이렇다 할 성과가 없었다. 다만 김성호 박사의 연구는 얼마간 진전이 있었다. 조건을 바꿔가며 실험을 하다가 좀 더 양질의 결정을 만드는 데 성공한 것이다. 즉 물과 에탄올 혼합물에 마그네슘 이온과 망간 이온을 5대 1의 비율로 넣은 용액에서 얻은 결정은 tRNA 분자 사이의 거리가 좀 더 가까워 물이 차지하는 비율이 62% 수준으로 줄었다. 분자가 촘촘하게 배열할수록 X선 회절 패턴이 더 선명해져 해상도가 높아진다.

김 박사는 이 결정에서 얻은 데이터를 분석해 12Å(옹스트롱. 1Å은 100억 분의 1m다) 해상도의 정보를 얻을 수 있었다. 그 결과 tRNA 분자의 대략적인 크기와 형태를 알아냈다. 즉 tRNA 분자는 각 변의 길이가 80, 25, 35Å인 육면체 안에 들어 있었다. 이 결과를 담은 논문은 단결정 성공을 보고하고 꼭 1년이 지난 1969년 12월 26일자 학술지 『사이언스』에 실렸다(13).

그러나 이 결정으로도 그 이상의 정보를 얻을 수는 없었다. 김 박사는 좀 더 양질의 결정을 얻기 위해 다양한 조건에서 실험을 계속했지만 진전이 없었다. 이렇게 1970년의 하루하루가 지나갔다. 당장은 그럴 리야 없겠지만 만에 하나 10여 년 전처럼 지친 리치 교수가 프로젝트를 중단하기로 마음먹으면 3년 동안 헌신한 김성호 박사의 노력도 물거품이 될 것이다. 뭔가 돌파구가 필요한 시점이었고 그 계기는 우연한 독서에서 비롯됐다.

5장

tRNA 구조를 밝히다!

X선 결정학으로 구조를 밝히는 과정은 크게 네 단계로 나뉜다. 먼저 결정을 만드는 일이다. 대충 해도 결정이 잘 만들어지는 분자가 있는 반면 어떻게 해도 안 생기는 분자도 있다. 앞장에서 봤듯이 tRNA는 1단계를 성공했다.

두 번째 단계는 결정에 X선을 쪼여 회절 데이터를 많이 모으는 일이다. 이러려면 결정의 품질이 좋아야 하는데 tRNA 결정들은 다들 질이 좋지 않아 연구자들은 더 나은 결정을 만들기 위해 노력했지만 2년째 고전하고 있었다. 김성호 박사 역시 약간의 진전은 있었지만 뭔가 다른 돌파구가 필요했다.

고품질 결정을 만들어 충분한 X선 회절 데이터를 얻는 데 성공하면 다음 단계로 이를 해석해 대략적인 구조, 즉 분자의 뼈대를 밝힌다. 그리고 최종 단계로 추가 실험 데이터를 분석해 모든 원자의 위치를 지정하는 고해상도 구조를 얻으면 프로젝트가 완성된다.

고품질 결정을 만드는 연구에 별 진전이 없던 1970년 여름(또는 가을) 어느 날 실험실에 굴러다니던 『바이러스』란 제목의 소책자가 김성호 박사의 눈에 띄었다. 박테리오파지의 분자생물학을 연구한 군터 스텐트Gunther Stent(1928–2008)가 쓴 짧은 개론서였다. 바이러스는 세포가 아니라 입자로 당시에는 생명체로 보지 않았기에 생물학 강의에서 거의 다루지 않았다. 그 결과 바이러스에 대해 잘 알지 못했던 김 박사는 생물학 지식을 넓힐 요량으로 책을 집어 들었다. 그런데 책을 읽다가 아이디어를 얻어 마침내 고품질의 결정을 얻는 데 성공했다.

"대부분의 바이러스는 폴리아민polyamine이란 양전하를 띠는 분자를 써서 DNA나 RNA 같은 핵산의 음전하를 중성화해 바이러스 껍질(캡시드) 속에 압축해 넣는다는 사실을 알았습니다. 그래서 결정을 만들 때 폴리아민을 넣어줬더니 고품질의 tRNA 결정이 만들어지더군요."

마그네슘 이온(Mg^{2+})처럼 양전하가 밀집된 금속 이온 대신 이보다 덩치가 큰 분자에 양전하가 분산된 폴리아민이 tRNA 분자 사이를 연결하는 역할을 해 tRNA 분자 사이 간격이 촘촘하면서도 안정적인 결정이 만들어진 것이다. 지금도 핵산 결정을 만들 때는 폴리아민이 표준 처방으로 들어간다. 김 교수는 "책을 읽으면서도 머릿속에서는 늘 tRNA 결정을 생각했다"며 "아마도 그랬기 때문에 (아이디어가 떠오르게 한) 기회가 왔을 때 놓치지 않고 잡은 것 같다"고 회상했다.

때마침 독일의 화학회사 베링거인겔하임이 최초로 정제한 효모의 페닐알라닌 tRNA를 시약으로 공급하기 시작했고, 이것으로 만든 결정의 품질이 지금까지 연구해온 대장균의 포르밀메티오닌 tRNA 결정보다 더 좋았다. 김 박사팀은 효모의 페닐알라닌 tRNA 결정으로 X선 회절 실험을 진행했다.

이 무렵 리치 교수는 김성호 박사를 선임연구원으로 승진시켜 연봉을 대폭 올려줬다. MIT에 온 지 만 4년이 됐고 학계의 관심이 집중된 연구 경쟁에서 가장 앞서 나가는 결과를 내고 있는 그를 언제까지 박사후연구원으로 묶어둘 수는 없기 때문이다. 아무튼 김 박사로는 고마운 일이고 좀 더 주도적으로 연구에 집중할 수 있게 됐다.

tRNA 뼈대 구조 밝혀

1971년 4월 김 박사와 동료들은 새로운 방법으로 만든 고품질 결정에서 얻은 X선 회절 데이터를 분석해 얻은 중간 결과를 정리한 논문을 학술지 『미국립과학원회보』에 실었다(15). 이 논문 자체는 아직 결정적인 진전을 담고 있지 않지만 머지않아 tRNA 구조 연구에 획기적인 결과가 나올 것임을 알리는 선언문이나 마찬가지였다.

영국의 클루그 박사팀 등 치열한 경쟁을 벌이고 있던 연구자들은 이 논문에 큰 충격을 받았을 것이다. 그 뒤 학술대회에서 김 박사가 발표를 마치면 여기저기서 구체적인 실험방법에 대해 질문했고 김 박사는 숨기지 않고 상세히 설명해줬다. 이들 역시 그 뒤 고품질의 결정을 만들 수 있었다.

김성호 박사가 결정에서 추가 데이터를 얻어 분석하는 연구를 하는 중에 몇몇 대학에서 교수 임용 제안이 들어왔다. tRNA 구조규명 경쟁에서 가장 앞서면서 주목을 받기 시작했기 때문이다. 선임연구원으로 승진한 지 얼마 지나지 않았지만 프로젝트를 마무리하려면 시간이 꽤 걸릴 것이라 아무래도 자리를 잡는 게 낫겠다는 생각이 들었다.

먼저 1968년 MIT 생물학과에서 미국 콜럼비아대로 자리를 옮긴 사이러스 레빈톨Cyrus Levinthal(1922-1990) 교수가 김 박사에게 자리를 제안했다. 1969년 만든 생물과학과에 당시 뜨는 분야인 X선 결정학 전문가로 김성호를 떠올린 것이다. 좋은 대학에 캠퍼스도 멀지 않은 뉴욕에 있어 김성호로서는 좋은 기회였고 가겠다는 긍정적인 답을 보냈다.

그런데 아내와 이사 갈 집도 알아볼 겸 뉴욕에 가서 캠퍼스 주변을 둘러보면서 마음이 바뀌었다. 곳곳이 우범지역이 아닌가 싶을 정도로 분위기가 어두웠기 때문이다. 아파트 담장에는 철망이 있었고 외부인을 감시하기 위해서인지 셰퍼드 같은 큰 개들이 어슬렁거렸다. 어릴 적 미친개에 물려 죽을뻔했던 김 박사로서는 심란한 광경이었다. 피츠버그나 케임브리지처럼 온화한 곳에서 지내던 부부로서는 영 내키지 않았고 결국 김 박사는 "미안하다"고 말하며 가기로 한 약속을 취소했다.

얼마 뒤 듀크대 의대 생화학과에서 제안이 들어왔다. 이곳에는 세부 분야는 다르지만, 결정학 연구를 하는 교수가 있었고 학과는 장비를 사고 연구 인력을 뽑을 수 있는 충분한 연구비를 제공하겠다고 약속했다. 미국의 면적을 고려하면 듀크대가 MIT에서 그리 멀지 않은 노스캐롤라이나주에 위치하는 점도 마음에 들었다. 프로젝트가 마무리될 때까지 리치 교수팀과 공동연구를 해야 하기 때문이다. 김 박사의 얘기를 들은 리치 교수도 공감하며 교수 임용을 축하해줬다. 리치 교수팀에서 버드 수다스Bud Suddath 박사가 김 박사의 후임으로 tRNA 연구를 맡았다.

1972년 여름 6년 동안 정들었던 MIT를 뒤로 하고 듀크대에 김성호의 이름으로 연구실을 열었다. 미국에 유학 온 지 꼭 10년 만의 일이다. 이 무렵 tRNA의 뉴클레오타이드 사이를 잇는 인산기의 인(P) 원자의 위치가 하나둘 밝혀지면서 뼈대의 윤곽이 점차 드러나고 있었다. 김 교수와 리치 교수는 결과의 확실성을 높이기 위해 새로 얻는 데이터는 교환하되 해석은 따로 하기로 했다. 두 팀의 해석 결과가 같으면 옳은 길로 가고 있을 것이기 때문이다.

이렇게 몇 달을 보내며 연구가 진전되면서 드디어 tRNA 뼈대가 모습을 드러냈다. 2차 구조인 네잎클로버에서 두 잎씩 서로 나란히 놓

5-1 1972년 김성호 박사가 듀크대에 교수로 부임한 뒤 MIT 리치 실험실에서는 버드 수다스 박사(사진)가 김 박사 후임으로 tRNA 프로젝트를 맡았다. 그러나 듀크대와 교류하지 않고 독자적으로 연구하다 tRNA 고해상도 구조 해석에서 오류를 범해 훗날 영국 MRC 클루그 박사팀과 분쟁의 씨앗이 됐다. (제공 김성호)

이고 이들이 직각으로 배치되는 'L'자 형태를 이루고 있었다. 즉 말단줄기와 T줄기, 안티코돈줄기와 D줄기가 각각 나란히 놓이고 L자의 꺾이는 지점에 T고리와 D고리가 자리했다.

오늘날 눈에는 tRNA의 L자 구조는 단순하면서도 명쾌해 보이지만 당시에는 아무도 예측하지 못한 형태였다. 2차 구조인 네잎클로버를 바탕으로 거의 20가지에 이르는 3차원 구조 모형이 제안됐지만 다 틀렸던 것이다. 사실 데이터를 해석하면서도 김 교수는 '분명히 예측한 구조 모형 가운데 하나일 것'이라는 생각이 문득문득 떠올라 내심 실망하기도 했다. 만일 그렇다면 DNA 이중나선 구조 모형을 제안한 왓슨과 크릭처럼 올바른 tRNA 3차원 구조 모형을 제안한 사람이 "봐라. 내 생각이 맞았지?"라며 오히려 주목을 받을 수도 있기 때문이다.

tRNA 연구를 하면서 잊지 못할 순간이 많지만, 그 가운데서도 1972년 가을 어느 날 밤 일어난 사건을 생각하면 지금도 아찔하다. X선 회절 데이터를 얻어 분석한 결과 L자형 골격임을 확신하고 흥분에 휩싸였던 김 교수는 늦은 밤 퇴근길에 사고가 날 뻔했다. 매일 출퇴근하는 길임에도 딴 데 정신이 팔려 커브 길에서 핸들을 제대로 꺾지 못한 것이다. 그날 만일 차가 전복되는 것 같은 큰 사고가 났다면 tRNA 구조 발견의 역사는 달라졌을 것이다.

해가 바뀌고 1973년 1월 19일자 학술지 『사이언스』에 마침내 tRNA가 알파벳 'L'자 형태의 골격임을 밝힌 논문이 실렸다(20). 이 결과를 다룬 기사가 논문이 출판되기 6일 전인 1월 13일자 종합일간지 뉴욕타임스 1면에 실렸을 정도로 대단한 성과였다. 경쟁 그룹들은 이 소식에 망연자실했고 승부는 끝난 것 같았다. 이제 X선 회절 데이터를 더 모아 뼈대에 살을 붙이는, 즉 탄소, 산소, 질소, 수소 등 모든 원자의 위치를 밝히는 고해상도 구조규명만 남겨뒀기 때문이다. 아마도 1년 길어야 2년이면 완성될 것이다.

그러나 아직 게임이 끝난 게 아니었다. 비록 뼈대인 'L'자형 구조를 밝히는 경쟁에서는 밀렸지만, 최종 고해상도 구조를 밝히는 레이스에서는 역전할 기회가 남아있기 때문이다. 특히 X선 결정학의 산실로 많은 노하우를 지닌 영국 MRC의 아론 클루그 박사팀은 김 교수와 리치 교수팀의 『사이언스』 논문이 나간 뒤 연구에 속도를 높였다.

김성호 교수는 "1973년 tRNA 뼈대를 밝혔을 때 다른 팀에서 포기하지 않을 거라고는 생각하지 못했다"고 털어놓았다. 당시 결정학 분야의 최전선인 영국 케임브리지의 집념을 간과한 것이다. 이는 리치 교수도 마찬가지였다. 게다가 MIT와 듀크대의 연합전선에 먹구름이 드리우기 시작했다.

마지막 단계에서 독점욕에 굴복

이제 추가 데이터를 얻어 탄소 등 나머지 원소들의 위치만 정하면 프로젝트가 완성되는 시점에서 리치 교수가 '명성의 독점'이라는 유혹에 걸려든 것이다. 어느 순간부터 MIT 팀에서 데이터 해석에 대한 정보를 주지 않기 시작했다. 이상하게 느낀 김 교수가 책임자에게 묻자 교수의 지시였다는 말을 듣고 놀라 리치에게 따졌지만, 리치는 그런 말을 한 적이 없다고 펄쩍 뛰었다. 그럼에도 사실상 연구는 따로 진행돼 각자의 길을 가면서 고해상도 구조의 일부에서 뚜렷한 차이가 드러났다.

1974년 초 리치는 김성호의 반대를 무시하고 MIT 모델로 논문을 써 3월 1일자 학술지 『네이처』에 발표했다(27). 그는 듀크 모델의 정보를 무시해 하나도 반영하지 않았다. 순수하게 자신들의 업적으로 만들고 싶었던 것일까. 아무튼 두 그룹은 사실상 경쟁자 관계가 된 셈이다. 물론 김성호도 논문에 저자로 이름을 올렸지만, 7명 가운데 기여도가 가장 적은 6번째(맨 마지막은 교신저자인 리치이므로)로 사실상 전관예우였다. 그 뒤 김성호는 듀크대의 모델로 마무리 연구에 박차를 가했다.

다음 달 매디슨 위스콘신대에서 열리는 tRNA 학회에서 리치 교수가 초청 연사가 됐다는 소식을 듣고 김 박사는 발표할 때 듀크팀 모델도 언급해달라고 부탁하면서 아니면 본인이 보충 연설을 할 수도 있다고 제안했지만 둘 다 받아들여지지 않았다.

그런데 학회에 참석한 영국 MRC 클루그 박사팀의 연구자들이 리치의 발표를 듣고 자신들의 모델과 차이가 있다고 지적했다. 깜짝 놀

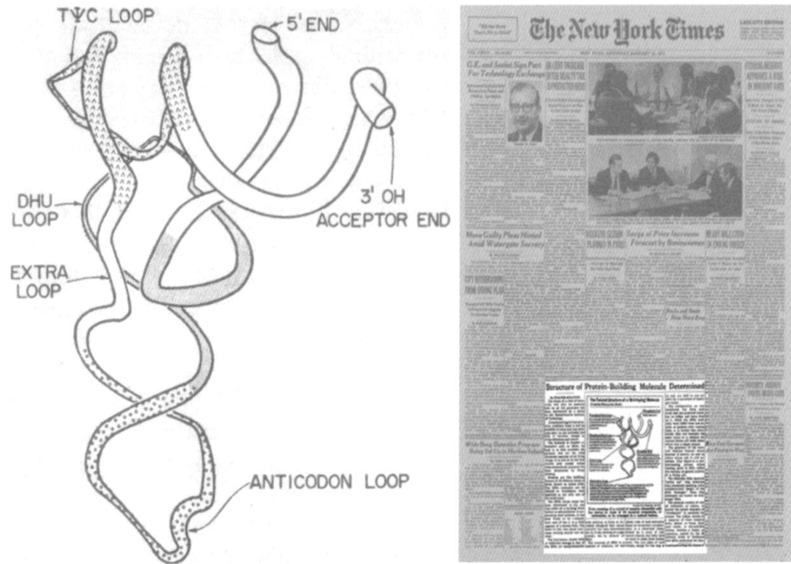

5-2 1971년 김성호 박사팀은 고품질 tRNA 결정을 만드는 데 성공했다. 여기서 얻은 X선 회절 데이터를 해석해 tRNA가 'L'자 형 구조임을 밝힌 논문을 1973년 1월 19일자 학술지 『사이언스』에 발표했다(왼쪽). 게재가 확정되고 화제가 되자 뉴욕타임스는 논문이 나오기 전인 1월 13일자 1면에 이 연구를 소개했다(오른쪽). (제공 『사이언스』/『뉴욕타임스』)

란 리치는 사태의 심각성을 깨닫고 알아본 결과 MRC 그룹도 tRNA 구조 연구를 마무리하고 논문을 쓰고 있다는 사실을 확인했다. 다급해진 리치는 김성호에게 연락해 듀크팀의 모델로 빨리 논문을 쓰자고 재촉했고, 그렇게 논문을 부랴부랴 마무리해 『사이언스』에 보냈다. 논문은 8월 2일자 표지논문으로 게재가 확정됐다(28). 반면 MRC의 논문은 이보다 2주 늦은 8월 16일 『네이처』에 실리게 됐다. 두 논문의 tRNA 구조는 꽤 비슷했다.

오해는 돌이킬 수 없는 결과를 낳고

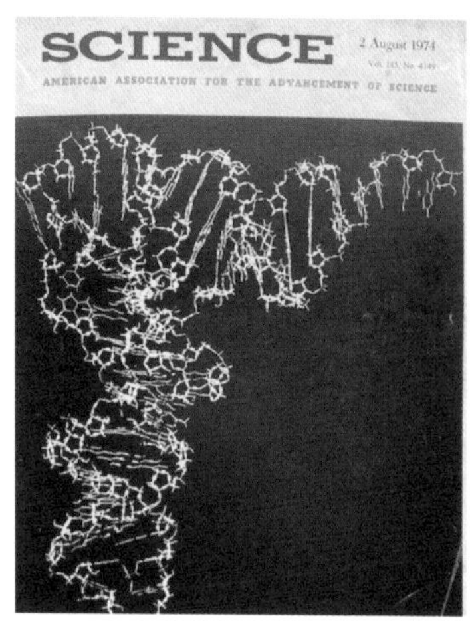
SCIENCE

2 August 1974

AMERICAN ASSOCIATION FOR THE ADVANCEMENT OF SCIENCE

당시 케임브리지 MRC 분자생물학연구소에서 tRNA 구조규명 연구를 이끌고 있던 클루그는 MIT와 듀크대가 자신들보다 2주 앞서 논문을 발표할 거라는 소식을 듣고 격분해 상사인 크릭 소장에게 알렸다. 클루그는 성격이 소심해 리치에게 직접 따지지는 않았다. 크릭은 즉각 리치에게 분노에 담긴 편지를 썼다. 리치가 학회에서 자신들의 연구 결과에 대한 정보를 빼냈을 거라고 생각했기 때문이다. 김성호와 리치의 『사이언스』 논문이 출판되기 이

5-3 1968년 시작된 tRNA 구조규명 연구는 1974년 8월 2일자 『사이언스』 표지논문으로 마무리됐다(왼쪽). 이 무렵 모습으로 김성호 교수는 듀크대 의대 생화학과에 재직했다. (제공 『사이언스』/듀크대)

틀 전인 7월 31일자 크릭의 편지는 짧은 분량이라 전문을 소개한다. 크릭이 8년 연상이고 서로 잘 아는 사이라 반말투로 옮겨봤다.

"친애하는 알렉스,

자네 이름에서 악취가 풍기는군. 아론(클루그)은 자네가 구조의 세부 사항을 구슬려 알아낸 뒤 자네의 결과로 출판하려 한다고 확신하네. 바로 자네가 한 짓 아닌가. 자네가 이미 같은 방향으로 어느 정도 진행한 건 알고 있지만, 자네가 매디슨 학회에서 공식적으로 이를 전혀 언급하지 않은 것과 김(성호)이 고든컨퍼런스에서 (MRC 논문의 1저자인) 로베르투스에게 케임브리지 구조의 세부 사항을 받은 사실은 그대로네. 자네들이 케임브리지 구조에서 얻은 지식이 없었다면 개선된 구조를 출판하는 일은 절대로 없었을 걸세. 더구나 자네는 케임브리지 연구에 대한 기본적인 감사조차 언급하지 않았지. 거기에다 『사이언스』에 대한 자네의 특별한 영향력을 행사해 출판을 앞당긴 건 정말 변명의 여지가 없는 짓이네.

자네가 공적으로 적절한 사과를 준비하지 않는다면 앞으로 자네가 케임브리지를 방문하더라도 환영받지 못할 것이라고 말해야만 하겠네.

F. H. C. 크릭"

크릭의 편지를 받고 화들짝 놀란 리치는 김성호에게 연락해 자초지종을 설명하고 듀크팀이 독자적으로 MRC와 같은 결론에 이르렀음을 증명하는 자료들을 동봉한 11쪽에 이르는 장문의 답장을 8월 9일 보냈다. 편지에서 리치는 "3월 『네이처』 논문은 예비 결과이고 불

31st July, 1974

Dr. Alex Rich,
Department of Biology
Massachusetts Institute of Technology
Cambridge
Mass. 02139
U.S.A.

Dear Alex,

Does your name stink. Aaron was convinced that once you had weedled out the details of his structure you would attempt to publish it as your own. This is exactly what has happened. I realise that you had already gone some distance along the same lines, but the fact remains that you said nothing about this at all in public at the Madison meeting and that Kim obtained the details of the Cambridge structure from Robertus at the Gordon Conference. There is absolutely nothing to suggest that you would have actually published a revised structure at this time except for the knowledge you obtained of the Cambridge structure. Moreover you did not even have the elementary courtesy to acknowledge the Cambridge work. In addition to use your special influence with Science to rush into publication is quite inexcusable.

Unless you are prepared to make a suitable apology in public I must tell you that your visits to Cambridge in future will not be welcomed.

F.H.C. Crick

copy R. Sinsheimer

5-4 영국 MRC 분자생물학연구소의 프랜시스 크릭 소장은 MIT의 리치가 자기 밑의 클루그 박사팀의 정보를 알아내 수정한 모형을 담은 논문을 재빨리 학술지 『사이언스』에 싣는 것이라고 오해해 이에 대한 강력한 비난을 담을 편지를 써 리치에게 보냈다. 7월 31일자 편지의 전문이다. (제공 '크릭 아카이브')

행히도 심각한 실수가 있었다"며 "당시 독립적으로 모델을 만들던 (김)성호가 이를 지적했지만 반영하지 않았다"고 고백했다. 리치는 "논문에서 추가 연구가 필요하다고 분명히 언급했다"면서도 "한 달 반 중국 출장이 잡혀 있어 서둘렀다"고 인정했다.

이어서 리치는 "듀크에서 (김)성호는 데이터를 해석하는 방법을 개발하는 데 집중해 신호 대 잡음 비율을 높일 수 있었다"며 이에 대한 논문을 3월 26일 미국결정학회가 받았다고 언급했다. 그리고 "성호는 4월 여러 학회에 참석해 tRNA 구조(듀크 모형)에 대해 얘기했다"며 크릭이 언급한 "로베르투스가 보낸 (『네이처』) 논문 초안을 성호는 8월 5일에야 받았다"고 덧붙였다.

리치는 "4월 학회에서 MRC가 tRNA 고해상도 구조를 밝히려고 씨름한다는 사실은 알았지만 구체적인 내용은 전혀 몰랐다"며 억울해했다. 그는 "이 일에 관여한 사람 대다수는 오랜 가까운 친구로 난 동봉한 자료가 이 불행한 오해를 해소하기를 바란다"며 "데이비드 블로우David Blow와 막스 페루츠에게도 편지 사본을 보내고 당신의 답장을 고대한다"며 편지를 마무리했다. 참고로 블로우는 페루츠 실험실에서 1959년 헤모글로빈의 구조를 밝히는 데 큰 기여를 했고, 페루츠는 이 업적으로 1962년 노벨화학상을 받았다.

답장과 함께 동봉한 자료를 클루그와 검토한 뒤 9월 4일 보낸 편지에서 크릭은 "(4월) 매디슨 학회 무렵 김(성호)이 (8월 2일자) 『사이언스』에 제안한 모델에 상당히 근접했다는 건 의심의 여지가 없다"면서도 "4월에 이미 새 모형이 더 낫다는 걸 명백히 알았다면 왜 좀 더 일찍 출판하지 않았는지 이해하기 어렵다"며 "제삼자가 보기에 자네가 김(성호)의 해석이 영국팀에서도 지지받는다는 걸 깨닫고 나서 출판을 결정한 것으로 보인다"고 덧붙였다.

크릭은 이어 "자네는 이미 과학계에서 명성을 이루었고, 나는 자네가 타인의 아이디어와 영향력을 제대로 평가하려고 부단히 노력해야 한다고 생각한다"며 "비단 다른 실험실의 연구뿐 아니라 자네 연구팀의 젊은이들에 대해서도 말일세"라고 지적했다.

그런데 크릭은 왜 클루그의 말만 듣고 흥분해서 리치에게 비난의 편지를 보낸 걸까. 매디슨 학회에 참석했던 연구원들을 불러 클루그의 말처럼 이들이 정말 리치에게 MRC의 tRNA 구조 정보를 알려줬는지 확인한 뒤 편지를 썼어야 하지 않을까.

어쩌면 과거 리치가 케임브리지에 머물 때 1년 동안 콜라겐 구조규명 연구를 같이 하면서 느꼈던 인상이 이런 경솔함의 배경 아닐까. 어떤 이유에서인지 몰라도 크릭이 리치의 인간성을 별로 좋지 않게 보고 있었다는 정황이 그가 보낸 편지의 한 구절에서 드러나기 때문이다.

"크게 보면 이 불행한 사건이 부분적으로는 자네가 얻은 평판으로 인해 발생했다는 것을 깨달아야 한다고 생각하네."

영국 과학잡지가 스캔들로 다뤄

이 편지에 대해 리치는 10월 11일에야 답장을 보냈는데, "김성호가 어머니를 뵈러 한국에 가서 그와 상의하지 않고는 답장을 쓸 수 없다고 느꼈다"며 아직도 의심의 눈길을 거두지 않는 크릭에게 "MRC의 로베르투스에게서 4월에 결과가 마무리됐다는 얘기를 들었는데, 그렇다면 왜 당신들은 더 일찍 논문을 쓰지 않았냐?"며 반박하기도 했다.

리치는 "최근 (영국 과학잡지) 『뉴사이언티스트』의 기사를 읽고 큰 충격을 받았다"며 "기사에서 MRC가 자신들의 모형을 (4월) 매디슨 학회에서 자세히 알려줬다고 언급했다"며 말도 안 되는 얘기라고 불평했다. 그 뒤 연구의 독립성을 입증하는 사실을 다시 한번 줄줄이 나열한 뒤 끝부분에 다시 『뉴사이언티스트』 기사를 언급했다.

"『뉴사이언티스트』는 여기(미국)서도 많이 보는 잡지라 몇몇 친구들이 내게 기사 내용이 맞는 건지 물었다"며 "내가 보기에는 아론(클루그)이 우리 편지의 내용을 선택적으로 흘린 것"이라고 불평했다. 리치는 "사실을 바로잡기 위해 『뉴사이언티스트』에 장문의 자세한 답변을 보내는 게 맞는 건지 지금 논의하고 있다"고 덧붙였다.

크릭은 이 편지를 읽고 쓴 10월 22일자 편지에서 "처음에 제대로 알아보지도 않고 편지를 써 미안하다"며 "『뉴사이언티스트』 기사는 가장 불행하고 괘씸한 일이라고 생각한다"고 사과했다. 그러면서 "알다시피 막스(페루츠)는 기사를 막으려고 했고 당시 나는 외국에 있었다"고 발뺌했다.

12월 5일 보낸 편지에서 크릭은 "자네 제안대로 (항의 또는 정정 요구) 편지를 『뉴사이언티스트』에 보내야 할지 막스(페루츠)와 상의했다"며 "하지만 난 결국 반대했는데, 그냥 두면 잊힐 문제를 건드리면 오히려 사람들의 관심을 더 끌기만 할 것이기 때문"이라고 썼다.

이어서 크릭은 "자네가 유일하게 상처받은 사람이라고 자기 확신을 하는 짓을 그만두기 바란다"며 "김(성호)이 현재 구조를 향한 먼 길을 독립적으로 갔다는 데 지금 모든 사람이 동의한다"고 힐책했다. 크릭은 "자네 개인에 대한 비난의 초점은 자네가 매디슨 학회에서 새(듀크팀) 모델을 제대로 설명하지 못한 게 아니라 청중들에게 옛(MIT팀) 모델만을 얘기한 데 있다"며 "당시 상황을 알던 사람들은 그 자리에서 김(성호)의 새 모델에 대해 얘기하고 있었다더군"이라고 덧붙였다.

클루그는 다른 업적으로 노벨상 받아

만일 1973년 tRNA 뼈대 규명 논문이 뉴욕타임스 1면에까지 실릴 정도로 큰 관심을 받지 않았다면 리치가 구조 완성자의 명성을 독점

하려는 욕망에 굴복하지 않고 끝까지 공동연구를 이어갔을지 모른다. 그랬다면 1974년 3월 『네이처』 논문 대신 완성도가 높은 듀크팀의 모형으로 논문을 썼을 것이다. 최소한 매디슨 학회에서 발표할 때 듀크팀의 모형에 대해 언급만 했어도 우선권 논쟁에 휘말리지 않았을 것이다.

이런 상태에서 고해상도 구조규명 논문이 영국 MRC보다 먼저 나왔다면 리치는 김성호와 함께 노벨상을 받았을 것이고 설사 MRC에 역전됐더라도 두 사람과 아론 클루그가 공동 수상하지 않았을까. tRNA는 1955년 크릭이 제안한 어댑터의 실체인데다 리치는 RNA 타이 클럽의 정회원이었고 크릭과 공동연구로 콜라겐 단백질 구조도 규명했다. 분자생물학의 개척자들이 큰 업적을 낸 과거 동료를 얼른 노벨상 수상자 클럽에도 넣어주지 않았을까.

그러나 우선권 논쟁을 겪으며 크릭과 페루츠 같은 학계의 거물들이 리치를 경멸하게 되면서 그가 포함될 업적에 노벨상을 줄 마음이 없었을 것이다. 게다가 아무리 대단한 업적이라도 『뉴사이언티스트』처럼 많은 사람이 보는 잡지에 스캔들로 언급된데다 오보였다는 정정 기사도 없었기에, 세 사람이 노벨상 수상자로 선정되는 순간 언론의 먹잇감이 될 게 뻔했다.

tRNA 구조규명이 있고 8년이 지난 1982년 아론 클루그는 전자현미경으로 핵산-단백질 복합체의 구조를 규명한 업적으로 노벨화학상을 단독 수상했다. 크릭과 페루츠 라인인 클루그는 다른 업적으로 보상을 받은 셈이다. '그래도 혹시나...'하는 희망이 사라진 순간이다. 1990년대 한동안 노벨상 시즌이 되면 국내 언론은 김성호 교수를 유력한 후보로 거론하곤 했는데 지금 생각하면 헛된 바람이었다.

2015년 리치가 90세로 타계하자 『네이처』에 부고가 실렸는데,

tRNA 구조규명에 대해서는 짧게 언급했다. 대신 이와는 생물학적 의미가 비교도 안 되는, 소위 왼손잡이 DNA라고 부르는 'Z-DNA' 구조규명이 대표 업적으로 언급됐으며 함께 실린 인물 사진도 Z-DNA 모형을 앞에 둔 모습이었다.

반면 학술지 『생화학과학의 경향』에는 좀 더 긴 부고가 실렸다. 여기서는 리치의 '위대한 발견' 9건을 선정했는데, 그 가운데 3건이 tRNA 발견으로 1968년 결정을 만든 연구, 1973년 뼈대 규명, 1974년 고해상도 구조규명(그런데 어이없게도 3월 『네이처』 논문을 뽑았다)이다. 부고에 실린 사진도 노년의 리치가 tRNA 모형을 들고 있는 모습이다. 그렇게 생각해서인지 몰라도 리치의 표정이 복잡해 보인다.

크릭은 리치에게 보낸 두 번째 편지 말미에서 이렇게 쓰고 있다. 여기서 '누군가'는 그와 왓슨이고 '자신들'은 로절린드 프랭클린Rosalind Franklin일 수도 있지 않나 라는 생각이 문득 든다.

"난 개인적 경험으로 누군가가 자신들의 아이디어를 훔쳤다고 느낄 수 있게(그게 맞든 틀리든) 만드는 상황이 아주 심각한 일이라는 걸 알고 있다."

이 문제에 대해 김성호 교수는 "과학도 사람이 하는 일이라는 걸 잘 보여준 사례"라며 "뭔가 대단한 걸 앞에 두면 사람은 소유욕과 욕망에 굴복해 공정함과 상식을 잃는다"고 촌평했다. 결국 tRNA 고해상도 구조규명을 앞두고 둘(리치와 클루그) 다 부적절하게 행동해 일을 망쳤다. 즉 1973년 tRNA가 L자형 구조라는 걸 밝힌 결정적인 논문이 나간 뒤였기에 세부 사항을 마무리하는 논문은 '우선권'과는 무관함에도 지나치게 의미를 부여해 무리수를 뒀다. 김 교수는 "리치 교수가 tRNA 프로젝트에 너무 집착했던 것 같다"고 덧붙였다. MRC의 클루그와 크릭 역시 DNA와 단백질에 이어 RNA 구조도 영국이 최초의 타이틀을 차지해야겠다는 집착이 지나쳐 언론에 (결과적으로) 가짜 뉴스를 흘리는 추태를 보인 것이다.

클루그 연구팀에 있었던 한 연구원의 훗날 언급에 따르면 당시 클루그는 리치가 발표한 학회에 참석하는 연구원들에게 자신들의 구조는 말하지 말라고 입단속을 시켰다고 한다. 자기가 정보를 알리지 말라고 해놓고 리치가 빼갔다고 비난했으니 자기모순인 셈이다. 아무튼 당시 리치가 발표할 때 듀크 모형을 언급만 했어도 일어나지 않았을 문제이니 클루그만을 탓할 수도 없다.

알고 보니 tRNA 염기서열이 틀려

tRNA 구조규명 우선권 문제로 MRC의 크릭과 MIT의 리치가 편지를 주고받으며 골치를 썩일 때 독립 연구임을 입증하는 자료만 제공하고 한발 물러선 듀크대의 김성호는 박사후연구원인 조엘 수스먼 Joel Sussman과 함께 흥미로운 후속 연구를 하고 있었다. 이들이 밝힌 효모 페닐알라닌 tRNA의 3차원 구조가 tRNA의 일반 구조인가를 알아보기로 한 것이다.

당시 대장균과 효모 등 여러 종에서 분리한 약 60가지 tRNA의 염기서열이 알려져 있었다. tRNA마다 염기서열이 조금씩 달랐음에도 이들 모두 1965년 처음 염기서열이 밝혀진 효모의 알라닌 tRNA과 마찬가지로 2차 구조가 네잎클로버 모형으로 나왔다. 따라서 3차원 구조 역시 효모 페닐알라닌 tRNA가 지닌 L자 형태를 공유할 가능성이 컸다. 만일 그렇다면 효모 페닐알라닌 tRNA 3차원 구조의 생물학적 의미 역시 더욱 커지는 셈이다. 반면 다른 tRNA의 3차원 구조가 다른 형태라면 여러 가지 가운데 하나를 먼저 밝힌 셈이므로 의미가 반감한다.

김성호는 효모 페닐알라닌 tRNA 3차원 구조가 tRNA의 일반 구조일 수밖에 없다고 확신하고 분석에 들어갔다. 예상대로 거의 모든 tRNA의 염기서열이 L형 구조의 틀에 자연스럽게 맞춰졌다. 이처럼 서로 구조가 비슷했기 때문에 세포에서 추출한 tRNA 혼합물에서 각각을 분리하기 어려웠던 것이다. 그러나 유일한 예외가 있었으니 바로 처음 염기서열이 해독된 효모의 알라닌 tRNA였다.

효모의 페닐알라닌 tRNA 구조를 보면 서로 떨어진 두 염기가 3차원 공간에서 가깝게 위치해 수소결합으로 상호작용하며 L자형 입체 구조를 만들고 안정되게 유지한다. 이런 쌍이 몇 개 있는데, 그 가운데 하나가 22번째 구아닌(G)과 46번째 메틸구아닌(m7G[17])이다.

효모의 알라닌 tRNA의 22번째 염기도 구아닌(G)이므로 46번째 염기도 메틸구아닌 또는 구아닌이어야 L자 형태 모델에 맞을 것이다. 그런데 코넬대 로버트 할리 교수팀의 1965년 논문에 따르면 46번째 염기는 우라실(U)이었다. 자세히 살펴보니 46번째 G자리에 U가 있는 게 아니라 G가 빠졌다. 즉 $-G_{45}G_{46}U_{47}-$ 대신 $-G_{45}U_{46}-$이었다. 이렇게 되면 22번째 염기인 G가 상호작용할 짝이 없어 tRNA가 안정한 L자 형태 구조를 유지하기가 어렵다. 그렇다면 알라닌 tRNA는 기본 골격이 다른 형태일 수도 있다는 것인데, 아무리 생각해도 그럴 것 같지 않았다. 김성호 교수는 "그래도 노벨상을 탄 연구라 내가 틀린 건 아닐까 하는 걱정도 있었다"고 당시를 회상했다.

---

17 구아닌의 7번 탄소에 메틸기가 붙은 염기다.

결국 김 교수는 1965년 효모 알라닌 tRNA의 염기서열을 밝힌 할리 교수에게 연락해 자초지종을 얘기했다. 할리 교수의 답변은 허탈할 정도로 명쾌했다. 당시 데이터 해석에 실수가 있어 논문에 실린 알라닌 tRNA 염기서열이 틀렸다는 것이다. 뒤늦게 이를 발견하고 수정한 논문을 발표했지만, 주요 학술지가 아니라 김 교수가 미처 몰랐던 것이다. 당시는 인터넷이 없던 시절이라 이런 일이 종종 일어났다.

아무튼 수정한 염기서열을 보니 바로 46번에 G가 추가돼 있었다. 즉 효모의 알라닌 tRNA 역시 L자 구조를 따랐다. 김 교수는 "내 모델을 의심하지는 않았지만 이런 해프닝까지 겪고 나니 그 보편성을 확신할 수 있었다"며 "지금까지 많은 발견을 했지만, 이 사실을 알았을 때 큰 전율을 느꼈다"고 회상했다.

tRNA 분자의 일반 구조를 논한 논문은 1974년 12월 학술지 『미국립과학원회보』에 발표됐다(29). 1968년 12월 처음으로 tRNA 단결정을 만들었다는 보고를 한 뒤 꼭 6년이 지난 시점이다. 이 사이 김성호는 생물학을 잘 모르면서 생체분자 구조규명에 뛰어든 무명의 결정학자에서 생명과학의 중요 문제를 해결해 학계의 주목을 받는 신진 학자가 돼 있었다.

LIFE
SCIENCE

RAS

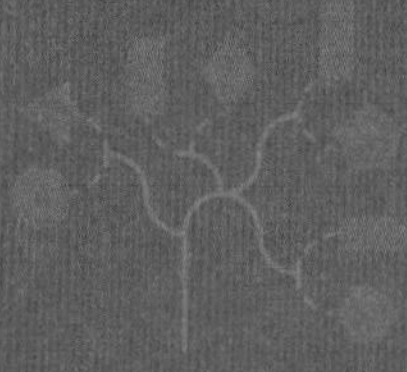

Tree of Life

tRNA

6장

뛰어난 동료들과 함께

김성호 교수가 듀크대로 옮기고 얼마 안 된 1973년 1월 8일자 『사이언스』에 실린 tRNA L자 뼈대 논문의 저자 소속을 보면 전부 MIT 생물학과로 돼 있다. 다만 제1 저자인 김성호의 현소속을 듀크대라고 표시했다. 김성호도 MIT에 있을 때 한 연구라는 뜻이다. 그런데 1974년 고해상도 구조규명 논문의 저자들 소속을 보면 역시 제1 저자인 김성호와 함께 5번째로 이름을 올린 조엘 수스먼은 듀크대이고 교신저자로 마지막에 이름을 올린 리치 교수를 포함해 나머지 6명이 MIT 소속이다.

논문 저자 수로는 4분의 1에 불과하지만 듀크대가 연구를 주도했음을 보여주는 배열이다. 김성호 교수팀이 숫자로는 훨씬 많은 리치 교수팀보다 데이터 해석을 더 정확히 한 데는 그의 첫 박사후연구원인 조엘 수스먼Joel Sussman(1943-)의 공이 컸다. 한편 논문에서 7번째로 이름을 올린 네드 시먼Ned Seeman(1945-2021) 역시 김성호와 인연이 있다. 시먼은 김성호가 피츠버그대를 졸업할 무렵 제프리 교수팀에 박사과정으로 들어왔고 MIT를 떠날 무렵 리치 교수팀의 박사후연구원으로 들어왔으니 4, 5년 뒤처져 김성호의 발자취를 따라간 셈이다. 피츠버그대에서는 겹치지 않았고 MIT에서는 1년이 채 안 된 기간이

지만 실험실에서 같이 지냈다.

1943년생으로 김성호보다 6살 아래인 수스먼과는 MIT 시절부터 인연이 있었다. 미국 펜실베이니아주 필라델피아의 유태계 가정에서 태어난 수스먼은 코넬대에서 수학과 물리학으로 학사학위를 받고 MIT 생물학과 사이러스 레빈톨 교수[18] 실험실에서 생물리학 연구로 박사과정을 밟고 있었다. 김 박사는 MIT에 온 지 얼마 안 됐을 때 학과에서 수스먼을 알게 됐다. 하루는 지나가는 말로 "집주인하고 좀 불편해 하숙집을 옮겨야 겠다"고 했는데 "그럼 우리 집에서 같이 지내면 어떠냐?"는 제안을 받았다. 당시 수스먼은 친구와 둘이서 독채를 세내 살고 있었는데 방이 하나 비어있었다. 김 박사는 얼씨구나 들어가 한집에서 살았지만 얼마 안 가 다들 쫓겨났다. 젊은 친구들이 파티를 자주 해 시끄럽다고 동네 주민들이 항의하자 집주인이 내보낸 것이다. 다시 혼자가 된 김성호는 다행히 얼마 뒤 결혼해 가정을 이뤘다.

김성호는 피츠버그대에서 박사학위를 받을 무렵 자연에 존재하는 염기 두 개로 된 작은 핵산인 UpA의 결정을 만드는 데 성공했다. 마침 한 시약회사에서 UpA 분자를 합성해 판매하고 있어 이를 사서 시도한 것이다. MIT로 옮기면서 틈이 날 때 취미 삼아 구조를 밝혀보자는 아이디어가 떠올랐고 피츠버그대에서 공동연구를 해온 버먼과 MIT에서 알게 된 수스먼을 끌어들였다. 버먼은 막 박사과정에 들어온 시먼을 참여시켜 회원은 네 명이 됐다.

이렇게 해서 서로 다른 기관에서 일하고 있던 네 사람이 참여하는 취

---

18 콜럼비아대로 옮긴 뒤 1972년 김성호 박사를 영입하려 했던 인물이다. 75쪽 참조.

6-1 김성호 박사는 MIT 박사후연구원 시절 친구들과 작은 핵산인 UpA의 구조를 밝히는 취미 연구 프로젝트를 함께 했다. MIT 캠퍼스를 배경으로 찍은 사진으로 왼쪽부터 네드 시먼, 조엘 수스먼, 헬렌 버먼, 김성호다. 네 사람은 스스로 'UpA 갱단(gang)'이라고 불렀다. (제공 김성호)

미 연구 프로젝트가 시작한 것이다. 이들의 연구 결과는 1971년 저명한 학술지인 『네이처 뉴 바이올로지』에 실렸다(16). 당시 김성호 박사는 리치 교수팀 소속 선임연구원이었음에도 교신저자였고 저자 목록에 리치의 이름은 없다. 김성호는 "실험실과 독립된 연구라 X선 장비를 만드는 회사로 결정을 갖고 가서 X선 회절 데이터를 얻었다"며 "연구 결과는 tRNA 구조 해석 과정에서 꽤 도움이 됐다"고 회고했다.

취미 프로젝트 회원들은 그 뒤 각자의 길을 걸었다. 헬렌 버먼은 학위를 받고 1969년 폭스체이스암센터에서 일하며 구조가 밝혀진 단백질의 데이터베이스를 만들고 관리하는 데 관심을 쏟아 1971년 브룩헤이븐국립연구소가 단백질정보은행Protein Data Bank(줄여서 PDB)을 만들 때 불과 28세 나이에 공동 설립자로 참여했다. 1989년 럿거스대로 자리를 옮겼고 1992년에는 핵산데이터베이스NDB를 공동 설립했다. 버먼은 1999년 PDB의 네 번째 소장으로 부임해 2014년까지 15년 동안 재임하며 큰 발전을 이뤄냈다.

2024년 노벨화학상은 인공지능AI 프로그램을 개발해 단백질 구조를 예측하거나 설계하는 방법을 개발한 과학자 3명이 받았다. 이 가운데 예측 프로그램인 알파폴드AlphaFold를 개발해 수상한 두 사람 가운데 한 명인 구글 딥마인드 존 점퍼John Jumper 수석연구원과 설계 프로그램인 로제타Rosetta를 개발해 수상한 미국 워싱턴대 데이비드 베이커David Baker 교수는 "PDB 덕분"이라며 수상의 공을 돌렸다.

그래서인지 학술지 『네이처』 2024년 11월 1일자에는 버먼 교수와의 짧은 인터뷰를 실었다. 버먼은 "이들이 수상해 매우 기쁘다"며 "PDB에 있는 20만 개가 넘는 양질의 단백질 구조 데이터가 AI 프로그램 개발에 큰 도움이 됐을 것"이라고 말했다. PDB 데이터는 전문가의 검증을 받았고 컴퓨터가 완벽하게 읽어 들일 수 있는 형태이기 때문이다.

한편 1945년생으로 회원 가운데 가장 젊은 네드 시먼은 뉴욕대에 자리를 잡았고 DNA 염기 상보성을 이용해 계산을 하거나 나노 크기의 구조물을 만드는 DNA 나노테크놀로지 분야를 개척했다. 이처럼 기발한 아이디어가 넘쳤던 시먼은 안타깝게도 2021년 75세에 세상을 떠났다.

수스먼은 1972년 MIT에서 학위를 받고 이스라엘 바이츠만과학연구소에서 박사후연구원으로 있다가 김성호가 듀크대에 자리를 잡았다는 소식을 듣고 이듬해 박사후연구원을 자청해 참여한 것이다. 당시 김 교수는 "괜찮겠냐?"며 오히려 망설였다고 한다. 수스먼은 수학과 물리학 전공자답게 데이터 해석에 뛰어난 능력을 보였을

뿐 아니라 컴퓨터 코딩에도 능해 데이터 분석 프로그램과 구조 모델을 만드는 등 큰 기여를 했다. 1974년 tRNA 고해상도 구조규명 논문이 나간 뒤에도 후속 연구를 이어가며 1976년까지 듀크대에 머물다가 바이츠만과학연구소 교수로 부임했고 이후 이스라엘 국적을 얻었다.

그 뒤 수스먼은 단백질 구조 연구에 뛰어들었고 신경계 단백질인 아세틸콜린에스터레이스AChE를 비롯해 여러 중요한 단백질 구조를 밝혀 이스라엘 구조생물학 발전에 큰 기여를 했다. 수스먼은 1994년부터 5년 동안 단백질정보은행PDB의 소장으로 근무하기도 했다. PDB의 공동 설립자 가운데 한 명이 취미 프로젝트 회원인 헬렌 버먼인 걸 생각하면 세상이 좁다는 말이 실감난다.

여담이지만 수스먼은 소장을 계속하고 싶었지만 1998년 PDB의 소속이 브룩헤이븐국립연구소에서 럿거스대와 샌디에이고 캘리포니아대가 관리하는 구조생물정보학연구협력체RCSB로 넘어가면서 럿거스대의 버먼이 후보로 나섰고 결국 수스먼을 꺾고 소장이 됐다. 김성호 교수는 "같이 취미 연구를 했던 옛 친구들이 그 일로 한동안 사이가 나빠 중간에서 정말 곤란했다"며 당시의 당혹스러웠던 상황을 회상했다.

듀크대 제적되고 하버드대 들어가

김성호 교수가 듀크대에 재직한 6년 동안 가장 인상 깊은 제자이자 훗날 학자로 대성한 인물이 바로 현 하버드대 유전학과 교수인 조지 처치George Church(1954–)다. 처치는 학부생과 석사과정 대학원생(중퇴),

학사 연구원의 신분으로 3, 4년 동안 실험실에서 살다시피 연구하며 논문 5편에 이름을 올렸다. 특히 수스먼과 함께 X선 회절 데이터 개선refinement 프로그램과 핵산 단백질 상호작용 모형 프로그램을 개발해 이 분야에서 선구적인 업적을 남겼다. 그럼에도 석사학위조차 받지 못하고 학교를 떠날 수밖에 없었던 사연도 예사롭지 않다.

1954년생인 처치는 플로리다주의 시골에서 과학 전담 교사도 없는 중학교를 2학년까지 다니다 어머니가 재혼한 의사 새아버지 덕분에 매사추세츠주 앤도버에 있는 명문 사립 기숙학교인 필립스 아카데미Phillips Academy에 들어갔다. 훗날 처치는 한 인터뷰에서 이 시절을 '천국에서 보낸 4년'이라고 회상했는데, 수학과 과학을 열심히 공부했다. 1960년대 말 고등학교로는 드물게 인근 다트머스대에 연결된 컴퓨터실이 있었고 처치는 틈만 나면 들러 컴퓨터에 몰두했다.

1972년 듀크대에 들어간 처치는 수학과 물리학은 이미 섭렵했다고 느껴 화학과 동물학을 전공했다. 강의와 정해진 실험만 하는 수업

6-2 듀크대에 있던 시절 박사후연구원인 조엘 수스먼(왼쪽)과 대학원생 조지 처치(오른쪽)의 모습이다. 컴퓨터를 잘했던 두 사람은 특히 모델 연구에 크게 기여했다. (제공 김성호)

6-3 듀크대 재직 시절 김성호 교수가 tRNA 모형을 손보고 있다. 당시 학부생이었던 조지 처치(현 하버드대 교수)는 한 인터뷰에서 이 장면을 회상했다. (제공 김성호)

에 시큰둥했던 처치는 최대한 빨리 졸업하려고 닥치는 대로 수업을 들었다. 연구실에 들어가 제대로 된 연구를 하고 싶었던 처치는 1973년 가을 몇몇 교수에게 면담을 신청해 만났지만 썩 내키지 않았다. 이런 상태에서 당시 생명과학계의 핫이슈인 tRNA 구조규명을 이끄는 젊은 교수 김성호와도 만난 것이다. 과학 전반에 관심이 많았고 독학으로 컴퓨터 프로그래밍(코딩) 실력도 상당했던 처치는 X선 결정학으로 생체 분자의 구조를 밝히는 연구가 자신이 찾던 종합 과학이라는 생각이 들었다.

"덩치가 큰 친구(처치는 190㎝가 넘는 거구다)가 와서 연구에 대해 이것저것 진지하게 묻더군요. 나이에 비해 생각이 성숙해 호감이 갔습니다."

한편 처치 교수도 한 인터뷰에서 당시 만남에 대해 "김성호 교수는 그가 만들고 있던 tRNA 모형에 비하면 절반 정도밖에 안 될 정도로 아주 작은 분이었다"고 회상했다. 실제 당시 김성호 교수가 의자에 올라 서 염기와 당, 인산 분자를 하나하나 이어붙여 만든 tRNA 모형을 손질하는 장면을 담은 사진을 보면 처치의 기억이 터무니없는 과장은 아님을 알 수 있다.

학부생이었음에도 기본이 탄탄했기에 김성호 교수는 처치를 대학원생처럼 대하며 연구에 참여시켰다. 처치 역시 연구에 몰두해 자정을 넘겨 퇴근하는 게 일상이었다. 그랬던 그가 대학원을 김 교수가 아닌 동물학과의 한 유명 교수 연구실로 가기로 해 뜻밖이었다. 하지만 한 학기가 지나자 처치가 다시 면담을 요청했다. '그쪽에서 뭔가 잘못한 게 있었나?'라고 짐작하며 얘기를 들어보니 그런 건 아니고 실험실 생활이 마음에 안 들어 돌아오고 싶다는 것이다. 김 교수는 환영했지만 두 학과 모두 허락해야 가능한 일이었다. 다행히 얘기가 잘 돼 1975년 가을 학기에 대학원을 옮겼다.

그런데 이듬해 초 어느 날 김 교수는 뜻밖의 얘기를 들었다. 그가 잠깐 자리를 비운 사이 학과 교수회의가 열렸는데 조지 처치 문제가 안건이었다. 처치의 대학원 필수과목 강의 출석률이 너무 낮아 학칙에 따라 제적을 하기로 한 것이다. 어떻게 된 건지 처치에게 물어보니 강의 내용이 다 아는 거라 시간이 아까워 결석했고 시험은 합격점을 받았다는 것이다.

김 교수는 "처치는 특이한 학생"이라며 학과에 선처를 호소했지만 3분의 2 이상 출석을 요구했던 권위적인 학과 분위기에서 먹히지 않았다. 결국 처치는 제적을 당했고 그 뒤 학사 연구원 신분으로 실험실에 머물며 연구를 이어나갔다. 뛰어난 젊은이의 미래를 생각하면 이래선 안 된다고 판단한 김 교수는 처치를 불러 "일류 대학에 원서를 내라"고 다그쳤다. 이런 곳들이 오히려 천재를 알아보고 관대하게 대할 수도 있기 때문이다. 처치는 이미 논문도 몇 편 냈고 김 교수도 tRNA 구조규명으로 이름이 꽤 난 상태라 입학 허가를 얻는 데 도움이 될 것이다. 김 교수의 예상대로 처치는 1977년 여름 하버드대 대학원에 합격했다.

처치는 월터 길버트 교수의 연구실로 들어갔다. 9년 전인 1968년 MIT 박사후연구원 시절 김성호가 길버트 교수의 강의를 듣다가 tRNA 대량 분리 기술을 알게 돼 시료를 얻어 최초로 tRNA 단결정을 만드는 데 성공했으니 묘한 인연이다.[19] 1977년 길버트는 DNA의 염기서열을 해독하는 방법을 막 개발했고 1980년 이 업적으로 노벨 화학상을 받았다. 훗날 처치는 형광을 이용한 DNA 염기서열 해독법과 이 과정을 자동화한 컴퓨터 프로그램을 개발해 게놈 해독 비용을 크게 낮췄다. 최근에는 게놈편집기술로 매머드를 되살리는 연구[20] 등 합성생물학 분야를 이끌고 있다.

처치가 하버드로 떠난 뒤 어느 날 그에게서 전화가 왔다. 최신 논문을 읽고 토론하는 세미나 수업에서 자신이 제1 저자인 논문이 뽑혔다는 것이다. 1977년 학술지 『미국립과학원회보』에 실린 DNA와 단백질 사이의 2차 구조 상보성에 대한 논문이다(40). 담당 교수에게 얘기했더니 깜짝 놀라며 그를 쳐다봤다고 한다. 결국 그날 수업은 토론의 자리가 아니라 처치의 자기 연구 발표 자리가 됐다.

---

19 66쪽 참조.

20 엄밀히 말하면 매머드와 분류학상 가까운 아시아코끼리의 게놈에서 십여 가지 유전자를 매머드 유형으로 바꾸는 작업이다.

듀크대에서 버클리대로

tRNA 구조를 밝히는 과정에서 양질의 결정을 얻는 게 무엇보다도 중요했지만, 경쟁에서 이기려면 엄청난 양의 X선 회절 데이터를 빠르고 정확하게 해석하는 일도 못지않게 중요함을 깨달은 김성호 교수는 앞으로 컴퓨터의 비중이 더 커질 것임을 짐작했다. 그리고 수스먼과 처치처럼 컴퓨터 실력이 뛰어난 동료와 제자와 함께 수년간 일하며 이런 생각은 확신으로 굳어졌다. 1976년과 1977년 수스먼과 처치가 차례로 실험실을 떠난 뒤 컴퓨터를 이용한 연구에서 아쉬움이 컸다.

이러던 차에 기회가 찾아왔다. 캘리포니아대 버클리 캠퍼스의 화학과에서 초빙 제의가 온 것이다. 버클리 화학과는 미국뿐 아니라 세계적으로 손꼽히는 곳으로 규모가 큰 학과다. 화학과와 화학공학과만으로 이뤄진 단과대학인 화학대를 따로 만들었을 정도다. 버클리 화학대와 인연이 있는 노벨상 수상자는 무려 19명으로 교수가 8명이고 대학원 출신이 11명이다. 김성호 교수는 "내가 옮길 무렵 수상자가 15명 내외였다"며 "화학과 건물 복도에 이들의 사진이 죽 걸려있는 모습이 인상적이었다"고 회상했다.

버클리 화학과는 화학과 생물학을 접목하는 시도에서도 앞서나갔다. 학과 교수진에는 광합성 메커니즘을 밝혀 1961년 노벨화학상을 받은 멜빈 캘빈Melvin Calvin(1911-1997)을 비롯해 생물계를 연구하는 화학자가 여럿 있었다. 이런 맥락에서 당시 학과장이었던 조셉 서니 교수Joseph Cerny(1936-)는 X선 결정학이 광물이나 작은 유기분자에서 핵산이나 단백질 같은 큰 생체 분자로 대상을 넓히는 움직임을 간파하고 tRNA 구조규명에 성공한 김성호 교수를 주목한 것이다.

"듀크대가 많은 지원을 해줬지만 의대라는 한계가 있었습니다. 고민 끝에 옮기기로 결심했죠."

10여 년 동안 생물학을 공부하며 김성호 교수는 최신 분야가 어떻게 돌아가는지에 대해 눈을 떴고 관련 연구자들과 교류도 활발해졌다. 스스로 연구 아이디어를 내는 데는 자신이 생겼다는 말이다. 문제는 이를 실행에 옮겨 먼저 결과를 내야 하는데, 그러려면 여러 배경을 지닌 대학원생이 들어와야 했다. 특히 컴퓨터의 비중이 갈수록 커지고 있어 수학과 물리학, 컴퓨터과학을 전공한 학생이 더 많이 필요했다. 그런데 의대에 있다 보니 학부 때 생물학과 화학을 전공한 학생들이 대부분이었다.

게다가 버클리 캠퍼스에는 로런스버클리국립연구소LBNL도 있다. 입자가속기인 사이클로트론을 만든 물리학과 어니스트 로런스Ernest Lawrence(1901–1958) 교수가 1931년 세운 방사선연구소를 전신으로 1951년 미국 에너지부 산하 국립연구소가 됐다. 버클리로 옮기면 훗날 이곳 가속기에서 생성되는 강력한 X선을 이용할 수도 있어 연구에 큰 도움이 될 것이다. 게다가 버클리대 교수와 함께 LBNL의 책임연구원을 겸임하는 제안이라 더욱 끌렸다.

듀크대에는 미안한 일이지만 연구를 생각한다면 아무래도 옮겨야 할 것 같았다. 미국은 워낙 땅덩이가 커서 동부인 듀크대에서 서부인 버클리로 옮기려면 아내의 직장도 옮겨야 한다. 안 그러면 주말 부부가 아니라 휴가철이나 명절에나 볼 수 있을 것이기 때문이다. 다행히 아내 로절린드가 로런스버클리국립연구소로 옮길 수 있게 되면서 문제가 해결됐다. 1978년 여름 김성호 교수는 6년 동안 일하며 tRNA 구조규명이라는 역사적인 연구를 완성한 듀크대를 뒤로 하고 미국

땅을 가로질러 버클리로 향했다. 그 뒤 버클리 캘리포니아대 화학과는 그의 평생직장이 됐다.

김 교수는 화학과 본관에도 작은 공간을 얻었지만 사무실과 실험실은 '라운드하우스Roundhouse'라는 별칭으로 불리는 건물에 자리했다. 이 건물은 버클리 캠퍼스의 명물로 보통 육면체인 다른 건물들과는 달리 실내체육관처럼 원통형 건물이라 이런 별칭을 얻었다.

1963년 완공된 라운드하우스는 당시 화학과 최고 스타였던 멜빈 캘빈이 새로 조직해 연구소장을 맡은 '화학 바이오동역학 연구소Laboratory of Chemical Biodynamics'의 전용 건물이다. 캘빈은 교수와 대학원생, 방문 연구자 사이에 원활한 의사소통을 통한 협력을 강화하기 위해 건물을 원형으로 짓고 내부가 벽으로 나뉘지 않은 디자인을 구현

6-4 1978년 버클리대로 자리를 옮긴 김성호 교수는 1963년 캘빈이 설립한 화학 바이오동역학 연구소가 있는 라운드하우스에 공간을 받았다. 1989년 김 교수는 연구소 소장으로 취임해 2007년까지 자리를 지켰다. 라운드하우스는 29년 동안 그의 일터였다. (제공 버클리대)

했다. 김성호 교수는 "캘빈은 여러 분야의 전문가들이 모여 아이디어가 집중되면 생각지 못한 발견을 할 수 있다고 믿었다"고 설명했다.

1978년 김 교수가 라운드하우스에 입주했을 무렵 캘빈 소장은 가끔 들려 둘러보는 정도로만 관여하고 있었다. 그러다 1987년 캘빈이 은퇴하며 소장직을 물러나자 임시 소장 체제에서 후임을 물색했지만 1년이 넘도록 마땅한 사람을 찾지 못했다. 이 와중에 화학과 교수 가운데 찾아보자는 제안이 나왔고 연구 성과도 뛰어나고 이미 라운드하우스에서 일하고 있는 김 교수가 낙점됐다.

소장직을 제안을 받았을 때 김 교수는 처음에 거절할 생각이었다. 연구소 운영 같은 행정에는 자신이 없었기 때문이다. 그런데 그 무렵 그가 맡았던 다른 일이 용기를 내게 했다. 당시 김 교수는 아시아계 학생들의 애로사항을 조사하는 위원회를 맡고 있었는데, 아시아계 학생뿐 아니라 교수, 교직원과 인터뷰하며 이들이 처한 상황을 인식했다. 특히 "아시아계 미국인 롤모델이 없다"는 게 이들이 위축되

6-5
김성호 교수는 1989년부터 2007년까지 18년 동안 멜빈캘빈연구소(캘빈랩) 소장을 겸임했다. 소장실에서. (제공 김성호)

게 하는 주요인이었다.

김 교수는 주변 아시아계 교수 몇 명과 이야기를 나눴고 이들 모두 김 교수가 소장직을 맡아 아시아계도 주류 사회에 능동적으로 참여할 수 있음을 보여주기를 기대했다. 결국 김 교수는 용기를 내 소장직을 받아들였고 1989년부터 2007년까지 18년 동안 연구소장으로 봉직했다. 김 소장은 연구소 이름을 '멜빈캘빈연구소'로 바꿨고 그뒤 이곳은 캘빈랩Calvin Lab으로 불렸다. 멜빈캘빈연구소는 김 소장이 물러나며 문을 닫았고 라운드하우스 건물은 리노베이션을 거쳐 컴퓨터 이론을 연구하는 시몬스연구소Simons Institute가 입주했다.

여담이지만 캘빈랩 2층에 있는 소장실은 전형적인 이공계 연구소 소장실과는 달랐다. 공간이 넓은데다 핑크빛 대리석으로 만든 벽난로가 있었고 무엇보다도 별도의 화장실까지 딸려있었다. 1961년 노벨상을 받으며 스타가 된 캘빈이 마음대로 설계한 결과다. 김 교수는 "소장직을 맡은 덕분에 좋은 사무실에서 지낼 수 있었다"고 회상했다.

리보자임에 도전했지만...

버클리 화학과로 옮긴 뒤 김성호 교수의 관심은 RNA와 DNA 같은 핵산에서 단백질로 넘어갔고 1980년대에 들어와서는 본격적으로 단백질 구조규명 연구를 시작했다. 그런데 1980년대 중반 다시 RNA에 관심을 갖게 된 계기가 생겼다. 콜로라도대 화학과의 토머스 체크Thomas Cech 교수가 도움을 요청한 것이다. 1947년생으로 김 교수보다 10년 아래인 체크는 1975년 버클리 캘리포니아대 화학과에서 박사학위를 받았다. 그 뒤 MIT에서 박사후연구원을 보낸 뒤 김 교수가 버클리 화학과에 부임한 해인 1978년 콜로라도대 화학과에 자리를 잡았다.

따라서 체크와 아는 사이는 아니었지만 1980년대 초 그가 중요한 발견을 해 유명해지자 그를 지도했던 동료 존 허스트John Hearst 교수로부터 얘기를 들었다. 체크의 중요한 발견이란 RNA가 반응 속도를 높이는 촉매로 작용한다는 것으로, 생체 촉매인 효소의 정의를 바꾼 사건이다. 그때까지 효소란 촉매로 작용하는 단백질을 뜻했다.

체크는 원생생물인 테트라하이메나Tetrahymena의 리보솜DNArDNA 전사 과정을 연구했다. 단백질을 지정하는 유전자의 전사 산물은 mRNA이지만 이 경우 전사 산물은 리보솜RNArRNA로 리보솜의 구성 요소다. 그런데 rDNA에는 인트론이 있어 전사가 일어나면 인트론이 포함된 전구체인 pre-rRNA가 만들어진다. 그 뒤 스플라이싱 splicing(자르고 이어붙이기)이 일어나 인트론이 잘려 나가고 최종 산물인 rRNA가 만들어진다.

체크는 pre-rRNA의 스플라이싱 과정을 촉매하는 효소를 찾았지만 계속 실패하다 마침내 pre-rRNA의 인트론 부분이 이 반응을 촉매하는 효소 활성을 지니고 있다는 놀라운 사실을 발견했다. 즉 외부 효소의 도움 없이 스스로self 스플라이싱을 했던 것이다. 체크는 이 반응 과정을 밝힌 1982년 『셀』에 발표한 논문에서 특정 생화학 반응을 촉매하는 RNA를 가리키는 신조어 리보자임ribozyme을 사용했다. 리보핵산ribonucleic acid(줄여서 RNA)이면서 효소enzyme 같은 특성이 있다는 뜻이다.[21]

---

21 이 업적으로 체크는 1989년 노벨화학상을 받았다. 이 발견에 대한 자세한 내용은 졸저 『생명과학의 기원을 찾아서』(MID. 2016) 3장 '토머스 체크의 RNA효소 발견' 참조.

그 뒤 다른 생물 종의 rDNA 염기서열을 조사한 결과 테트라하이메나처럼 리보자임으로 추정되는 경우가 꽤 됐다. 예외가 아니라 보편적인 현상이라는 말이다. 체크 교수팀은 이 과정의 생화학 반응을 밝혔지만, 구체적인 반응 메커니즘을 알려면 구조를 규명해야 했고 지도교수였던 허스트를 통해 RNA 구조 전문가인 김 교수에게 도움을 청했다.

흥미를 느낀 김성호는 체크에게 먼저 모델 연구를 해보자고 제안했다. tRNA 구조를 바탕으로 리보자임에서 촉매 활성이 있는 것으로 보이는 부분의 구조를 예측하는 일이었다. 테트라하이메나의 리보자임은 꽤 복잡한 분자라 짧은 시간에 결정을 만들기 어려워 보였기 때문이다. 리보자임의 구조가 궁금했던 체크 교수는 '꿩 대신 닭'이라는 마음으로 동의했고 두 사람은 공동연구를 통해 모델을 만들었고 논문으로 정리해 1987년 학술지 『미국립과학원회보』에 실었다(100). 김 교수는 "나중에 3차 구조가 밝혀졌을 때 비교해보니 몇 군데 맞는 곳도 있었지만, 전반적으로는 차이가 있었다"고 회상했다.

그렇다면 리보자임의 3차 구조를 밝힌 건 누구일까. 한 식물 바이러스에서 테트라하이메나의 리보자임보다 작은 소위 '귀상어 리보자임hammerhead ribozyme'이 발견되자 김성호 교수팀을 포함해 여러 그룹에서 구조규명 연구에 뛰어들었다. 아쉽게도 김 교수팀은 귀상어 리보자임 구조규명에 실패했다. 프로젝트를 맡은 대학원생 윌리엄 스콧William Scott은 수년 동안 결정을 만들기 위해 노력했지만 잘 안됐고 다른 연구 주제인 아스파르테이트 수용체 단백질 구조규명 연구로 박사학위를 받았다.

그 뒤 스콧은 박사후연구원 과정으로 영국 MRC의 아론 클루그 박사팀을 선택했고 그곳에서 다시 리보자임 연구에 도전했다. 스콧은 귀상어 리보자임의 촉매 활성 부위로 결정을 만드는 데 성공했다. 불과 41개 염기로 크기가 작아 안정하게 배열할 수 있었던 덕분이다. 구조를 분석한 결과 마그네슘 이온(Mg^{2+})이 핵심 역할을 하는 반응 촉매 메커니즘이 밝혀졌다. 이 결과를 담은 논문은 1995년 학술지 『셀』에 실렸다. 1974년 tRNA 구조규명 우선권 논쟁이란 의도치 않은 악연 관계가 된 클루그의 주요 연구 업적 가운데 하나에 김성호의 제자가 큰 기여를 한 셈이다.

그 뒤 산타크루즈 캘리포니아대에 자리를 잡은 스콧은 리보자임 전문가로 좋은 연구 결과를 많이 냈다. 2008년에는 김성호 교수와 함께 귀상어 리보자임이 작동하는 과정의 구조를 밝힌 논문의 공동 저자로 참여해 스승과 제자가 십수 년 전 실패의 아쉬움을 달래기도 했다(332).

반면 체크 교수 역시 모델 연구로는 만족하지 못하고 자신이 발견한 테트라하이메나의 리보자임으로 결정을 만드는 연구를 시작했다. 이 일을 하러 1991년 체크 교수 실험실로 온 박사후연구원이 바로 제니퍼 다우드나Jennifer Doudna(1964-)다. 당시 김 교수는 체크의 부탁으로 콜로라도대를 찾아 다우드나에게 이런저런 조언을 해주었다.

그 뒤 3년 동안 테트라하이메나의 리보자임과 씨름했던 다우드나는 1994년 예일대 분자생물리학·생화학과 조교수로 자리를 잡고 체크 교수팀과 공동연구를 이어가 마침내 리보자임 구조규명에 성공해 학술지 『사이언스』에 발표했다(스콧과 클루그보다 1년 늦은 1996년). 이처럼 연구 집념이 대단한 다우드나는 2002년 김성호 교수가 있는 버클리대 화학과의 교수와 동시에 분자세포생물학과의 교수로 부임했고 2012년 게놈편집기술인 크리스퍼-캐스9CRISPR-Cas9을 개발했다. 다우드나는 이 업적으로 2020년 노벨화학상을 받았다.

김성호 교수는 "리보자임을 계기로 알게 된 다우드나와는 버클리에서도 자주 만나 얘기를 나눴다"며 "그런데 2016년 크리스퍼 특허 우선권을 두고 하버드의 조지 처치와 갈라서 법정 공방까지 벌이게 되면서 중간에 내가 곤란했다"며 쓴웃음을 지었다. 앞서 수스먼과 버먼이 PDB 소장 자리를 두고 경쟁하다 사이가 멀어져 난처했던 때와 비슷했다. 한편 2017년 미국 특허항소위원회PTAB는 처치의 박사 후연구원이었던 MIT의 펑 장Feng Zhang 교수가 소속된 브로드연구소Broad Institute가 사람을 포함한 진핵세포 편집기술을 먼저 구현했다고 판결했다.

7장

달콤한 단백질에 매료되다

버클리로 옮겨 자리를 잡은 김성호 교수는 1980년대 들어 단백질 구조를 밝히는 쪽으로 관심을 돌렸다. 당시 구조가 알려진 단백질은 불과 수백 가지로 전체 단백질 종류에 비하면 빙산의 일각이었다. 단백질 대다수는 아직 구조를 모르고 있는 상태였다.

김 교수가 처음 선택한 단백질은 제한효소인 EcoRI('이코알원'이라고 발음한다)이다. 제한효소restriction enzyme란 DNA 이중나선의 특정 염기 서열을 인식해 자르는 효소다. EcoRI은 대장균*E. coli*에서 분리한 제한효소로, DNA 염기 'GAATTC' 서열에 달라붙어 끊어낸다. EcoRI이 어떻게 DNA 이중나선 안쪽에 배열된 염기를 인식하는지는 미스터리였다.

김 교수는 EcoRI 단독 및 EcoRI과 DNA 이중나선 조각이 결합한 복합체의 결정을 만들어 각각의 구조를 밝혀보기로 했다. 앞서 수스먼, 처치와 함께 한 DNA와 단백질의 상호작용 모델 연구가 훈련이었다면 결정을 만들어 구조를 밝히는 연구는 실전에 뛰어든 셈이다.

1980년 각각의 결정을 만드는 데 성공했고 이듬해 예비적인 X선 회절 연구 결과를 담은 논문을 발표했다(61). 그러나 복합체의 구조가 생각보다 복잡해 연구 진행이 더뎠고 결국 1986년 피츠버그대 생물과학·결정학과 존 로젠버그John Rosenberg 교수팀이 EcoRI과 DNA 복합체 결정 구조를 먼저 밝혀 학술지 『사이언스』에 발표했다. 김 교수로서는 씁쓸한 결말이었다.

실험실 규모에 따라 다르지만 서너 가지 프로젝트를 동시에 진행하는 게 보통이다. 김 교수의 실험실도 마찬가지로 EcoRI을 연구하던 시기 또 다른 단백질의 구조규명 연구도 진행하고 있었고 여기서는 멋지게 성공했다. 바로 감미단백질sweet protein 모넬린monellin이다.

설탕보다 2000배 달아

서아프리카에 자생하는 베리류 식물 디오스코레오필룸*Dioscoreophyllum cumminsii*이 만드는 모넬린은 아미노산 95개로 이뤄진 작은 단백질로, 놀랍게도 같은 무게의 설탕보다 무려 2,000배나 강한 단맛이 난다. 커피에 각설탕 두 개(6그램)를 넣어 마신다면 대신 모넬린 3밀리그램만 넣으면 된다는 말이다. 탄수화물과 단백질은 칼로리가 같으므로 설탕 대신 모넬린을 쓰면 단 걸 많이 먹어 살찌는 일이 없을 뿐 아니라 당뇨병이 있는 사람도 단맛을 즐길 수 있다.

식물은 열매의 씨앗이 여물면 과육의 신맛을 줄이는 대신 당도를 높이고 달콤한 향을 내보내 동물을 끌어들인다. 이들에게 맛난 먹을거리를 주는 대가로 씨앗을 퍼뜨리려는 전략이다. 그런데 디오스코레오필룸은 약은 식물이다. 진짜 당분을 많이 만드는 대신 단맛이 강한 모넬린 단백질을 조금 만들어 열매를 달콤하게 하는 전략을 진화시킨 것으로 보이기 때문이다. 이 식물이 자생하는 지역의 원주민들은 오래전부터 열매를 감미료로 이용해왔다.

1960년대 디오스코레오필룸이 서구에 알려지면서 미국의 모넬화학감각연구소Monell chemical senses center의 연구자들은 단맛의 실체를 찾기 위해 열매 과육을 분석했다. 그 결과 놀랍게도 단백질이 단맛을 부여한다는 사실을 발견했다. 이전까지 당이 아니면서 단맛을 내는 물질은 벤젠고리 골격의 사카린이나 아미노산 두 개로 이뤄진 아스파탐 같은 작은 분자들뿐이었다. 연구자들은 1972년 단맛을 부여하는 단백질을 분리하는 데 성공했고 연구소 이름을 따 모넬린monellin이라고 이름 붙였다. 참고로 화학감각이란 후각과 미각을 통칭하는 용어로, 정보 매개체가 분자(리간드)인 감각이다.

모넬린이 작은 단백질이라지만 포도당과 과당이 결합한 이당류인 설탕과 비교하면 훨씬 큰 분자다. 구성 요소가 아미노산이라 설탕과 구조가 꽤 다를 텐데 단맛이 난다는 건 설탕을 인식하는 단맛수용체에 달라붙는다는 말이다. 게다가 단맛이 2,000배라는 건 아주 강하게 결합함을 시사한다.

이런 현상에 대해 흥미를 느낀 김성호 교수는 구조를 분석해 그 비밀을 밝혀보기로 했다. 특이하게도 모넬린은 폴리펩타이드 한 가닥이 아니라 각각 아미노산 45개인 A-사슬과 50개인 B-사슬로 이뤄진 복합체였다. 즉 두 유전자의 산물이라는 말이다. 이는 인슐린과 비슷한 구성이다. 다만 인슐린은 두 폴리펩타이드가 두 곳에서 시스테인 결합(-S-S-)으로 서로 묶인 상태지만 모넬린은 화학적 결합 없이 물리적으로만 엮인 상태다.

흥미롭게도 모넬린의 두 사슬을 분리하면 단맛이 사라진다. 즉 A-사슬 또는 B-사슬만으로는 단맛을 낼 수 없다. 한편 모넬린을 산성 용액에 두고 50℃ 이상으로 온도를 높여도 단맛이 사라진다. 즉 구조가 불안정해져 바뀌면서 단맛수용체에 결합하지 못하게 되는 것이다.

다행히 한 업체가 열매에서 추출해 정제한 모넬린 단백질을 시약으로 판매하고 있었다. 1981년 김 교수는 모넬린 결정을 만드는 데 성공했고 X선 회절 데이터를 얻었다. 이 결과를 담은 두 쪽짜리 짧은 논문은 연말에 학술지 『생물과학저널JBC』에 실렸다(68). 그 뒤 데이터 해석 연구를 통해 5.5옹스트롬 해상도의 단백질 뼈대 구조를 밝혀 1983년 학술지 『생화학』에 발표했다(75). 최종적인 고해상도(3옹스트롬) 구조는 4년이 지난 1987년에야 마침내 완성했고 결과를 담은 논문은 학술지 『네이처』에 실렸다(99). 본격 단백질 구조규명 논문으로는 처음이다. 이때까지 김 교수는 『네이처』와 『사이언스』에 10여 편의 논문을 냈지만 다들 핵산과 관련된 주제였다.

구조 분석 결과 A사슬은 β가닥 3개로 이뤄진 구조였고 B사슬의 β가닥 두 개 사이에 α나선이 하나 있는 구조였다. 이들 β가닥 5개가 서로 반대방향으로 향한 β병풍 구조를 이루고 있었다. 이때 B사슬의 두 번째 β가닥에 자리한 아미노산 3개와 A사슬의 첫 번째 β가닥에 있는 아미노산 3개가 각각 수소결합을 하며 복합체를 이루는 것으로 밝혀졌다. 산성 조건에서는 이들 사이의 수소결합이 약해져 pH 2에서는 50℃, pH 4에서는 70℃ 이상이 되면 두 사슬이 떨어져 나와 단맛을 잃는 것이다.

한편 모넬린 구조 어디에도 설탕(자당) 분자와 비슷한 부분이 없었다. 분명 같은 단맛 수용체가 인식해 단맛을 느끼는 것일 텐데 아쉽게도 밝힌 구조로는 설명할 수 없다는 말이다. 참고로 모넬린의 구조가 밝혀진 1987년에는 단맛 수용체의 실체조차 몰랐다. 단맛 수용체 유전자는 2000년에야 밝혀졌다.

모넬린의 구조를 밝힌 당시 김 교수팀은 또 다른 감미 단백질로 알려진 토마틴thaumatin의 구조도 규명했다. 역시 서아프리카에 자생하

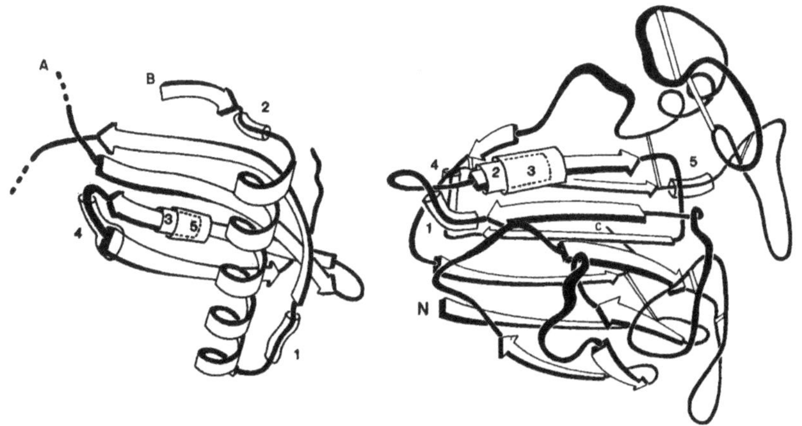

7-1 1978년 버클리대 화학과로 자리를 옮긴 김성호 교수는 단백질 구조생물학 연구에 뛰어들어 감미단백질 모넬린(왼쪽)과 토마틴(오른쪽)의 구조를 밝혀 1987년 학술지 『네이처』에 발표했다. 두 감미단백질의 구조가 밝혀졌음에도 뚜렷한 공통점이 없어 어느 부분이 단맛을 내는데 관여하는지 알 수 없었다. (제공 『네이처』)

는 생강목(目) 식물인 토마토코쿠스*Thaumatococcus daniellii*의 열매에 존재하는 토마틴은 모넬린과 마찬가지로 설탕보다 수천 배 더 달다. 그래서 원주민들은 '기적의 열매'로 불렀다. 토마틴은 아미노산 207개로 이뤄진 단백질로 모넬린보다 두 배 이상 크지만 대신 단일 가닥이다. 어찌 보면 모넬린보다 평범한 단백질인 셈이다.

김 교수가 두 감미 단백질의 구조를 밝히려고 한 이유는 단맛을 부여하는 공통된 구조가 있을 것이라는 합리적인 추측에 따른 것이다. 아울러 김 교수는 인공감미료로 널리 쓰이고 있는 아스파탐의 구조도 밝혔다. 아미노산인 아스파르트산과 페닐알라닌을 기본 골격으로 하는 아스파탐은 단맛이 설탕의 200배로 지금도 콜라와 소주 등 여러 식품에 널리 쓰이고 있다. 아미노산 두 개로 이뤄진 아스파탐의 구조는 두 감미 단백질에서 단맛을 부여하는 영역의 구조와 꽤 비슷할 가능성이 커 보였다.

김 교수팀은 토마틴과 아스파탐 모두 구조를 밝히는 데 성공해 1985년 각각 학술지 『미국립과학원회보』와 『미국화학회지』에 논문을 실었다(80, 83). 토마틴은 베타 병풍 구조가 많은 단백질로 딱히 어떤 부분이 단맛을 내는 데 관여하는지 알 수 없었다. 그리고 설탕(자당)의 구조와 공통점을 지닌 부분도 없는 것은 물론 기대했던 모넬린과도 구조가 겹치는 부분이 없었다. 아스파탐 구조 역시 실망스럽게도 모넬린과 토마틴의 구조에서 비슷한 부분을 찾을 수 없었고 자당의 구조와도 겹치지 않았다. '구조를 알면 기능이 보인다'는 구조생물학의 명제가 적용되지 않는 대상들인 셈이다.

국내 기업 기술 자문 맡아

모넬린 연구가 한창이던 1985년 김 교수는 국내 기업 럭키(현 LG화학)에서 기술 자문을 해달라는 제안을 받았다. 1962년 미국으로 유학을 와 20년 넘게 미국 사회에 묻혀 살았고 가끔 학회에서나 한국 과학자들을 만났던 그로서는 한국과의 본격적인 접촉이 기업이었던 셈이다.

1947년 화장품을 만드는 락희화학공업사로 시작한 럭키는 그 뒤 플라스틱에 뛰어들어 종합 화학회사로 성장했고 1980년대 들어 의약품으로 관심을 넓혔다. 기존 의약품은 화학에 기반한 작은 분자 약물 분야로 보통 화학자들이 하는 일이다. 그런데 럭키는 유기화학, 즉 합성에 기반한 약물이 아니라 유전공학을 이용한 바이오 약물을 만드는 분야에 뛰어들 계획이었다.

유전공학을 이용한 최초의 바이오 약물은 1982년 미국 제약회사 일라이릴리가 바이오회사 제넨텍의 라이선스를 받아 출시한 휴물린

Humulin으로 인간의 인슐린과 동일한 아미노산 서열을 지정하는 합성 유전자를 대장균에 넣어 대장균이 만들어 낸 인슐린이다.[22] 이를 지켜본 럭키가 세계적으로도 아직은 초창기인 분야에 뛰어들었으니 지금 생각하면 과감한 투자인 셈이다. 김성호 교수를 기술 자문으로 위촉한 배경이다.

그런데 당시 럭키는 관련 기술이 없어 미국 현지에 연구소를 만들어 기술을 배울 계획이었고 김 교수에게 파트너가 될만한 바이오 기업을 소개해달라고 부탁했다. 이런 요청을 받으면 보통은 고민스럽겠지만 김 교수의 머리에 바로 적당한 회사가 떠올랐다. 김 교수와 친분이 있는 사람들이 1981년 설립한 바이오벤처인 카이론Chiron이다.

샌프란시스코 캘리포니아대 생화학·생물리학과 교수인 윌리엄 루터William Rutter와 파블로 발렌주엘라Pablo Valenzuela 교수, 버클리 캘리포니아대 생화학과 에드워드 펜호이트Edward Penhoet 교수가 공동 설립자로 다들 김성호 교수와 친분이 있었다. 참고로 바이오산업 초창기의 회사인 카이론은 유전공학으로 백신이나 진단시약을 만들어 꽤 성과를 냈고 2006년 거대 제약사 노바티스에 팔렸다.

김 교수는 카이론 친구들에게 럭키 관계자를 소개했고 두 회사 사이에 계약이 성립됐다. 그 결과 캘리포니아 에머빌에 있는 카이론 연구소에 럭키 연구원들이 상주하며 유전공학 기술을 배울 수 있었다. 이때 럭키 연구진을 이끈 소장이 조중명 박사로, 이후 김 교수와 40년 가까이 친분을 유지하고 있다.

---

22 휴물린 개발 과정에 대한 자세한 내용은 졸저 『생명과학의 기원을 찾아서』(MID. 2016) 1장 '허버트 보이어의 제한효소를 이용한 재조합 DNA 실험' 참조.

1948년생으로 김 교수보다 11년 연하인 조중명은 서울대 동물학과(현 생명과학부)에서 학부와 대학원 석사과정을 마친 뒤 한국원자력연구소에 들어갔다. 당시 연구소 유치과학자였던 이세영 박사의 연구실에서 분자생물학을 접한 조중명은 1977년 미국 휴스턴대로 유학해 생화학 연구로 1981년 박사학위를 받았다. 베일러의대에서 박사후연구원을 하던 1983년 LA에서 럭키의 최근선 사장과 최남석 부사장[23]을 만나 사업 계획을 듣고 입사를 제의받았다. 약간의 고민 끝에 이듬해 입사한 조중명 박사는 바로 미국 현지 연구소(연구원 대여섯 명의 팀 규모이지만) 소장이 됐다.

김 교수는 조 소장에게 모넬린의 생명공학 연구를 제안했다. 대학이 아니라 기업이므로 새로운 기술을 배울 때 바로 적용할 수 있는 사업성이 있는 프로젝트를 동시에 진행하면 일석이조이기 때문이다. 설탕보다 200배 단 사카린과 아스파탐을 비롯해 인공 감미료가 이미 나와 있지만, 모넬린은 천연 감미료라는 게 강점이다. 다만 식물체에서 모넬린을 추출하는 방법은 양이 너무 적어 상업성이 없다.

따라서 유전공학으로 모넬린 유전자를 대장균이나 효모 같은 미생물에 넣어 대량으로 만들게 해야 한다. 그런데 문제는 앞서 언급했듯이 모넬린은 폴리펩타이드 사슬(단백질 조각) 두 개로 이뤄져 있다는 점이다. 유전자 두 개를 발현해 각각의 단백질 조각을 얻더라도 둘이 제대로 합쳐져 온전한 모넬린을 얻는 수율은 4~5%에 불과하다. 따라서 두 유전자를 하나로 합치면 좋은데, 관건은 여기서 나온 단백질 구조가 원래 모넬린과 거의 차이가 없어야 단맛이 유지될 수 있다

23 최남석(1935-2022)은 그 뒤 LG화학기술원 원장을 역임했고 한국 바이오산업의 기반을 마련한 공로로 2024년 과학기술유공자에 선정됐다.

는 데 있다. 그런데 모넬린 대신 단일 가닥으로 이뤄진 토마틴을 대량 생산하는 시스템을 만든다면 이런 고민을 할 필요가 없는 게 아닐까. 김 교수는 "토마틴은 덩치가 두 배 이상 큰 단백질이라 당시 기술로는 생산 단가가 너무 비쌀 것 같았다"고 선택하지 않은 이유를 설명했다.

김 교수는 모넬린의 3차원 골격 구조에서 흥미로운 사실을 발견했다. 즉 B-사슬의 끝 지점인 C말단과 A-사슬의 시작 지점인 N말단이 서로 가까운 거리에 위치했다. 따라서 이 부분을 이어주면 전체적인 구조에 영향을 주지 않으면서도 하나의 폴리펩타이드 사슬로 이뤄진 모넬린을 얻을 수 있지 않을까. 김 교수는 카이론과 럭키 연구자들에게 이 아이디어를 설명하고 프로젝트로 해보자고 제안했다.

이렇게 해서 모넬린 프로젝트가 시작됐다. 모넬린 3차 구조를 바탕

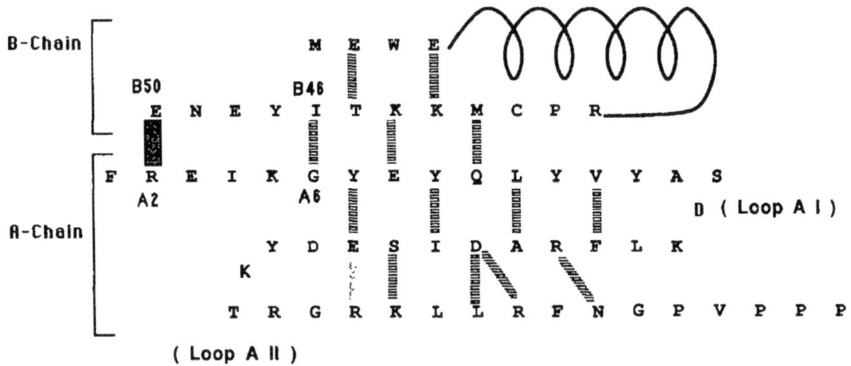

7-2 모넬린은 두 사슬이 물리적으로 결합한 상태라 산성과 열에 취약하고 변성되면 복원되지 않는다. 김성호 교수는 모넬린 구조를 보고 서로 가까운 B-사슬의 50번째 아미노산인 글루탐산(E)과 A-사슬의 2번째 아미노산인 아르기닌(R)을 연결해 한 사슬로 만들면 훨씬 안정해질 것이라고 예상했다. 실제 재조합 모넬린은 여전히 단맛이 나면서도 안정했다. (제공 『단백질 공학』)

으로 B사슬의 50번째 아미노산인 글루탐산에 A사슬의 두 번째 아미노산인 아르기닌이 연결된, 즉 아미노산 94개를 지정하는 DNA 염기서열, 즉 새로 설계한 유전자를 유기화학 합성법으로 만들었다. A사슬의 첫 번째 아미노산인 페닐알라닌이 빠졌으므로 천연 모넬린보다 아미노산이 하나 적다. 이렇게 만든 재조합 유전자를 대장균에 넣어 발현시켰다.

다행히 대장균은 재조합 모넬린 단백질을 잘 만들었고 맛을 보자 원래 모넬린만큼 강한 단맛이 느껴졌다. 3차원 구조가 천연 모넬린과 거의 같다는 말이다. 게다가 사슬 하나로 이뤄져 있어 구조가 더 안정적이라 천연 모넬린과는 달리 산성의 고온 조건에서도 단맛을 잃지 않았다. 김 교수의 아이디어가 그대로 실현된 것이다.

한편 온도를 100℃ 가까이 올리면 천연 모넬린은 물론 재조합 모넬린도 변성이 일어나 단맛이 사라진다. 그런데 온도를 다시 낮추면 차이가 난다. 천연 모넬린은 떨어진 두 사슬이 다시 만나지 못해 여전히 단맛이 안 나지만 재조합 모넬린은 흐트러진 구조가 제자리로 돌아오면서 다시 단맛이 난다. 재조합 모넬린은 조리 과정을 견딜 수 있어 천연 모넬린에 비해 적용 범위가 훨씬 넓다는 뜻이다.

이 연구를 함께 진행한 김 교수팀과 럭키 연구팀은 결과를 논문으로 정리해 1989년 학술지 『단백질 공학』에 발표했고 특허로도 등록했다(119). 그리고 럭키에 특허 라이선스를 양도했다. 이제 럭키가 제품으로 만드는 일만 남았다. 그런데 럭키는 여기서 망설였다. 먼저 비용 문제로 대량 생산을 하려면 배양기 등 상당한 설비투자를 해야 하는데 회사로서는 결정하기가 쉽지 않은 일이다.

다른 하나는 근본적인 문제로 모넬린의 단맛이 설탕과 다르다는 점이다. 설탕은 먹자마자 강한 단맛이 나고 곧 사라지지만 모넬린은 처음엔 약하다가 갈수록 강해지는 프로파일을 보인다. 마치 씹을수록 달짝지근한 감초 같다. 먹은 뒤 입을 물로 헹구면 설탕의 단맛은 곧 사라지지만 모넬린의 단맛은 남아있다.

다른 업체에도 문을 두드렸지만 결국은 성공하지 못했다. 조 박사는 "김 교수와 함께 시카고의 아스파탐 제조사도 방문했고 MSG 조미료로 유명한 일본의 아지노모도 관계자도 만나 재조합 모넬린을 소개했지만 다들 망설였다"고 회상했다. 식품회사로서는 고객(소비자)의 보수적인 입맛을 두고 모험을 걸기에는 무리였다. 결국 모넬린은 제품화에 이르지 못했고 김 교수는 지금도 모넬린을 생각하면 아쉬운 마음이다.

7-3 1987년 김성호 교수는 미국 에너지부로부터 E. O. 로런스 기념상을 받았다. (제공 김성호)

모넬린 토마토도 만들었지만...

한편 김 교수는 버클리대 식물과학과 로버트 피셔Robert Fischer 교수를 찾아가 모넬린을 소개하며 공동연구를 제안했다. 즉 토마토에 단일 가닥으로 만든 합성 모넬린 유전자를 넣어 달콤한 열매를 얻는다는 아이디어다. 유전자 앞에 열매가 익을 때 발현이 높은 프로모터 영역을 붙이면 익은 열매에서만 발현되게 만들 수 있다. 실험 결과는 성공이었고 1992년 학술지 『바이오/테크놀로지』(현 『네이처 바이오테크놀로지』)에 논문이 실리며 화제가 됐다(145).

이 무렵 미국 대학에서는 교수들의 연구 성과를 사업화하는 교내 스타트업 설립 붐이 일었다. 특허에 기반한 신기술을 대기업에 넘겨 라이선스 계약을 체결하면 큰돈을 벌 수도 있기 때문이다. 캘리포니아대도 6개 캠퍼스의 교수들이 보유한 특허를 검토해 10개를 뽑아 각각을 사업화하는 스타트업 10개를 세웠다.

김 교수팀의 모넬린 특허도 뽑혔고 대학은 1993년 교내 스타트업 세렌아그리코프Seren Agricorp를 설립했다. 그러나 대표로 뽑은 사람이 사기꾼이었고 몰래 서류를 꾸며 특허를 판 뒤 사라졌다. 그 뒤 회사 이름을 유나이티드아그리코프United Agricorp로 바꿔 심기일전했으나 결국은 문을 닫았다. 아쉽게도 모넬린이나 모넬린 함유 토마토는 높은 비용과 단맛 프로파일 문제에 걸려 상업화로 이어지지는 않았다. 게다가 토마토가 너무 달면 소비자가 이상하게 느낄 수도 있다. 나머지 9개 회사도 별다른 성과를 내지 못하고 문을 닫았다. 1990년대 미국 대학의 학내 스타트업 붐은 대학이 학문을 넘어 돈을 버는 일까지 나서는 게 별로 바람직하지 않다는 걸 잘 보여준 예다.

오늘날 세계에서 유일하게 일본에서 천연 모넬린이 식품 첨가물로 등록돼 소량 쓰이고 있다. 반면 토마틴은 오히려 유럽과 일본, 미국 등 여러 나라에서 감미료 또는 식품첨가물로 허가가 나 쓰이고 있다. 아마도 모넬린보다 구조가 안정해 단맛이 사라질 위험성이 낮기 때문일 것이다. 재조합 모넬린은 토마틴만큼 안정하지만, 소비자의 거부감은 물론 허가를 받기도 쉽지 않을 것이다.

한편 조중명 박사는 1994년 한국으로 돌아가 대덕 연구단지에 있는 럭키 생명과학연구소에서 소장으로 일하다 1999년 나와 바이오벤처 크리스탈지노믹스를 만들었다. 이때 김 교수도 공동 설립자로 이름을 올렸다. 도와달라는 조 박사의 요청에 선뜻 응한 것이다. 김 교수는 한국에 들를 때마다 조 박사를 만나 식사 자리를 갖곤 했다. 우연한 만남이 오랜 인연으로 이어온 셈이다. 조 박사는 "김 교수는 아이디어가 뛰어난 분"이라며 "학교 연구실을 찾아가면 너무 바빠 샌드위치 도시락으로 점심을 때우는 김 교수의 모습을 보곤 했다"고 회상했다.

이서구 박사와 함께 한 북한 여행

10년 동안 다양한 관점에서 모넬린 연구를 하면서 김성호 교수는 감미단백질 권위자로 널리 알려졌다. 그래서였을까. 1991년 어느 날 김 교수는 뉴욕의 한인을 통해 북한학술원이 초빙하고 싶다는 의사를 전달받았다. 나중에 알고 보니 설탕 수입이 부담스러웠던 북한에서 모넬린에 흥미를 느낀 게 계기였다.

호기심이 커 웬만한 위험은 기꺼이 감수하는 경향이 있는 김 교수는 북한이라는 특수한 사회를 직접 볼 수 있는 모처럼의 기회를 놓치고 싶지 않았다. 게다가 서울 혜화동 여의대병원에 재직하다 한국전쟁 때 월북한 사촌 형을 만날 수 있을지도 모른다. 따라서 반대할 게 뻔한 한국 영사관 대신 미국 연방수사국FBI 샌프란시스코 사무소에 연락해 자문을 구했다. 뜻밖에도 알아서 하라는 반응이었고 "방북하고 몇 주 지나도 안 돌아오면 추적해줄 수 있냐?"는 물음에도 "확답할 수 없다"며 회피했다.

보통 사람 같으면 여기서 포기했겠지만 김 교수는 전혀 뜻밖의 아이디어를 떠올렸다. 즉 혼자가 아니라 둘이 가면 좀 더 안전하지 않을까. 만일 억류하면 문제가 더 커질 것이기 때문이다. 그가 여행 동반자로 찍은 사람은 당시 미국 국립보건원NIH에 있던 이서구 박사다. 이 박사 역시 한국전쟁 때 아버지가 납북된 이산가족이었기 때문이다. 예상대로 이 박사는 여행에 함께 하기로 했다.

김 교수는 뉴욕의 한인을 통해 북한에 "뛰어난 과학자가 있어 같이 가고 싶다."고 제안했지만, 북한에서는 거절의 답신을 보냈다. "왜 안 되느냐고 묻자 정보가 없다는 답이 돌아왔습니다." 김 교수는 부랴부랴 이 박사 관련 정보를 모아 보냈지만 묵묵부답이었다. 결국 혼자 가야 하나 생각하고 있었는데, 출발 예정일을 3~4주 앞두고 북한에서 "같이 와도 좋다"는 연락이 왔다. 후에 알게 된 일이지만 이서구 박사가 베이징에서 열린 학회에 참석했을 때 북한 대사관에 찾아가서 아버지 행방에 관해 문의했던 기록을 찾았기 때문이다.

1943년생인 이서구 박사는 서울대 화학과 61학번으로 김 교수의 5년 후배다. 이서구는 1967년 미국 워싱턴의 가톨릭대로 유학해 유기화학으로 박사학위를 받은 뒤 NIH에서 효소 연구에 뛰어들었다. 이 박사는 세포막 신호전달계에서 중요한 역할을 하는 효소인 포스포리파아제C의 구조와 기능을 규명해 주목을 받았다.

두 사람은 따로(이 박사는 미국 동부인 메릴랜드주 베세즈다에 있었으므로) 중국 베이징으로 가서 북한 대사관에서 제공한 한 호텔에서 만나 며칠 머무른 뒤 소형 비행기를 타고 북한 평양에 도착해 열흘 정도 머물렀다. 김 교수는 “매일 일정이 다 짜여 있었고 큰 동상이 있는 장소를 자주 찾았다”며 “우린 그런 것에 관심이 없었고 북한 사람들의 실생활을 보고 싶었다”고 회상했다. 젊은 안내자(또는 감시자)는 안 된다고 했지만, 주말에는 공원에서 사람들과 직접 만날 기회를 허용했다. 물어보니 보통 직장 단위로 와서 여흥을 즐겼다.

그런데 학술원의 분위기는 확실히 달랐다. 정보가 공산당을 통해 그때그때 전달되는 듯 학술원장조차 김 교수 일행의 구체적인 일정을 몰랐다. 김 교수는 학술원에서 모넬린을 비롯해 몇 가지 주제로 강의했고 이 박사도 자신의 연구를 소개했지만, 청중에게 제대로 전달됐는지는 의문이다. 그리고 북한은 모넬린을 도입하려는 적극적인 의사를 보이지 않았다.

북한에서 가장 인상적이었던 기억은 예술인 아파트를 방문했을 때 장면이다. 북한에서 예술가들은 대우가 좋았는데, 화가들은 집에 개인 화실이 있었다. 이들은 주로 체제를 찬양하는 그림을 그렸는데 뜻밖에도 열정이 대단해 억지로 하는 것 같지는 않았다. 이래저래 북한 사회와 사람들에게서 사고방식이 다르다는 이질감을 느끼지 않을 수 없는 경험이었다. 김 교수는 베이징으로 돌아가는 기차에서 창밖의 북한 풍경을 바라보며 어린 시절의 추억에 잠기기도 했다.

아쉽게도 김 교수와 이 박사 모두 북한 체류 중에 월북 친척을 만나보지 못했다. 방북에 앞서 이들에 관한 자료를 보내줬지만 도착해 물어보니 “기록이 남아있지 않아 신상을 파악할 수 없었다”는 실망스러운 대답이 돌아왔다. 정말 그런 것인지 아니면 만남의 기회를 주지 않은 것인지 알 길은 없다.

미국으로 귀국한 뒤에는 바로 FBI에서 연락이 왔고 인터뷰를 했지만 특별한 건 없었다. 김 교수는 북한에서 학술원 원장과 만났을 때 도와줄 수 있냐는 얘기를 들어 "재조합 모넬린을 만드는 데 필요한 시약을 어디로 보내면 되냐?"고 편지를 보냈지만 끝내 연락처를 받지 못했다. 아마 내부 사정이 생긴 것 같다. 한편 김 교수의 방북을 알게 된 버클리의 한국학연구소Center for Korean Language에서 여행 경험을 강의해달라고 부탁했고 김 교수는 북한에서 촬영한 사진 필름으로 슬라이드까지 만들어 생생한 체험담을 얘기했다.

당시 버클리 김 교수 연구실에서 박사후연구원으로 있던 카이스트 생명과학과 오병하 교수는 30여 년이 지난 지금도 그때 김 교수의 활기찬 강의 모습이 눈에 선하다. "북한은 무너지는 게 맞는데 왜 안 무너지는가?"라는 질문으로 시작한 강의는 여러 흥미로운 일화를 소개한 뒤 "통제가 심한 사회를 무너뜨리는 방법은 개방뿐"이라는 결론으로 마쳤다. 그날 강의에 깊은 인상을 받은 오 교수는 "뛰어난 사람은 여러 분야에 관심이 많다는 것을 새삼 느꼈다"고 회상했다.

그러고 보니 김 교수에게 이런 예상치 못한 경험까지 안겨준 모넬린의 뒷맛이 씁쓸한 것만은 아닌 셈이다.

8장

암과의 전쟁에 뛰어들다

김성호 교수가 구조를 밝힌 수백 가지 단백질 가운데 가장 유명한 것은 라스ras가 아닐까. 라스 단백질을 지정하는 라스 유전자는 사람 게놈에서 최초로 밝혀진 발암유전자일뿐 아니라 전체 암의 30%에 라스 유전자 돌연변이가 관찰될 정도로 암 발생에 중요한 변수다. 그 뒤 발견된 암 관련 유전자가 100여 가지나 된다는 점에 비춰보면 라스의 영향력을 짐작할 수 있다.

사람 암세포에서 라스 유전자를 발견하고 6년이 지난 1988년 김 교수팀은 최초로 비활성 상태 라스 단백질의 구조를 규명했고 1990년 활성 상태 라스 단백질의 구조까지 밝혀 변이 라스 유전자 관련 암 발생의 구조적 메커니즘을 명쾌히 설명해 센세이션을 불러일으켰다. 이를 바탕으로 많은 과학자가 변이 라스 단백질을 표적으로 하는 항암제 개발에 뛰어들었지만, 뜻밖에도 다들 실패하면서 암 정복에 대한 기대가 꺾이기도 했다. 이번 장에서는 김 교수팀의 라스 단백질 구조규명을 중심에 두고 분자 종양학의 세계를 들여다본다.[24]

---

24 분자 종양학의 성립과 전개 과정에 대해서는 부록3 '암 발생 원인 논란의 역사' 참조.

1982년 암세포에서 처음 발암유전자 발견

김성호 교수가 단백질 구조로 관심을 돌리던 1982년 놀라운 발견을 담은 논문 세 편이 거의 동시에 발표됐다. 사람의 암세포에서 변이 라스RAS 유전자를 발견한 것이다. 즉 방광암으로 사망한 사람의 암세포에 변이 HRAS 유전자가 존재했고 폐암세포에서 변이 KRAS 유전자가 있었다. 이는 바이러스 감염이 아니라 체세포 분열 과정에서 임의로 일어난 돌연변이다. 한편 둘과 염기서열이 비슷한 NRAS 유전자도 추가로 발견됐다. 그 뒤 여러 암세포 시료에서 세 가지 라스 유전자의 다양한 변이가 발견됐다. 그렇다면 라스 유전자의 본래 기능은 무엇이고 변이가 생겼을 때 왜 암세포가 되는 걸까.

라스는 GTP가수분해효소라는 범주에 속하는 작은 단백질로, GTP를 GDP와 인산기로 가수분해하는 반응을 촉매하는 효소 활성을 지닌다. 그런데 좀 더 자세히 들여다본 결과 놀라운 사실이 드러났다. 즉 세포의 증식을 매개하는 신호경로에서 라스 단백질이 핵심 스위치 역할을 하는 것으로 밝혀졌기 때문이다.

세포막 안쪽에 붙어있는 라스 단백질은 평소에는 꺼진(off) 상태로 있다가 세포밖에서 신호가 오면(성장인자가 수용체에 달라붙으면) 구조가 바뀌어 켜지며(on) 세포핵에 있는 게놈으로 증식 신호를 전달하고 원래 구조로 돌아가 꺼지며 다음 신호를 기다린다. 이 과정은 매우 교묘하게 조절되는데, 암이 보여주듯이 다세포 생물에서 개별 세포의 일탈은 치명적이기 때문이다.

비활성(off) 상태의 라스 단백질에는 GDP(구아노신이인산)이 붙어있다. 그런데 증식 신호가 오면 GDP가 떨어져 나가고 GTP(구아노신삼

인산. GDP에 인산기가 하나 더 붙은 분자)가 들어오면서 라스 단백질 구조가 바뀌어 활성(on) 상태가 돼 신호를 전달한다. 흥미롭게도 활성 라스 단백질은 동시에 GTP에서 인산기를 떼어내 GDP로 바꾸는 GTP 가수분해효소로도 작용한다. 그 결과 자신의 구조도 원래대로 바뀌며 비활성 상태로 돌아간다.

그런데 변이 라스 단백질은 GTP를 GDP로 가수분해하지 못한다. 그 결과 GTP가 붙은 활성형이 유지되면 스위치가 켜진 상태로 머물며 증식 신호를 계속 보내 결국 세포가 통제를 벗어나는 것이다. 따라서 변이 라스 단백질을 표적으로 삼는 약물을 개발해 잘못된 신호 전달을 막을 수만 있다면 상당수의 암을 치료할 수 있는 획기적인 항암제가 될 것이다. 이런 약물은 숱한 시행착오를 겪다가 운 좋게 찾을 수도 있겠지만 만일 라스 단백질의 구조를 안다면 개발 속도는 훨씬 빨라질 것이다. 많은 결정학자가 라스 단백질 구조 규명에 뛰어든 배경이다.

우연한 만남이 공동연구로 이어져

버클리로 옮겨 tRNA 연구를 마무리하고 단백질 구조로 눈을 돌린 김성호 교수 역시 생명과학계의 최대 관심사인 라스 단백질을 주목하고 관련 학회에 참석하며 분위기를 살폈다. 그 결과 생각보다 만만치 않다는 사실을 발견했다. 결정을 만들려면 충분한 양의 단백질을 얻어야 하므로 사람 세포에서 추출해서는 답이 안 나온다. 결국 유전자를 클로닝해 대장균에 넣어줘 대장균이 대량으로 만들게 해야 한다.

그런데 어찌 된 일인지 대장균은 사람의 라스 유전자에서 라스 단백질을 잘 만들지 못했다. 이는 사람(동물)이 즐겨 쓰는 코돈과 대장균(박테리아)이 선호하는 코돈이 달라 일어나는 현상으로 보였다. 예를 들어 아미노산 글리신을 지정하는 코돈은 네 가지인데, 사람은 GGU를 선호하고 대장균은 GGA를 즐겨 쓰는 식이다. 또는 사람 라스 유전자의 특정 염기서열이 대장균에서 전사나 번역 효율을 떨어뜨린 결과일 수도 있다. 그렇다면 사람 유전자 대신 박테리아형 코돈으로 같은 아미노산 서열 유전정보를 지닌 합성 라스 유전자를 만든다면 이 문제를 해결할 수 있지 않을까.

1980년대 중반 한 라스 학회에서 김성호는 뜻밖의 인물을 만났다. 일본 국립암연구소 니시무라 스스무西村 暹 박사로 1970년대 tRNA 학회에서 만나 알게 된 사이이다. 당시 니시무라 박사는 tRNA의 생화학을 연구하고 있었다. 김 교수는 "얘기를 나눠보니 니시무라 역시 tRNA 연구를 마무리하고 라스 단백질의 생화학으로 관심을 돌려 라스 학회에 온 것이었다"라며 멋쩍게 웃었다. 연구 분야는 다르지만 같은 길을 가는 사이인 셈이다.

김성호는 결정 연구가 단백질 대량 생산이라는 시작 단계부터 삐걱거려 아무래도 박테리아형 코돈으로 이뤄진 합성 유전자를 만들어야겠다고 말했고 니시무라 역시 평범한 클로닝은 시도할 필요도 없다고 맞장구쳤다. 니시무라는 DNA 합성 전문가인 홋카이도대 오츠카 아이코大塚 栄子 교수를 떠올렸다. 두 사람은 곧바로 공동연구를 하기로 했고 오츠카 교수도 선뜻 동참했다.

이들은 세 라스 유전자 가운데 HRAS를 선택했고 오츠카 교수팀은 바로 합성에 들어갔다. 지금 생각하면 KRAS를 고르지 않은 게 아쉽다. 변이 라스 유전자로 인한 암 가운데 85%가 KRAS에 문제가 생긴 것이기 때문이란 게 훗날 밝혀졌기 때문이다. 김 교수는 "이런 사실을 몰랐던 초기에는 주로 HRAS로 연구를 했었다"며 "HRAS와 KRAS는 서로 상당히 비슷하므로 어느 걸 선택하느냐가 본질적인 문제는 아니다"라고 덧붙였다. 참고로 세 라스 유전자 가운데 암세포에 KRAS 변이가 압도적으로 많은 이유는 아직 잘 모른다.

연구자들은 두 가지 버전의 합성 유전자를 만들기로 했다. 하나는 아미노산 189개를 지정하는 온전한 HRAS 유전자이고 다른 하나는 뒤쪽 18개를 뺀 아미노산 171개짜리 단백질을 지정하는 유전자다. 뒤쪽 18개 아미노산은 라스 단백질이 세포막에 달라붙는 데 관여하는 부위로 유동성이 커 온전한 단백질은 결정을 만드는 데 애를 먹을 수 있기 때문이다.

오츠카 교수팀은 요청대로 두 버전의 합성 라스 유전자를 만들었다. 김 교수는 "염기 570개 길이(아미노산 189개 코돈 + 종결 코돈)의 DNA 가닥을 합성한다는 건 엄청난 일"이라며 오츠카 교수팀이 고생을 많이 했다고 회상했다. 참고로 인공 유전자는 염기 수십 개 길이의 DNA 조각을 합성한 뒤 이를 이어붙이는 식으로 만든다.

니시무라 박사팀은 합성 유전자를 클로닝해 대장균에 넣었다. 다행히 대장균은 익숙한 코돈으로 이뤄진 합성 유전자의 전사와 번역을 효율적으로 수행해 단백질을 많이 만들었다. 니시무라 박사팀은 라스 단백질을 분리하고 정제해 버클리로 보냈다.

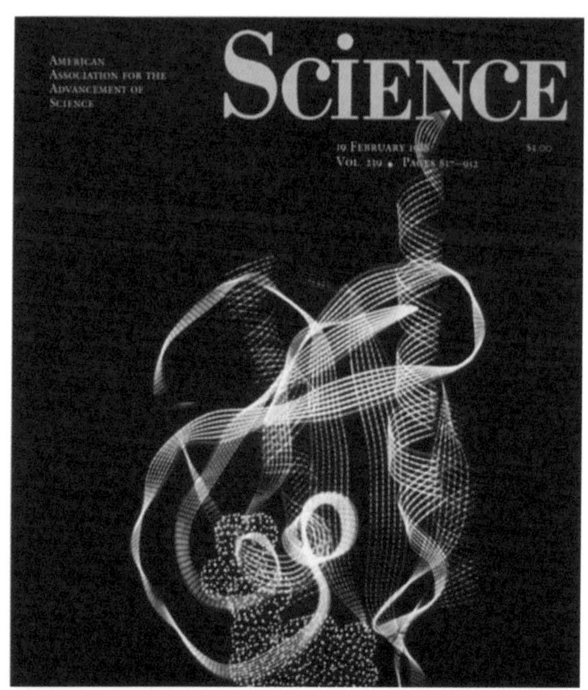

8-1 1988년 김성호 교수팀은 일본 연구자들과 함께 라스 단백질의 구조를 밝혀 암 구조생물학 시대를 열었다. 연구 결과는 2월 19일자 학술지 『사이언스』에 표지논문으로 실렸다(위). 당시 김 교수의 모습이다(아래). (제공 『사이언스』)

위치 크게 바뀌는 스위치 영역

김 교수팀은 즉시 결정을 만드는 일에 착수했고 다행히 GDP가 붙은 비활성형 HRAS 단백질(아미노산 171개 버전) 결정을 만들어 구조 규명에 성공했다. 이 결과를 담은 논문은 1988년 2월 19일자 학술지 『사이언스』에 표지논문으로 실리며 주목을 받았다(104). 14년 전 tRNA에 이어 라스 단백질 구조규명 레이스에서도 가장 먼저 결승선을 통과한 것이다.

논문이 나오기 얼마 전 한 학회에서 김 교수가 라스 구조규명에 성공했다고 발표했을 때 반응을 보면 당시 관련 연구자들이 받은 충격을 짐작할 수 있다. 이들 대다수는 결정을 만들기 위해 라스 단백질을 많이 얻어야 하는 첫 단계부터 막혀 헤매고 있었는데 김 교수와 동료들은 코돈을 바꾼 유전자를 합성해 단백질을 대량으로 얻고 결정을 만들어 구조까지 밝혔으니 말이다. 당시 김 교수는 발표를 끝내고 나가다가 전화 부스 앞에서 사람들이 긴 줄을 만든 광경을 봤다. 다들 실험실에 전화해 라스 구조가 밝혀졌다는 긴급 소식을 알리려고 기다리고 있었던 것이다.

이해 김 교수는 니시무라 박사, 오츠카 교수와 함께 일본 다카마쓰노미야비高松宮妃[25]암연구기금에서 주는 학술상의 수상자로 선정됐

25 노부히토 친왕비 기쿠코(宣仁親王妃喜久子, 1911-2004)라고도 불린다. 다이쇼 천황과 데이메이 황후 사이의 셋째 아들인 다카마쓰노미야 노부히토 친왕의 비로 혼인 전 이름은 도쿠가와 기쿠코다. 어머니가 대장암으로 사망한 뒤 1968년 다카마쓰노미야비암연구기금 설립에 관여했고 초대 총재를 맡는 등 평생 암 퇴치에 관심을 가졌다.

다. 1968년 시작한 학술상은 암 관련 기초 또는 임상 연구에서 탁월한 업적을 낸 일본인 과학자를 대상으로 수상자를 선정해 이듬해 초 시상한다. 그런데 한국인인 김 교수가 어떻게 상을 받았을까.

정확한 내막을 모르겠지만 아마도 1968년 다카마쓰노미야비암연구기금 학술상이 시작된 이래 라스 단백질 구조규명은 일본 과학자의 암 관련 기초연구의 최대 성과였을 것이다. 그런데 실제 구조를 밝힌 건 김 교수팀이었기 때문에 김 교수를 빼고 일본인 두 사람만 주는 건 누가 봐도 이상할 것이다. 그래서 생각해 낸 게 '창립 20주년 기념 특별상'이 아닐까. 즉 김성호와 니시무라, 오츠카가 받은 건 매년 주는 정규상이 아니라 '1988년 20주년 특별상'이었다. 김 교수를 위해 특별히 만든 상인 셈이다. 참고로 1988년 정규상은 항암제 미토마이신을 연구한 일본 과학자 두 사람이 받았다. 다카마쓰노미야비암연구기금 학술상은 지금도 이어지고 있는데, 50주년을 맞은 2018년조차 특별상이 없었다. 김 교수는 유일한 특별상을 받은 유일한 비일본인이다. 이듬해 3월 열린 시상식에 참석한 김 교수는 "당시 행사 규모가 커서 내심 놀랐다"며 "일본의 저명한 과학자들이 여럿 참석했고 친왕비가 직접 시상했다"고 회상했다.

라스 단백질은 작은 덩치에 비해 구조가 다소 복잡했다. 베타 가닥 6개가 베타 병풍 구조를 이루고 있었고 베타 가닥 사이에 알파 나선 4개가 분산돼 놓여 있었다. 그리고 그 사이를 연결한 고리가 9개였다. GDP 분자는 고리 네 개(L1, L2, L7, L9)로 이뤄진 공간pocket에 놓여 있었다.

암세포에 있는 변이 라스 단백질을 분석한 결과 12번째와 13번째, 61번째 아미노산이 바뀐 경우가 많았다. 즉 이 부분의 아미노산이 바뀌면 라스 단백질이 GTP가수분해효소로 작용하지 못해 활성형에서

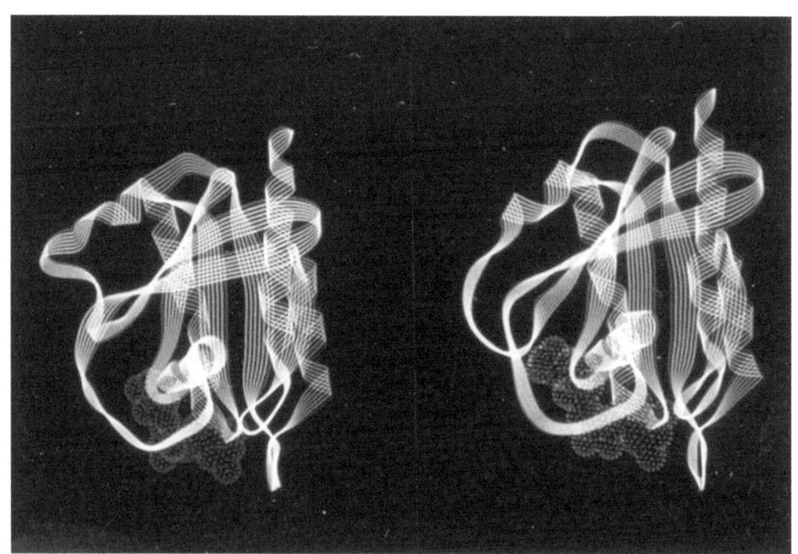

8-2 라스의 비활성(신호가 꺼진) 구조(왼쪽)과 활성(신호가 켜진) 구조(오른쪽)를 비교하면 전체적으로 비슷하지만 두 번째 고리(L2)와 네 번째 고리(L4)의 일부가 꽤 다름을 알 수 있다. 김 교수는 각각을 스위치 I 영역과 스위치 II 영역이라고 불렀다. (제공 김성호)

8-3 1989년 봄 다카마쓰노미야비암연구기금 학술상 수상식 참석차 일본에 갔을 때 공동 수상자인 일본 국립암연구소 니시무라 스스무 박사와 함께 했다. (제공 김성호)

비활성형으로 돌아가지 못한다는 얘기다. 흥미롭게도 12번째와 13번째 아미노산은 첫 번째 고리(L1)에 속한다.

이를 증명하기 위해서는 활성형 라스 단백질의 구조도 밝혀야 한다. 그런데 GTP가 붙어있는 상태의 활성형 라스 단백질 결정을 만들 수 없다는 게 문제다. 라스 단백질에 GTP를 넣어 활성형으로 만들어도 GTP를 바로 분해해 GDP가 결합된 비활성형으로 돌아가기 때문이다. 김 교수는 GTP 대신 가수분해가 되지 않는 유사체 분자인 GDPCP를 써서 이 문제를 해결했다. GDPCP는 두 번째 인(P) 원자와 세 번째 인 원자 사이를 연결하는 자리에 산소 원자(-O-) 대신 메틸기(-CH2-)가 있어 가수분해반응이 일어날 수 없다.

이렇게 만든 활성형 라스 단백질 결정의 구조를 분석한 결과 흥미로운 사실이 밝혀졌다. 다른 부분의 위치는 비활성형과 거의 차이가 없었지만 두 번째 고리(L2)를 이루는 30~38번째 아미노산 잔기와 네 번째 고리(L4)를 이루는 60~76번째 아미노산 잔기의 위치는 꽤 차이가 났다. 즉 GDP 대신 인산기가 하나 더 붙어 덩치가 약간 더 큰 GTP가 붙으면서 이 부분의 구조가 많이 바뀌고 그 결과 신호 전달 경로의 단백질과 상호작용하면서 스위치가 켜지는 것이다. 김 교수는 L2의 30~38번째 아미노산 잔기를 스위치 I 영역, L4를 이루는 60~76번째 아미노산 잔기를 스위치 II 영역으로 이름 지었다.

한편 변이 라스 단백질에서 아미노산이 바뀐 빈도가 높은 12번째와 13번째, 61번째는 예상대로 GTP가수분해효소 활성을 지니는 자리에 위치해 있었다. 이 자리의 아미노산이 바뀐 변이 단백질에서는 가수분해반응이 제대로 일어나지 못한다. 예를 들어 12번째 자리에 글리신 대신 덩치가 큰 아미노산인 발린이나 시스테인이 있으면

GTP 분자가 제 자리에 놓이지 못한다. 이 연구 결과를 담은 논문은 1990년 2월 23일자 『사이언스』에 실렸다(122).

1990년 스위치가 꺼진 상태와 켜진 상태의 라스 단백질 구조가 다 밝혀지면서 많은 사람이 라스 단백질을 표적으로 삼는 치료제 개발에 뛰어들었다. GTP가 들어갈 자리에 대신 자리를 잡아 변이 라스 단백질이 활성형 구조로 바뀌지 않게 하는 분자를 만들거나 활성형인 라스 단백질의 스위치 영역에 달라붙어 신호 전달 경로의 단백질과 접촉을 막는 분자를 만들면 암세포가 증식을 멈출 것이기 때문이다.

그러나 30년이 지나도 라스 단백질을 표적으로 한 항암제는 나오지 못했다. 김 교수는 "우리 팀을 비롯해 대학의 많은 연구팀은 물론 세계 여러 제약회사가 엄청난 돈을 쏟아부었지만 다들 실패했다"며 씁쓸해했다. 안 되는 데는 다 이유가 있다. 예를 들어 GTP가 결합하는 라스 단백질의 자리를 두고 GTP와 경쟁할 수 있는 분자를 만들기는 사실상 불가능하다. 세포 내 GTP 농도가 워낙 높아 이런 식의 경쟁이 되지 않기 때문이다. 한편 스위치 영역의 표면은 작은 분자가 붙기에는 너무 밋밋하다. 맨손 암벽 등반에 빗대자면 바위에 손이나 발을 넣을 틈이 없는 셈이다. 이러다 보니 라스는 '치료제를 만들 수 없는 단백질undruggable protein'이라는 반갑지 않은 별명까지 얻었다.[26]

---

26 라스 단백질의 구조가 밝혀지고 한 세대가 지나서야 변이 라스 단백질을 표적으로 삼는 암 치료제가 나왔다. 이에 대한 설명은 부록 4 '라스, 치료제를 만들 수 있는 단백질로' 참조.

사람 단백질 카이네이즈 구조 첫 구조

이 무렵 김 교수는 샌프란시스코만 너머 위치하는 캘리포니아대 샌프란시스코 캠퍼스의 생리학과 데이비드 모건David Morgan 교수에게서 한번 만나자는 연락을 받았다. 모건 교수는 당시 본격적으로 주목을 받기 시작한 단백질 카이네이즈protein kinase를 주제로 연구를 진행하고 있었다.

단백질 카이네이즈는 표적 단백질의 특정 아미노산 잔기에 인산기를 붙이는 효소로, 신호 전달 경로에서 보조 스위치 역할을 한다. 카이네이즈 작용으로 인산기가 붙은, 즉 인산화된 표적 단백질은 비활성 상태에서 활성 상태로 바뀌며 기능을 수행한다. 가끔은 반대로 작용하는 경우도 있어 활성이 있는 단백질이 카이네이즈 작용으로 인산화되면서 활성을 잃기도 한다.

앞서 라스 단백질이 주 스위치 역할을 하는 세포 증식 신호 전달 경로에서도 카이네이즈가 여럿 존재한다. 라스 단백질이 켜지면 표적인 RAF 카이네이즈를 활성화하고 RAF 카이네이즈는 표적인 MEK 단백질을 인산화한다. MEK 역시 카이네이즈로 인산화돼 활성화되면 표적인 ERK 단백질에 인산기를 붙이는 반응을 촉매한다. ERK 역시 카이네이즈로 인산화돼 활성화되면 표적인 단백질에 인산기를 붙이는 반응을 촉매한다. 이 과정을 'RAS-RAF-MEK-ERK 신호전달 연쇄반응cascade'이라고 부른다. 신호전달 과정에서 이런 식으로 카이네이즈를 거칠 때마다 신호가 증폭한다.

모건 교수가 관심을 갖던 CDK2는 진핵생물의 세포 주기에 관여하는 카이네이즈다. 세포 주기란 세포 분열로 생겨난 세포가 성장하고 게놈을 두 배로 늘린 뒤 세포 분열로 세포 두 개로 나뉘는 과정을 뜻한다. 이 과정에는 '사이클린 의존성 카이네이즈cyclin-dependent kinase(줄여서 CDK)가 여럿 관여하는데, CDK2도 그 가운데 하나다.

이름에서 짐작하듯이 CDK는 사이클린 단백질이 붙어 복합체를 이룬 뒤 CDK활성화카이네이즈CAK라는 또 다른 카이네이즈의 작용으로 인산화돼야 활성화된다. 이 과정의 생화학을 연구하던 모건 교수는 메커니즘을 좀 더 명쾌히 규명하려면 CDK2의 3차원 구조를 알아야 한다고 느꼈고 라스 단백질 구조를 밝혀 주목을 받은 인근 버클리 캠퍼스의 김 교수에게 연락한 것이다.

얘기를 나누며 김 교수는 큰 흥미를 느꼈다. 사람의 카이네이즈는

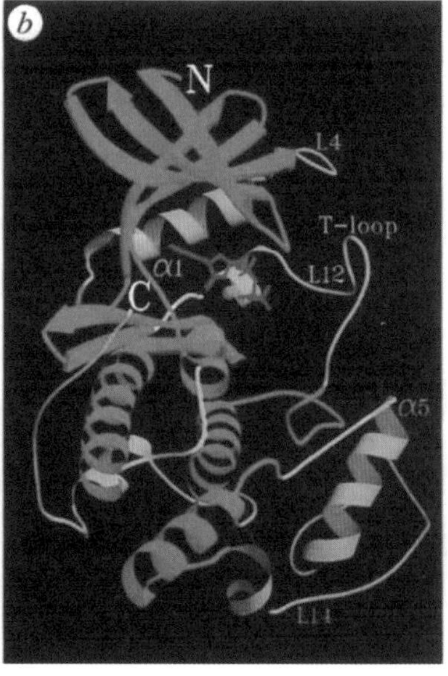

8-4 1993년 김성호 교수는 캘리포니아대 샌프란시스코 캠퍼스의 데이비드 모건 교수팀과 함께 세포 주기에 관여하는 카이네이즈인 CDK2의 구조를 밝혔다. 오른쪽은 왼쪽과 같은 구조로, 시계반대방향으로 70° 돌렸을 때 보이는 모습이다. (제공 『네이처』)

무려 600여 가지로 약방의 감초처럼 세포의 다양한 활동에 관여한다는 사실이 밝혀지면서 중요성이 커지고 있음에도 아직 구조가 밝혀진 게 없었기 때문이다. 당시에는 1991년 발표된, 생쥐의 cAPK라는 카이네이즈 구조만이 알려져 있었다.

두 사람은 공동연구를 하기로 의기투합했고 모건 교수팀은 CDK2 단백질을 대량으로 만들어 분리, 정제해 김 교수팀에 넘겨줬다. 김 교수팀은 이를 가지고 두 가지 비활성형 상태의 결정을 만들었다. 하나는 단백질 자체(apoprotein이라고 부른다)만으로 만든 단백질의 결정이고 다른 하나는 CDK2의 인산화 반응에서 인산기를 제공하는 분자인 ATP와 결합한 상태인 단백질의 결정이다.

김 교수팀은 2.4옹스트롱의 높은 해상도로 CDK2 단백질의 구조를 밝히는 데 성공했다. 사람의 600여 가지 카이네이즈 가운데 처음이다. CDK2는 아미노산 298개로 사람의 단백질로는 약간 작은 편이지만 구조는 꽤 복잡했다. 즉 단백질이 두 덩어리lobe로 나뉘어 있고 그사이 공간에 ATP 분자가 결합하는 자리가 있다. 흥미롭게도 사람 CDK2와 생쥐 cAPK의 아미노산 서열을 비교하면 불과 24%만 같지만 입체 구조의 골격 탄소(Cα)를 보면 44%가 1.5옹스트롱 이내에 위치했다. 즉 진핵생물 단백질 카이네이즈 촉매 영역의 3차원 구조가 비슷했다. 카이네이즈 분자진화 과정에서 보존됐다는 말이다.

그럼에도 차이가 있었는데, CDK2는 비활성형의 구조인 반면 cAPK는 활성형의 구조였기 때문이다. 둘의 촉매 영역을 비교하자 그 이유를 알 수 있었다. CDK2에서는 ATP 주변의 아미노산 배치가 세 번째(감마) 인산기를 떼어내는 가수분해반응을 막고 있었다. 아마도 사이클린이 붙은 뒤 160번째 아미노산인 트레오닌이 인산화되면 CDK2의 촉매 영역의 구조가 cAPK의 촉매 영역과 더 비슷하게 바뀌면서 카이네이즈 활성을 띨 것이다. CDK2 비활성형 구조 연구를 담은 논문이 1993년 6월 17일자 『네이처』에 실리며 큰 주목을 받았다(160).

사이클린이 붙은 상태의 CDK2 구조와 여기에 트레오닌이 인산화돼 활성형인 된 CDK2의 구조가 1995년과 1996년 잇달아 밝혀졌다. 아쉽게도 김 교수팀의 성과는 아니고 미국 메모리얼슬론케터링암센터의 젊은 구조생물학자 니콜라 파블레비치Nikola Pavletich 박사팀이 먼저 해냈다.

ATP만 붙어있는 비활성 CDK2의 구조와 비교했을 때 사이클린이 결합하면 촉매 영역의 구조가 꽤 바뀌고 특히 트레오닌(160)이 바깥쪽으로 놓여 CAK가 인산화반응을 할 수 있는 배치가 된다. 이렇게 트레오닌(160)이 인산화되면 촉매 영역의 구조가 또 바뀌면서 CDK2가 활성형이 되는 것이다. 이때 구조는 앞서 예상대로 cAPK는 활성형의 촉매 영역 구조와 더 비슷해졌다.

한국인 최초 NAS 정회원

라스 단백질과 CDK2 단백질 구조규명을 계기로 50대 중반의 김성호 교수는 미국을 대표하는 구조생물학자로 우뚝 섰다. 그래서인지 1994년 김 교수는 미국예술과학아카데미American Academy of Arts and Science 회원으로 뽑혔다. AAAS는 1780년 학예를 장려하기 위해 설립된 기관으로 회원 자격은 철저한 청원과 심사, 선출 과정을 통해 이뤄지는데, 현 회원은 5,700여 명이다. 역대 회원 가운데 벤저민 프랭클린, 조지 워싱턴 등 수많은 유명인의 이름이 보인다.

8-5 암 관련 단백질인 라스와 CDK2 구조 규명에 잇달아 성공하면서 김성호 교수는 국내외의 주목을 받았고 1994년 호암상 수상자로 선정됐다. 시상식장에서 지금은 고인이 된 삼성 이건희 회장과 함께 한 모습이다. (제공 김성호)

8-6 호암상 시상식에 참석할 때 가족도 함께 방한했다. 왼쪽부터 장남 김상재, 김성호, 로절린드 김, 차남 김상준 (제공 김성호)

같은 해 김 교수는 한국인으로는 처음으로 미국립과학원NAS 회원에 선출됐다. 미국에서 30년이 넘어 산 김 교수는 미국 국적을 취득한 상태였다. 당시에는 회원이 되면 미국립과학원에서 발행하는 학술지인 『미국립과학원회보PNAS』에 심사를 받지 않고도 논문을 낼 수 있었다.[27] 따라서 NAS 회원이 된다는 건 많은 미국 과학자들의 꿈이다. 2022년 현재 회원은 2493명이고 국제 회원은 491명이다.

24년이 지난 2018년 김 교수는 미국과학진흥협회American Association for the Advancement of Science의 펠로우fellow에 선정됐다. '과학자들 간의 협력을 촉진하고, 과학적 자유를 수호하고, 과학적 책임을 장려하며, 모든 인류의 향상을 위해 과학 교육과 과학 홍보를 지원한다'는 목표로 1848년 설립된 미국과학진흥협회는 주간 과학지 『사이언스』를 발행한다. 공교롭게도 미국예술과학아카데미와 영문 약자가 AAAS로 같아 가끔 혼동을 일으킨다. 미국과학진흥협회는 회비만 내면 가입할 수 있어 회원이 12만 명이 넘는데, 협회가 회원 가운데 '과학 또는 그 응용 분야의 발전을 위한 노력으로 과학적으로나 사회적으로 뛰어난 사람'을 펠로우로 선정한다.

1994년에는 태평양 건너 조국에서도 김 교수의 업적을 인정하고 큰 상을 줬다. 1990년 삼성 그룹의 총수인 이건희 회장이, 창업자로 1987년 작고한 부친 이병철 회장의 호를 따 제정한 '호암상'은 5개 부문에서 수상자를 선정한다. 1991년부터 3년 동안은 국내 거주자만 대상으로 했지만 1994년부터 재외 한국인도 포함하면서 김성호 교수가 그해 과학상 수상자에 뽑힌 것이다. 당시 그의 명성을 짐작할 수

---

27 지금은 정회원도 논문을 제출하면 심사를 받아야 한다.

있는 대목이다.

호암상의 상금은 3억 원으로 당시 화폐가치를 고려하면 상당한 금액이었다. 호암상 수상을 계기로 국내 언론에서도 김 교수를 주목했고 그 뒤 한동안 노벨상 시즌(10월 초)이 오면 수상자 후보로 김 교수를 언급했다. 참고로 1995년 호암상 과학상은 미국 국립보건연구원 이서구 박사가 받았다. 두 사람의 인연이 대학 학과 선후배 사이와 방북 동행에 이어서 호암상 수상 릴레이로 이어진 셈이다.[28]

---

28 2005년 이화여대 생명약학부 석좌교수로 초빙된 이서구 박사는 세포 신호전달 연구와 산화환원 생물학을 개척한 공로로 2024년 과학기술유공자에 선정됐다. 김성호 교수 선정 2년 뒤로 두 사람의 인연이 대단하다.

9장

한국에서 보낸 날들

1962년 미국 유학길에 올랐을 때만 해도 빠르면 5년, 늦어도 7, 8년이면 한국에 돌아와 자리를 잡겠다고 생각했지만 많은 일이 그렇듯이 상황은 뜻대로 전개되지 않았다. 박사후연구원으로 tRNA 구조규명이라는, 상당한 시간이 걸릴 중요한 연구를 맡게 된데다 중국계 미국인과 결혼하면서 미국을 떠나기가 쉽지 않았다. tRNA 연구를 마무리하고 얼마 지나지 않은 1978년 화학 분야에서 미국 최고 명문대 가운데 하나인 캘리포니아대 버클리 캠퍼스로 자리를 옮기게 되면서 더 그랬다. 물론 버클리에서 자리를 잡은 뒤에도 한국에서 몇 차례 제의가 있었지만, 현실적으로 한국에서 세계적 그룹들과 경쟁할 수 있는 연구 여건을 만들기가 어려워 받아들일 수 없었다.

김호길 총장의 제안 받았지만...

그런데 1980년대 후반 김 교수가 처음으로 진지하게 고민하게 된 제의가 들어왔다. 포항공대(포스텍)의 김호길 총장이 적극적으로 나선 것이다. 두 사람의 인연은 1978년 김성호 교수가 버클리대로 자리를 옮겼을 때로 거슬러 올라간다. 핵물리학자인 김호길 박사는 버클리 캠퍼스 안에 있는 로런스버클리국립연구소LBNL에서 근무하고 있었다. 김성호 교수 역시 버클리대 교수로 오고 이듬해부터 LBNL의 책임연구원 자리를 겸임했으므로 분야는 다르지만 같은 소속인 셈이다.

1933년 경북 안동에서 태어난 김호길은 김성호보다 네 살 연상으로 한국전이 이어지던 1952년 당시 부산 임시 캠퍼스에 있던 서울대 물리학과에 입학했다. 졸업 뒤 원자력연구소에 근무하다 1961년 영국 버밍엄대로 유학을 떠나 방사광가속기를 연구해 박사학위를 받았다. 1964년 미국으로 건너가 LBNL에서 연구하다 2년 뒤 메릴랜드대 물리학과로 옮겼고 1978년 12년 만에 다시 LBNL로 돌아왔다.

김호길 박사는 전형적인 과학자 이미지와는 달리 사람 만나기를 좋아하는 마당발 스타일이라 1971년 재미한인과학기술자협회KSEA가 발족할 때 간사장을 맡았고 1977년 제6회 회장을 역임했다. 참고로 제1대 회장은 템플대의 물리화학자 김순경 교수다.[29]

김호길 박사는 미대륙을 건너 버클리로 온 김성호 교수를 반갑게 맞이했고 연구소와 인근 대학에 근무하는 한국인 과학자들을 소개했다. 그 뒤에도 김성호 교수는 김호길 박사 주도 모임에 참석해 한국 과학자들과 친목을 도모했다.

그런데 1983년 김호길 박사가 오랜 미국 생활을 정리하고 한국으로 돌아갔다. 평소 고국의 과학발전과 후진양성에 기여하고 싶었던 김 박사에게 럭키금성그룹(현 LG그룹)의 구자경 회장(1925–2019)이 매력적인 제안을 한 것이다. 구 회장이 고향인 경남 진주에 캠퍼스를

---

29 김성호가 서울대 학생일 때 화학과 교수였다. 32쪽 참조.

열 연암공전의 학장을 김 박사가 맡아 세계적인 공대로 키워보자는 것이었다. 그러나 4년제 대학으로 인가가 나지 않으면서 계획이 어그러졌다.

진퇴양난에 빠진 김호길 박사에게 뜻밖의 구원자가 나타났다. 바로 포항제철(현 포스코)의 박태준 회장(1927−2011)이 포항에 미국 칼텍에 버금가는 공대를 짓겠다며 초대 총장으로 초빙한 것이다. 기회를 잡은 김호길 총장은 저명한 한인 과학자를 초빙하기 위해 미국을 비롯해 22개 나라를 방문했다. 김성호 교수 역시 "파격적인 연구비를 지원할 수 있다"는 그의 설득에 마음이 흔들렸다. 김호길 총장의 추진력에 포항제철이 받쳐주면 한국에서도 명문 공대가 탄생할 수 있을 것 같았다.

그러나 결국 버클리에 남기로 했다. 무엇보다도 김 교수 연구의 복합성이 걸림돌이었다. 고성능 X선 장비뿐 아니라 빅데이터를 해석할 때 필요한 고성능 컴퓨터 등 첨단 장비와 이를 이해하고 운영할 수 있는 다양한 전공의 고급 인력을 한국에서 단기간에 구축하기에는 무리였다.

김호길 총장도 이런 사실을 잘 알고 있었기에 더는 권하지 않았지만 언젠가는 초빙하겠다는 희망을 버리지 않았다. 실제 1989년부터 포항에 방사광가속기를 짓는 프로젝트를 시작했고 5년 뒤인 1994년 12월 완공했다. 방사광가속기는 다양한 분야에 활용될 수 있고 X선 결정학도 그 가운데 하나다.

그런데 비극적인 사건이 일어났다. 1994년 4월 교내 체육대회 도중 김호길 총장이 불의의 사고로 사망한 것이다. 환갑을 막 지난 그의 갑작스러운 죽음은 과학계뿐 아니라 국민에게도 큰 충격을 줬다. 특히 가속기 완공을 몇 달 앞둔 시점이라 안타까움이 더 컸다. 만일 이런 사고가 없었다면 가속기가 완공된 뒤 다시 김성호 교수를 찾아 "이제 마음껏 연구할 여건이 된 것 같은데..."라며 한국으로 오라고 손짓하지 않았을까.

한국의 막스플랑크연구소를 꿈꾸며

김호길 총장의 갑작스런 죽음이 있고 얼마 지나지 않아 이번엔 한국과학기술연구원KIST에서 흥미로운 제안을 했다. 연구원(당시 김은영 원장)은 국내 과학기술 수준을 높이기 위해 외국에서 활동하는 저명한 과학자를 초빙해 맡기는 우수연구센터 제도를 만들었다. 독일 막스플랑크연구소MPI에서 화학공학으로 박사학위를 받은 김 원장은 선진국 기술을 따라잡기 위한 응용연구에 주력해온 KIST를 기초과학연구의 산실인 한국의 MPI로 만들겠다는 원대한 계획을 세운 것이다.

우수연구센터는 4개의 센터로 이뤄져 있고 각각 저명한 과학자를 센터장으로 영입했다. 즉 양자가속기연구센터는 LBNL의 주동일 박사, 의과학연구센터는 미네소타대 전성균 박사, 의료영상연구센터는 어바인 캘리포니아대의 조장희 박사, 그리고 생체구조연구센터가 바로 김성호 교수다. 게다가 버클리의 직을 유지한 채 1년에 수개월 체류하면 된다는 조건이라 앞서 포항공대처럼 갈등할 일이 아니었다. 이 역시 MPI의 시스템을 따른 것으로, 예를 들어 리보솜 구조를 규명해 2009년 노벨화학상을 받은 이스라엘 바이츠만과학연구소의 아다 요나스Ada Yonath(1939-) 박사는 1979년부터 2004년까지 MPI에서 겸직했다.

50대 후반으로 버클리에서 완전히 자리를 잡은 김성호 교수는 기존 연구팀을 운영하면서 동시에 고국에 기여할 수 있을 것이라고 생각하고 이번에는 제안을 기꺼이 수락했다. 다만 30년 넘게 미국 생활을 해온 터라 한국 사정을 잘 모른다는 게 마음에 걸렸다.

연구원은 각 센터에 파격적인 지원을 약속했다. 실험장비뿐 아니라 초빙과학자에게 책임연구원PI의 권한을 부여하는 선임연구원 5명을 뽑을 수 있게 했다. 김 교수는 국내외에서 뛰어난 과학자 다섯 명을 채용했다. X선 결정학자인 조윤제 박사와 NMR 전문가인 김기선 박사, 이론화학자로 분자모델링 전문가인 정선희 박사와 생화학자인 유연규 박사와 한예선 박사다.

그런데 문제가 있었다. 대학이 아니라 연구소이다 보니 실험을 할 대학원생을 구하기가 어려웠다. 결국 KIST 우수연구센터는 학위는 대학에서 주되 연구는 센터에서 하는 '학생연구원' 프로그램을 운영하기로 하고 신문에 광고까지 냈다. 우수연구센터에 대한 지원이 워낙 파격적이었고 당시만 해도 대학의 연구비가 넉넉하지 않았기 때문에 학생들을 모을 수 있었다. 특히 연구원 가까이 있는 고려대에서 뛰어난 학생들이 여럿 왔다. 하지만 처음 한 학기는 썰렁했다.

생체구조연구센터 1호 학생연구원인 최인걸(현 고려대 생명공학부 교수)의 사례를 보자. 고대에서 석사과정을 마치고 제약사(대웅제약) 연구원으로 일하던 최인걸은 유학을 고민하던 1994년 가을 어느 날『동아일보』에 난 KIST 우수연구센터 연구원 모집 광고를 보고 마음을 바꿨다. 김성호 교수 같은 석학이 초빙된 센터에서 연구할 수 있다면 굳이 유학할 필요가 없다고 생각해 지원해 합격했다. 최인걸은 동시에 고대 농화학과 박사과정에 들어갔다.

1995년 2월 생체구조연구센터가 문을 열었을 때 선임연구원은

KIST 소속인 한예선 박사뿐이었고 학생연구원도 최인걸 뿐이었다. 최 교수는 "김성호 교수님이 한국에 오실 때면 여러 대학을 찾아다니며 설명회를 했다"며 "덕분에 2학기에는 학생연구원이 꽤 들어왔다"고 회상했다. 당시 최인걸은 운전기사 역할을 했다.

나머지 선임연구원 4명도 2학기에는 모두 합류해 센터가 본격적으로 가동했다. 최인걸의 센터 지도교수는 유연규 박사였고 고대 지도교수는 방원기 교수다. 최인걸은 센터에서 연구한 결과로 1999년 고대에서 박사학위를 받았고 그 뒤 버클리대에서 박사후연구원으로 8년이나 머물며 다양한 분야의 연구를 수행한 뒤 2007년 고대에 부임

9-1 1995년 가을 KIST 생체구조연구센터 김성호 센터장과 구성원들이 북한산으로 야유회를 갔을 때 모습이다. (제공 최인걸)

했다. 제약사 연구원 시절 우연히 본 광고가 그의 인생 경로를 바꾼 셈이다.

당시 연구원들에게 김 교수는 어떤 모습으로 비췄을까. X선 결정학자로 1995년부터 2000년까지 센터에서 선임연구원으로 일한 포스텍 생명과학과 조윤제 교수는 김 교수를 "인사이트(통찰력)가 있는 분"으로 기억한다. 1년에 서너 번 방한했고 한 번에 1~2주일밖에 머무르지 않았지만, 최신 연구 경향은 물론 시대를 앞선 방향을 제시하기도 했다.

"김 교수님은 구조생물학자이지만 유전체학에도 관심이 많았죠. 국내 최초로 생체구조연구센터에서 유전체 해독 프로젝트를 시도한 배경입니다."

김 교수는 심해 화산 근처에서 발견된 호열성 박테리아인 아퀴펙스 파이로필루스*Aquifex pyrophilus*(이하 파이로필루스)를 대상으로 삼았다. 파이로필루스의 최적 온도는 85~90℃로 당시까지 알려진 박테리아 가운데 가장 높은 온도다. 김 교수는 그 비결을 알고 싶었다. 비용과 효율 문제로 아쉽게도 프로젝트는 게놈의 10%를 해독한 단계에서 중단됐지만, 연구 결과를 정리한 논문은 1997년 학술지 『극한미생물Extremophiles』에 실렸다(197). 이 논문의 제1 저자가 최인걸이다.

한편 논문의 교신저자인 유연규 박사는 LA 캘리포니아대에서 생화학 박사학위를 받고 1993년 박사후연구원으로 버클리대로 왔다가 이듬해 김성호 교수에게 스카우트돼 KIST 생체구조연구센터로 왔다. 유연규 박사도 이때 생활이 좋은 추억으로 남아있다. 유 박사는 "센터의 선임연구원은 다른 부서의 책임연구원처럼 독자적인 프로젝트를 진행해 부러움의 대상이었다"며 "연구원들이 머무는 사택도 가까워 집에 가 저녁을 먹고 돌아와 밤늦게까지 연구하는 날이 많았다"고 회상했다. 연구에 푹 빠져 살았던 시기였다. 유연규 박사는 2005년 국민대 화학과로 자리를 옮겼다.

한편 파이로필루스의 게놈에서 해독한 15만 염기에서 찾아낸 단백질 유전자는 130여 개다. 유연규 박사팀과 한예선 박사팀은 이 가운데 하나인 수퍼옥사이드 디스뮤테이즈Superoxide Dismutase(줄여서 SOD)의 유전자를 클로닝해 단백질을 얻었고 조윤제 박사팀은 결정을 만들어 고해상도 구조를 밝혔다. SOD는 활성산소의 하나인 수퍼옥사이드 라디칼을 산소와 과산화수소로 분해해 세포를 산화 손상에서 보호하는 효소다.

파이로필루스의 SOD 단백질은 극단적으로 열에 안정해 100℃에서 한 시간 둬도 효소 활성의 70%를 유지할 정도다. SOD는 단백질 4개가 모여 효소 활성을 보이는데, 30℃ 내외에서 잘 자라는 박테리아의 SOD의 구조와 비교한 결과 파이로필루스의 SOD는 단백질 내부의 이온결합이 많고 네 단백질이 서로 단단히 붙어있어 고온에 안정한 것으로 밝혀졌다. 이 연구 결과는 1997년 학술지 『분자생물학지』에 발표됐다(193).

한국 시스템 한계 느껴

1996년 김 원장이 임기를 마치고 물러나면서 연구원의 우수연구센터에 대한 관심과 열정이 식기 시작했다. 게다가 1997년 12월 국가부도로 나라의 재무가 국제통화기금IMF의 관리 아래 놓이는 초유의 사태가 벌어지며 국내 과학계가 치명상을 입었다. KIST 역시 조직을 개편했고 생체구조연구센터도 2000년 막을 내렸다.

비록 결과는 처음 기대에 못 미쳤지만 조윤제 교수에게는 김 교수와 함께 한 5년이 좋은 기억으로 남아있다. "사람들이 김 교수님을 왜 최고 과학자라고 부르는지 알겠더군요. 과학의 여러 분야에 인사이트가 깊으면서도 알아듣기 쉽게 설명하는 데서 대가의 풍모를 느낄 수 있었죠. 그리고 대인관계도 좋은 분이셨습니다."

조 교수가 특히 강한 인상을 받은 건 센터장임에도 본인이 깊이 관여하지 않은 논문에 대해서는 "저자로 내 이름을 넣어달라"는 학계의 관행을 전혀 행사하지 않았다는 점이다. 구성원들이 자유롭게 마음껏 연구하고 결과물을 공정하게 평가받을 수 있는 분위기였다. 조 교수는 2000년 포항공대로 자리를 옮겼다.

김성호 교수 역시 KIST 생체구조연구센터 경험이 아쉬움으로 남아있다. 김성호 교수는 "당시 한국은 기관장이 바뀌면 정책 방향도 바뀌는 분위기라 긴 시간이 필요한 기초연구를 하기 어렵다는 걸 잘 몰랐다"고 회상했다.

한편 김 교수는 1990년대 중반 무렵부터 단백질 구조 분석 방법론의 변화를 꾀하기 시작했다. 그때까지 단백질 구조 연구는 생화학적 방법으로 어느 정도 기능을 알고 있는 개별 단백질을 대상으로 삼았다. 즉 분자 수준의 작용 메커니즘을 밝히는 과정으로, 구조생물학이라고 불린다.

그런데 1990년대 중반부터 본격적으로 유전체(게놈)가 해독되기 시작하면서 유전자 정보가 쏟아져 나오면서 기능을 밝히기 위한 새로운 방법론이 필요했다. 즉 기능을 전혀 모르는 유전자를 클로닝해 얻은 단백질로 결정을 만들어 구조를 규명한 뒤 이를 바탕으로 기능을 추측하고 생화학적 방법으로 증명하는 순서다. 이처럼 유전체 정보를 바탕으로 해당 생명체의 단백질 구조를 밝혀 기능을 알아내는 방법을 기존 구조생물학과 구분해 '구조유전체학structural genomics'이라고 부른다. 김 교수는 구조유전체학 방법론의 아이디어를 제안하고 실험을 통해 성공적으로 작동함을 보여 주목을 받았다. 다음 장에서 구조유전체학의 전개 과정을 알아보자.

10장

구조생물학에서 구조유전체학으로

1990년대 중반부터 세포 생물체의 게놈을 해독하는 유전체학genomics 시대가 열리면서 단백질 유전자 데이터가 기하급수적으로 늘어나자 정보의 불균형이라는 문제가 드러났다.[30] 게놈 해독으로 존재가 드러난 수많은 단백질의 기능을 기존의 생화학적 방법으로 밝히려면 시간이 무한정 걸리는 건 물론 연구 인력도 턱없이 부족하기 때문이다.

따라서 미지의 유전자 정보로부터 그 산물인 단백질의 구조를 밝혀 기능을 알아내는 방법으로 게놈이 유전정보를 담고 있는 모든 단백질의 기능을 규명한다는 아이디어가 생겨났다. 바로 구조유전체학 structural genomics이다.

단백질 구조를 밝히는 방법은 두 가지다. 먼저 X선 결정학이나 NMR 같은 실험으로 규명할 수 있다. 지금까지 구조생물학 연구에서 해온 방법이다. 할 수만 있다면 가장 확실한 방법이지만 게놈에 담긴 모든 단백질의 구조를 이렇게 밝히는 것은 현실적으로는 불가능하다.

---

30 초기 게놈 해독의 짧은 역사에 대해서는 부록4 '최초로 게놈이 해독된 생명체들' 참조.

다음은 컴퓨터의 힘을 빌려 구조를 예측하는 방법이다. 만일 아미노산 정보로부터 단백질의 구조를 내놓을 수 있다면 이 문제를 해결할 수 있을 것이다. 실제 컴퓨터 프로그램을 이용한 단백질 구조 예측 연구도 빠르게 발전했지만, 실험을 대신하기에는 정확도가 너무 떨어졌다. 무엇보다도 프로그램이 참고(학습)할 실제 단백질 구조가 턱없이 부족했다.

결국 두 번째 방법이 성공하려면 먼저 실험으로 단백질 구조를 최대한 많이 밝혀야 한다. 이때 단순히 단백질 개수뿐 아니라 구조의 다양성을 확보하는 게 중요하다. 비슷비슷한 단백질 구조를 여럿 밝혀봐야 큰 도움이 되지 않기 때문이다. 가능한 단백질의 모든 구조를 아울러 '단백질 우주protein universe'라고 부르는데, 우주를 이루는 개별 은하가 독특한 구조를 지닌 단백질들의 무리로 단백질 패밀리protein family라고 부른다.

비슷한 단백질의 구조를 밝히는 건 한 은하의 별들만 관측하는 일에 해당한다. 우주에 은하가 얼마나 있는가를 알아내려면 망원경의 방향과 초점을 달리해 최대한 많은 은하를 관측해야 하듯이 단백질 우주의 진면목을 알려면 최대한 다양한 은하, 즉 단백질 패밀리의 구조를 밝혀야 한다.

게놈 해독되며 유전자 데이터 급증

1990년대 중반 게놈 해독 시대가 열리는 걸 지켜보면서 김성호 교수는 다음과 같은 아이디어를 떠올렸다. 어떤 종(아마도 박테리아나 아르케아)의 게놈을 해독해 단백질 유전자 정보를 알아낸 뒤 단백질 데이터베이스에 등록된 단백질의 아미노산 서열과 비교해 기존에 없는 새로운 유형으로 기능을 모르는 걸 골라 구조를 규명하면 단백질 우주에서 새로운 은하의 별들을 관측하는 효율적인 방법이 될 것이다. 김 교수가 1995년 한국과학기술연구원 생체구조연구센터를 열면서 공동 프로젝트로 호열성 박테리아인 아퀴펙스 파이로필루스를 대상으로 구조유전체학 접근을 시도한 것도 이런 맥락이다.

아쉽게도 아퀴펙스의 게놈은 아직 해독된 상태가 아니었기 때문에 김 교수는 크레이그 벤터 그룹이 해독한 아르케아인 메타노코쿠스 자나시*Methanococcus jannaschii*(이하 자나시)의 게놈을 대상으로 위의 아이디어를 시험해보기로 했다. 자나시 게놈에서 추정한 단백질 유전자의 62%가 기존 단백질 데이터베이스 정보로는 기능을 짐작할 수 없는, 즉 단백질 우주에서 미지의 은하에 속할 가능성이 큰 별들이었기 때문이다. 고온에 적응한 미생물이므로 단백질도 열에 안정한 구조라 결정이 잘 만들어질 가능성이 큰 것도 선택의 이유다.

김 교수팀은 자나시 게놈에서 기능을 모르는 유전자 가운데 하나인 Mj0577 유전자[31]를 클로닝해 대장균에 넣어 발현시켜 얻은 Mj0577 단백질을 정제해 결정을 만들었다. X선 회절 패턴을 분석해 규명한 고해상도 구조에서 흥미로운 사실이 드러났다. 세포에서 역할이 다양한 생체 분자인 아데노신삼인산ATP이 단백질에 붙어있는 채 결정이 만들어진 것이다. 이는 Mj0577이 ATP를 분해하는 효소이거나 ATP가 개입된 분자 스위치일 것임을 시사한다.

이런 구조 정보를 바탕으로 연구자들은 생화학적 방법으로 Mj0577

---

31 게놈에서 찾은 유전자 후보는 학명 약자에 일련번호를 붙여 표시한다. 이 경우 Mj가 *Methanococcus jannaschii*의 약자다.

단백질의 실체에 접근했다. 그 결과 단백질 자체만으로는 ATP를 분해하는 효소 활성이 없는 것으로 밝혀졌다. 사실 ATP분해효소였다면 온전한 ATP가 붙은 채 결정이 만들어질 가능성은 작을 것이다. 그런데 자나시 세포 추출물을 더해주자 ATP가 가수분해됐다. 따라서 Mj0577 단백질은 ATP의 결합 여부에 따라 구조가 바뀌며 신호를 켜거나 끄는 분자 스위치일 가능성이 크다.

이 연구 결과는 1998년 12월 학술지 『미국립과학원회보』에 실렸는데, 논문 부제가 '구조유전체학 시험사례test case'다(217). 즉 게놈 해독으로 아미노산 서열 정보만 알뿐 기능을 모르는 단백질의 구조를 밝혀 이를 바탕으로 기능을 알아낸다는 구조유전체학의 방법론이 실제 작동함을 보인 첫 논문으로서 가치가 크다. 이 논문은 지금까지 400여 회 인용됐다.

한편 김 교수는 한국과학기술원의 생체구조연구센터의 조윤제 박사팀과 한예선 박사팀에도 같은 맥락의 연구 프로젝트를 맡겼다. 자나시의 Mj0266 유전자로 역시 아미노산 서열만으로는 단백질의 기능을 짐작할 수 없었다. 클로닝과 발현, 결정 형성, X선 회절 데이터 분석으로 고해상도 구조를 규명하는 데 성공했다. 그 결과 Mj0266 단백질 두 개가 하나의 기능 단위를 이루는 이배체로 밝혀졌는데, 구조 일부분이 뉴클레오타이드가 결합하는 단백질과 구조가 비슷했다. 흥미롭게도 아미노산 서열은 비슷하지 않아 이럴 가능성을 전혀 예상하지 못했다. 사슬이 접혀 형성된 3차원 구조, 즉 아미노산이 배치된 공간 분포에서 유사성이 드러난 것이다.

연구자들은 이 구조 정보를 바탕으로 기능을 밝히는 생화학 실험을 통해 Mj0266 단백질이 그때까지 알려지지 않은 새로운 뉴클레오타이드의 삼인산분해효소라는 사실을 밝혀냈다. 즉 ATP나

GTP 같은 표준 뉴클레오타이드[32]가 아니라 XTPxanthine triphosphate(잔틴삼인산)와 ITPinosine triphosphate(이노신삼인산) 같은 비표준 뉴클레오타이드를 각각 XMP(잔틴일인산)와 IMP(이노신일인산)로 분해하는 효소였다. 연구자들은 Mj0266 단백질이 DNA 복제 과정에서 아데닌이나 구아닌 같은 표준 퓨린 염기 대신 잔틴이나 이노신 같은 비표준 퓨린이 끼어들어 돌연변이가 생기는 것을 막는 역할을 할 것으로 추정했다. 이 연구 결과를 담은 논문은 1999년 7월 학술지 『네이처 구조생물학』에 실리면서 생체구조연구센터가 국내 언론의 주목을 받았다(225).

전화번호 숫자는 우리말로

김성호 교수의 관심이 구조생물학에서 구조유전체학으로 옮겨가는 과정을 옆에서 지켜본 사람이 바로 성균관대 의대 김경규 교수로, 1994년부터 1998년까지 버클리대 화학과 김 교수의 실험실에서 박사후연구원으로 지냈다. 사실 미국에 오기 전 김성호 교수를 한 번 보기는 했다. 서울대 화학과 서세원 교수 연구실에서 박사과정을 할 때인 1992년 학과 정규 세미나에 초청돼 강의한 걸 들었다. 당시 김 교수는 노벨상 후보 업적인 tRNA가 아니라 라스 단백질 얘기를 주로 했다. 그런데 우리말이 좀 어눌했던 기억이 난다.[33]

---

32 RNA나 DNA의 재료가 되는 뉴클레오타이드를 뜻한다.

33 당시 저자도 석사과정 대학원생으로 김 교수의 강의를 들었다. 어려운 내용을 알기 쉽게 설명해 감탄했던 기억이 난다.

버클리대 김성호 교수의 실험실이 있는 건물 구조는 꽤 인상적이었다. 한 층 전체가 벽이 없이 뻥 뚫린 공간으로 가운데 공동기기가 배치돼 있고 실험대가 바퀴의 살처럼 둘러서 배치돼 여러 팀이 한 공간에 있었다.[34] 그러다 보니 처음에는 정신이 하나도 없었고 말도 잘 통하지 않아 고생을 좀 했다. 게다가 김성호 교수는 여러 사람이 있을 때는 물론 둘이 얘기할 때도 영어를 썼다.

미국 생활을 30년 넘게 하다 보니 영어가 더 편해진 것일까. 부인이 중국계 미국인이라 한국어를 전혀 못 하니 직장에서도 집에서도 우리말을 할 일이 거의 없었을 것이다. "재미있는 일이 하나 생각나네요. 하루는 교수님이 무심코 수첩의 전화번호 숫자를 부르는 데 영어가 아니라 한국어를 쓰시더군요." 버클리 시절을 떠올리며 김경규 교수가 미소 지었다.

점심이 다 돼 실험실에 출근해 밤늦게까지 있는(가끔은 밤도 새는) 우리나라 대학원의 실험실 문화와는 달리 버클리 김 교수 실험실은 정시출근 정시퇴근 분위기였다. 밤늦게 실험실에 남아있는 건 거의 김경규 박사와 중국 유학생 둘 뿐이었다. 김경규 교수는 "하루는 김 교수님이 밤에 실험실에 들르셨는데, '결정이 잘 만들어졌다'고 하자 무척 기뻐하시던 모습이 생각난다"며 추억에 잠겼다.

서울대 박사과정 시절 기초를 탄탄히 다진데다 버클리에 머무는 4년 동안 열심히 일한 결과 김 박사는 저명한 학술지에 논문을 여러 편 냈다. 예를 들어 1998년 학술지 『네이처』에 발표한 작은 열충격단백질small heat-shock protein(줄여서 sHSP) 구조규명 연구는 지금까지 1,160

---

34 라운드하우스로 자세한 내용은 106쪽 참조.

여 회나 인용됐다(212). 열충격단백질이란 고온 같은 스트레스 환경에서 발현량이 늘어나는 단백질로, 다른 단백질이 변형되는 걸 막는 역할을 한다.

열충격단백질은 스트레스 대응 뿐 아니라 리보솜에서 만들어진 아미노산 사슬, 즉 폴리펩타이드가 제대로 접혀 정상 단백질이 되게 도와주는 것으로 밝혀졌다. 그 뒤 좀 더 포괄적인 용어인 샤페론chaperone 단백질로 부르기도 한다. 참고로 샤페론은 젊은 여성이 처음 사교계에 나갈 때 옆에서 도와주는 나이 든 여성을 가리킨다.

열충격단백질은 분자량에 따라 5개의 무리로 나뉘는데, 그 가운데 분자량이 가장 작은 무리인 작은 열충격단백질은 연구가 많이 되지 않아 구조를 모르는 상태였다. 그렇다면 김 박사는 어떤 계기로 작은 열충격단백질의 구조를 연구하게 됐을까.

"메타노코쿠스 자나시의 게놈을 보고 제가 고른 겁니다." 자나시가 열수분출구의 초고온이라는 스트레스를 견디는데, 아마도 열충격단백질이 큰 역할을 할 것이다. 이 가운데 작은 열충격단백질은 다른 종에서도 기능만 짐작할 뿐 아직 구조가 밝혀진 게 없어 도전할 가치가 있었다.

자나시의 작은 열충격단백질 유전자를 대장균에 넣어 단백질을 많이 만들어내는 작업은 김성호 교수의 부인인 생화학자 로지가 맡았다. 로지는 연구뿐 아니라 실험실 살림도 도맡아 하며 김성호 교수에게 큰 도움을 주고 있었다. 김경규 박사는 단백질을 정제해 결정을 만들고 X선을 쪼여 구조를 분석했다. 그 결과 sHSP 24개가 8면체 대칭성을 보이는 속이 빈 구형의 복합체를 이루고 있음이 밝혀졌다. 구의 바깥지름은 12나노미터, 안 지름은 6.5나노미터였다. 김 박사는 앞서 소개한 자나시의 Mj0577 단백질 구조규명 논문에도 공동 저자로 이름을 올렸다. 김성호 교수가 구조유전체학의 선두주자로 떠오르는 데 기여한 셈이다.

단백질구조계획 1단계에 참여

김 교수팀을 시작으로 세계 여러 실험실에서 구조유전체학 시험사례 연구가 성공하면서 이 방법으로 단백질 구조 데이터를 최대한 빨리 많이 확보해 생물적 기능을 이해하는 데 도움을 준다는 계획의 대규모 프로젝트가 미국과 유럽, 일본에서 활발하게 모색됐다. 특히 미국 국립보건원NIH 산하 국립종합의학연구소NIGMS가 연구비를 대는 단백질구조계획Protein Structure Initiative(줄여서 PSI)은 생명과학 분야에서 인간게놈프로젝트에 이어 가장 큰 규모의 '빅사이언스big science' 프로젝트였다.

2000년부터 2005년까지 5년 동안 진행될 PSI 1단계 사업에 책정된 연구비는 무려 2억 7,000만 달러(약 3,400억 원)로 5개 연구팀을 선정해 배분할 예정이었다. 프로젝트 공고가 나자 김 교수도 당연히 뛰어들었고 선정되는 기쁨을 맛봤다. 실제 김 교수팀은 5년 동안 매년 수천만 달러(수백억 원) 규모의 막대한 연구비를 지원받았다.

PSI의 목표는 세 가지다. 먼저 많은 단백질의 구조를 적은 비용으로 빠르게 규명할 수 있는 고속대량high-throughput 방법을 개발하는 것이다. 이를 위해서는 결정을 만드는 단계에서부터 X선 회절 데이터를 얻은 단계, 이를 분석해 3차원 구조를 얻는 단계 모두를 최대한 자동화해야 한다. 다행히 발달한 로봇 기술과 로런스버클리연구소의 ALS 같은 강력한 X선 발생 장치의 존재, 고능성 컴퓨터와 데이터를 해석하는 뛰어난 소프트웨어 등 인프라가 갖춰져 있어 5개 연구팀 모두 좋은 성과를 냈다.

두 번째 목표는 단순히 많은 단백질의 구조를 밝히는 게 아니라 구조의 다양성을 최대한 확보하는 것이다. 비슷한 단백질의 구조를 많이 밝혀봐야 정보의 가치가 비례해 늘지 않기 때문이다. 단백질은 구조에 따라 패밀리family로 나누는데, 자연에 얼마나 다양한 단백질 패밀리가 있는지는 모르지만, 최대한 다양한 구조를 밝혀 단백질 패밀리의 실상에 가까이 다가간다는 계획이다. 그러려면 구조를 밝힐 단백질을 잘 선정해야 한다. 세 번째 목표는 각 단백질 패밀리의 구조를 기능과 연결하는 것으로 이 결과는 신약 개발 등 응용연구에 쓸모가 많을 것이다.

PSI 1단계에서 5개 팀은 첫 번째 목표에 집중했다. 김 교수는 "PSI 프로젝트 5개 팀이 정기적으로 모여 서로의 노하우를 공유하며 더 나은 길을 모색했다"고 설명했다. 그 결과 1단계 사업에서 많은 단백질의 구조를 밝힐 수 있었고, 여기서 개발된, 고속대량으로 단백질 구조를 규명하는 방법이 상용화되며 세계의 많은 연구실의 실험 풍경을 바꿔놓았다.

이전까지 인원 10명 내외 규모의 전형적인 대학원 실험실을 운영하던 김 교수는 이제 단백질 구조를 뽑아내는 공장의 공장장으로 변신해야 했다. 김 교수는 로렌스버클리국립연구소 산하에 버클리구조유전체학센터Berkeley Structural Genomics Center를 만들어 PSI 연구를 전담했다. 그 결과 그가 관리해야 할 전체 연구 인원도 30여 명으로 크게 늘었고 매년 단백질 수십 개의 구조를 밝혀냈다. 김 교수가 구조를 밝혀낸 단백질 가운데 상당수가 이 시기의 결과물이다.

다른 4개 팀이 첫 번째 목표인 고속대량 방법 개발에 집중했다면 김 교수는 두 번째 목표도 중요하게 생각했다. 따라서 이를 고려해 구조를 밝힐 단백질을 골랐다. 앞서 구조유전체학의 아이디어가 제대로 작동함을 보여주기 위해 선정한 대상은 아르케아인 메타노코쿠스 자나시의 게놈이었다. 김 교수는 PSI 프로젝트에 적합한 대상을 찾다가 최소 게놈을 지닌 병원성 박테리아 2종을 골랐다. 폐렴을 일으키는 마이코플라즈마 뉴모니아*Mycoplasma pneumoniae*(이하 MP)와 비뇨기 감염을 유발하는 마이코플라즈마 제니탈리움*M. genitalium*(이하 MG)으로 각각 유전자가 700여 개와 500여 개에 불과하다.

살아가는 데 필요한 많은 것을 기생하는 숙주에 의존하면서 많은 유전자를 잃고 게놈에는 생존에 꼭 필요한 유전자만 지니고 있게 진화한 결과다. 따라서 남은 단백질들은 각자 서로 다른 패밀리에 속할 가능성이 크다. 따라서 두 박테리아의 유전자 가운데 지정한 아미노산 서열 정보만으로 기능을 짐작할 수 없는 단백질의 구조를 밝혀 새로운 패밀리를 발굴한다면 그만큼 생물적 의미도 클 것이다.

김 교수의 PSI 1단계 사업 후반기의 실무를 맡아 진행한 과학자가 바로 이화여대 약학과 신동해 교수다. 1999년 박사후연구원으로 버클리대 화학과에 간 신동해 박사는 2003년 소속을 로렌스버클리국립연구소 버클리구조유전체학센터로 옮기며(물론 일하는 장소는 그대로였다) 책임staff 과학자로 승진해 PSI 프로젝트를 관리했다.

1996년 서울대 화학과 서세원 교수 연구실에 X선 결정학 연구로 학위를 받은 신동해 박사는 대전 생명공학연구소(현 한국생명공학연구원)에서 박사후연구원으로 일했다. 1999년 초 어느 날 서 교수에게서 "김성호 교수님 실험실에서 일해보지 않겠냐?"는 제안을 받았다. 앞서 김경규 박사가 버클리에서 워낙 연구를 잘하다 보니 김 교수가 서

교수에게 또 제자를 보내달라고 부탁한 것이다.[35] 평소 미국에서 일해보고 싶었던 신 박사에게는 좋은 기회였다.

신 박사는 이리저리 알아봐서 머물 집을 구한 뒤 3월 미국으로 떠났다. 도착해 짐을 풀고 있는데 '딩동' 벨이 울렸다. 김 교수가 창고에 보관 중인, 대학원생이나 연구원이 쓰다 남기고 간 물품을 챙겨 가져온 것이다. 체구는 작지만 다부진 중년 남성이 침대 매트리스를 비롯해 물품을 날랐다. 당연히 배송 직원이라고 생각했는데 알고 보니 김 교수였다.

"(25년이 지난) 지금도 이때 장면이 눈에 선합니다. 김 교수님은 소탈하면서도 굉장히 활동적이시죠."

김 교수의 배려는 여기서 그치지 않았다. 독실한 기독교 신자인 신 박사는 버클리에서도 주변 정리를 어느 정도 끝내고 바로 학교 근처에 있는 한인교회인 버클리중앙장로교회를 찾았다. 신자 대다수가 유학생인 작은 교회였다. 그런데 이해 9월 담임 목사가 고령으로 미국 생활을 정리하고 한국으로 돌아갔다.

결국 신앙심이 깊고 지식도 많은 신 박사가 임시 목사를 맡았다. 신학대학을 나오지 않은 신 박사로서는 부담스러웠지만, 이참에 야간 신학대학을 다니기로 결심했다. 김 교수는 연구 성과만 내면 퇴근 뒤에는 뭘 해도 상관하지 않는다며 선뜻 허락했고 이렇게 해서 신 박사는 신학대를 3년간 다녔고 결국 목사 자격을 얻었다.

"당시에는 몰랐지만 지금 생각해보면 청소년 시절 신부가 되려고 했던 김 교수님이 남의 일 같지 않게 여기셨나 봅니다." 신 교수는 이

---

35 비슷한 시기 역시 박사후연구원으로 버클리 김 교수의 실험실에 간 최인걸 교수는 "다들 (얼마 전 한국으로 돌아간) KKK(경규 김의 머리글자) 얘기만 했다"고 당시를 회상했다.

렇게 회상했지만 정작 김성호 교수는 "그런 생각까지는 하지 않았다"고 얘기했다. 아무튼 이공계 대학원에서는 보기 드문 사례다.

PSI 1단계 프로젝트의 주요 과제는 단백질 구조를 밝히는 과정에 들어가는 시약을 최소화하고 각 단계를 최대한 자동화하는 시스템을 개발하는 것이다. 신 박사와 동료들은 관련 업체와 손을 잡고 단백질 결정을 만들 때 들어가는 용액을 기존 2㎖에서 20분의 1인 100㎕로 줄이는 등 다양한 방법을 개발했다. 그리고 자동화를 통해 동시에 수백 가지 조건에서 결정화를 시도해 결정을 얻는 시간을 크게 단축했다. 또 X선 회절 데이터를 얻는 과정도 자동화, 경량화해 육체적 부담을 크게 줄였다. 신 교수는 "이전까지 X선 결정학은 여성이 하기에는 벅찬 면이 있었지만, PSI를 계기로 실험 조건이 크게 개선돼 이제는 훨씬 수월하다"고 설명했다.

PSI 1단계 마지막 해에 프로젝트가 성공적이라고 판단한 NIH는 계획대로 역시 5년 기간인 2단계 사업을 공고했다. 김 교수는 조금 더 복잡한 생명체를 대상으로 구조유전체학 연구를 하겠다는 계획을 제출했지만 아쉽게도 탈락했다. NIH가 2단계 사업에서 기대한 것 역시 대량 생산 방식으로 최대한 많은 단백질 구조를 밝히는 일이었기 때문이다. 다만 워낙 큰 프로젝트이다 보니 2005년 9월로 1단계의 공식 기간이 만료된 뒤에도 2, 3년 더 지원해 마무리를 할 수 있게 배려해줬다.

김 교수팀이 PSI 1단계 프로젝트에서 구조를 밝힌 단백질은 93개에 이른다(329). 이 가운데 절반은 단백질 구조 데이터베이스에 없는 새로운 구조를 지닌 단백질이었고(새로운 은하의 별 관측에 해당) 나머지 절반은 아미노산 서열은 꽤 다르지만 구조는 비슷한 기존 단백질이 있었다. 즉 기존 단백질 패밀리의 새 구성원을 밝힌 것이다. 결국 어

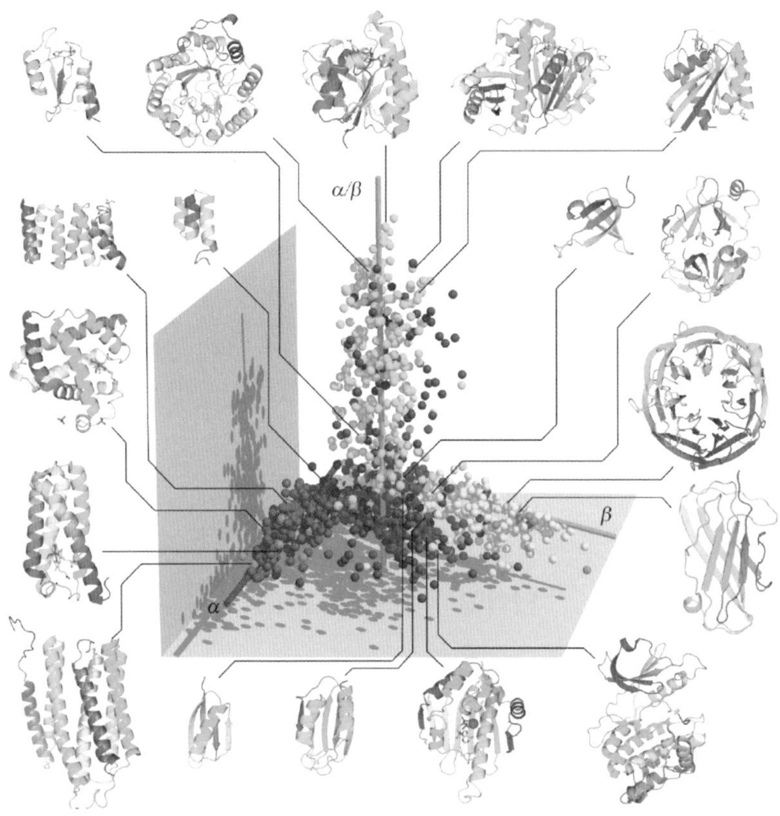

10-1 김성호 교수는 구조가 밝혀진 단백질을 이차구조의 조성에 따라 단백질 공간(protein space)에 배치하는 이론 연구도 수행했다. 이에 따르면 단백질 대다수는 각각의 축이 α, β, α/β(α나선과 β가닥이 한 단위)인 공간에서 좁은 영역에 몰려 있고 네 집단(각각 α(빨간색), β(노란색), α/β(하늘색), α+β(파란색))으로 나뉜다. 18개 단백질의 좌표 지점을 볼 수 있다. (제공 「Methods Mol Biol.」)

떤 단백질의 기능을 추측하려면 아미노산 서열 DB가 아니라 구조를 밝힌 뒤 단백질 구조 DB로 비교해야 한다는 말이다.

PSI 1단계 프로젝트 5개 팀 모두의 결과를 합치면 단백질 1,100여 개의 구조를 밝혔고 이 가운데 700여 개가 데이터베이스에 등록된 단백질과 아미노산 서열 유사도가 30% 미만으로 기능을 모르는 단백질로 분류된 것들이었다. 김 교수팀이 구조를 밝힌 단백질 대부분은 여기에 해당한다. 2006년 1월 기준 세계 구조유전체학 결과물의 3분의 2가 PSI에서 나왔을 정도로 영향력이 컸다.

1단계에서 개발된 방법을 다듬어 속도를 한층 높이는 걸 목표로 한 PSI 2단계는 2005년부터 2010년까지 진행됐고 그 결과 구조를 밝힌 단백질이 4,800여 개에 이르렀다. 마지막인 3단계는 생물적 기능에 주안점을 둬 2010년부터 2015년까지 진행됐다. 15년에 걸친 PSI 프로젝트에 투입된 총 연구비는 7억 6,400만 달러(약 1조 원)에 이른다.

단백질 우주 모습 드러내

구조유전체학의 시험사례 연구를 진행하며 성공을 확신한 김 교수는 1998년 8월 학술지 『네이처 구조 생물학』에 실은 「구조유전체학에 빛을 비추며」라는 제목의 짧은 논문에서 로런스버클리국립연구소에 설치된 싱크로트론에서 나오는 강력한 X선을 이용하면 단백질 결정의 회절 데이터를 얻는 시간이 획기적으로 줄어 다양한 단백질의 구조가 속속 밝혀지고 가까운 미래에 단백질 우주의 진면목이 드러날 것이라고 전망했다(210). PSI에서 벌어질 일들에 대한 선견지명인 셈이다.

김 교수는 "PSI 덕분에 단백질의 다양한 구조가 밝혀져 단백질 우주를 이해하는 데 큰 도움이 됐다"며 "인공지능AI 단백질 구조 예측 프로그램인 알파폴드AlphaFold가 성공할 수 있었던 것도 풍부한 단백질 구조 데이터를 학습할 수 있었기 때문"이라고 말했다.

기계학습으로 기존 단백질 구조 데이터를 흡수해 자기 것으로 만든 알파폴드는 단백질의 아미노산 정보를 바탕으로 구조를 예측한다. 2023년 말 공개된 알파폴드 단백질 구조 데이터베이스에는 무려 2억 1,400만 개 단백질의 예측 구조가 들어 있다. 이는 실험으로 구조가 밝혀진 단백질 20만 개의 1,000배 규모로 그만큼 단백질 우주도 커진 셈이다.

알파폴드 데이터베이스가 공개되고 얼마 지나지 않아 학술지 『네이처』에는 알파폴드의 단백질 우주를 분석한 논문이 실렸다. 2억 개가 넘는 단백질 구조를 유형에 따라 분류한 작업으로 290개의 새로운 패밀리를 발견했고, 이들은 아직 기능을 모르는 단백질로 이뤄져 있다. 단백질 우주 역시 천체 우주만큼이나 광대한 세계인 셈이다.

LIFE
SCIENCE

RAS

Tree of Life

tRNA

11장

피부암 치료제 개발에 성공하다

2000년 단백질구조계획PSI 1단계를 시작하고 얼마 안 돼 김성호 교수는 일본에서 열린 한 국제학회에 초청됐다. 여기에서 김 교수는 단백질 분리와 결정을 만드는 과정을 빠르게 할 수 있는 방법 개발에 대해 강연했다. 이는 PSI 1단계의 주요 과제이기도 하다. 강연이 끝나고 휴식 시간에 누군가 다가와 오랜만이라고 인사했다. 예일대 의대 약리학과 조셉 슐레싱거Joseph Schlessinger(1945–) 교수다.

슐레싱거는 "강연 잘 들었다"며 "예전에 나눈 얘기를 진지하게 다시 해보자"고 말을 걸었다. 그가 말한 예전이란 수년 전 이스라엘에서 열린 한 학회에서 만나 나눈 대화다. 당시 슐레싱거는 김 교수의 단백질 결정학 강연을 듣고 찾아와 "표적이 되는 단백질의 구조를 알면 약물 개발에 큰 도움이 될 것"이라며 "같이 회사를 만들자"고 제안했다. 김성호 교수도 흥미를 느꼈지만, 잠깐의 만남으로 그쳤고 얘기는 흐지부지 없던 것이 됐다.

세포생물학자이자 약리학자인 슐레싱거는 단백질 카이네이즈(인산화효소)를 통한 세포 신호 전달 경로를 집중적으로 연구했다. 따라서 1993년 CDK2 구조를 규명한 김성호 교수를 주목하고 있었고 학회에서 몇 번 만나 안면이 있는 사이였다. 슐레싱거는 이미 회사를 만든 경험이 있는데, 1991년 설립한 회사 수젠Sugen은 단백질 카이네이즈를 억제하는 암 치료제를 연구했다. 수젠은 1999년 중견 제약업체인 파마시아Pharmacia에 6억 5,000만 달러(약 7,700억 원)에 매각됐고 파마시아는 2003년 다국적 제약회사 화이자에 인수됐다. 2006년 화이자는 수젠이 만든 약물 수니티닙Sunitinib으로 신장암과 위장관기질종양GIST 치료제 승인을 받았다(제품명 수텐트Sutent).

수젠을 파마시아에 넘기고 얼마 안 돼 일본 학회에서 수년 만에 다시 김 교수를 만난 슐레싱거는 강연을 통해 단백질 결정 연구 효율이 크게 높아진 걸 알게 되면서 구조 기반 약물 개발의 성공 가능성을 확신했다. 김 교수도 회사 설립에 대해 다시 얘기해보자는 슐레싱거의 제안을 진지하게 받아들였다. 많은 연구비와 인력이 투입되는 PSI에서 개발하는 방법을 실전에 투입할 수 있는 절호의 기회이기 때문이다.

바이오벤처 공동 설립

두 사람은 의기투합했고 공동설립자로 2001년 버클리에 신약개발회사인 플렉시콘Plexxikon을 설립했다. 김 교수가 수시로 자문해야 하므로 버클리대에 가까운 곳에 자리를 잡은 것이다. 회사를 만든 경험이 많은 슐레싱거는 안면이 있는 투자자들을 찾아 사업 계획을 설명했고 어렵지 않게 자금을 확보했다. 이들 다수가 수젠에 투자해 짭짤한 보상을 받은 경험이 있기 때문이다. 회사를 만든 직후 슐레싱거는 수젠의 공동설립자이자 회장을 역임한 피터 허스Peter Hirth를 끌어들였다. 과학자 출신인 허스는 대표CEO를 맡아 단기간에 회사의 틀을 잡았다.

김성호와 슐레싱거는 플렉시콘에서 기존과는 전혀 다른 새로운 방법으로 신약 개발에 도전해보기로 했다. 바로 지지대기반약물설계 scaffold-based drug design라고 부르는 구조생물학기반 플랫폼으로, 제대로만 실행된다면 기존 방법에 비해 신약 개발에 걸리는 시간과 비용을 크게 줄일 수 있을 것이다. 여기서 약물 개발 방법을 잠깐 알아보자.

먼저 약효가 알려진 천연물에서 아이디어를 얻어 개발하는 방식으로 아스피린이 그런 예다. 즉 버드나무 껍질을 우린 물이 소염진통효과가 있어 널리 쓰인 데 착안해 유효 성분인 살리실산을 분리했고 위장장애라는 부작용을 줄이기 위해 구조를 살짝 바꾼 아세틸살리실산을 만들어 제품화에 성공한 게 바로 아스피린이다.

그 뒤 분자생물학의 발전으로 질병의 원인을 분자 차원에서 규명할 수 있게 되면서 원인이 되는 표적(주로 단백질)을 공략하는 약물을 개발하는 시대가 열렸다. 천연 및 합성 분자로 이뤄진 라이브러리에서 치료제 후보 물질을 찾는 고속대량 스크리닝high throughput screening 방법이다. 여기에는 조합화학의 발전이 결정적인 역할을 했다. 조합화학 combinatorial chemistry이란 유기합성 시스템을 자동화해 다양한 조합의 많은 화합물을 동시에 합성하는 방법이다. 조합화학 덕분에 수십만~수백만 가지 화합물로 이뤄진 라이브러리를 구축할 수 있게 됐다.

약물 개발 과정을 보면 먼저 라이브러리의 화합물 수만~수십만 가지를 테스트해 약효가 있는 분자를 찾는다. 이렇게 찾은 출발물질의 구조를 조금 바꾼 여러 화합물을 만들어 효과는 더 크고 세포 독성 같은 부작용은 줄어든 분자를 찾는다. 이 과정을 반복해 선정한 최종 후보 물질로 동물실험을 하고 여기서 통과하면 사람을 대상으로 한 임상시험을 거쳐 승인을 받으면 신약으로 출시된다. 얼핏 간단해 보이지만 전 과정에 10년 이상의 시간이 걸리고 비용도 많이 들어간다. 특히 마지막 단계인 임상시험에서 결과가 나쁘면 막대한 손실을 보고 십중팔구 프로젝트를 접는다.

플렉시콘이 시도한 지지대기반약물설계 방법은 얼핏 보면 기존 방법과 별 차이가 없는 것 같다. 여기서도 첫 단계는 고속대량 스크리닝이기 때문이다. 그러나 기존 방법은 기본적으로 시행착오를 반복하는 과정이지만 지지대기반약물설계는 표적의 구조까지 아는 상태에서 진행하는 것이므로 차이가 크다. 고속대량 스크리닝도 라이브러리 전체가 아니라 분자 구조 유형에 따라 대표주자 수천~수만 개를 골라 테스트하고 무엇보다도 출발물질을 선택하는 기준이 다르다.

기존 방법은 작용이 가장 뛰어난(억제제라면 50% 억제 농도(IC50[36])가 가장 낮은) 순서로 고르지만, 지지대기반약물설계에서는 잠재력을 평가해 출발물질을 고른다. 오디션에 비유하자면 기존 방법은 노래를 잘 부른 사람을 뽑는 것이고 지지대기반약물설계는 노래 실력은 뛰어나지 않더라도 음색이나 성량을 고려했을 때 잘 다듬으면 좋은 가수가 될 수 있다고 판단해 선발하는 셈이다. 후자에서 출발물질을 지지대scaffold라고 부르는 이유다. 이런 판단을 내리는 데 표적 단백질의 구조 정보가 결정적인 역할을 한다.

즉 스크리닝으로 어느 수준 이상 효과가 있는 화합물 수백 가지를 고른 뒤 각각이 표적 단백질과 결합한 상태의 결정을 만들어 구조를 규명해 잠재력이 큰 후보, 즉 지지대가 될 분자를 찾는다. 예전 같으면 엄청난 시간과 비용이 드는 과정이었겠지만 PSI 프로젝트를 통해 결정을 만드는 비용과 시간을 크게 줄인 방법을 개발했기에 가능해졌다. 김 교수는 "이와 함께 로런스버클리국립연구소와 아르곤국립

---

36 50% inhibition concentration. 표적 단백질의 활성을 절반으로 줄이는 약물의 농도다. 50% 억제 농도가 낮을수록 효과가 크다는 뜻이다.

연구소[37]의 싱크로트론의 강력한 X선 빔 덕분에 회절 데이터를 빠르게 얻을 수 있게 됐고 구조 해석 소프트웨어 성능도 많이 향상된 결과"라고 덧붙였다. 김 교수팀은 버클리의 싱크로트론을 주로 썼지만, 일정이 안 맞을 때는 가끔 아르곤 설비를 이용했다.

화합물과 단백질이 어떻게 상호작용하고 있는가를 자세히 들여다보면서 개선할 여지가 있는가를 판단한다. 이 과정에서 컴퓨터 시뮬레이션 방법도 유용하게 활용된다. 즉 지지대 분자의 구조를 조금씩 바꾸면서 표적 단백질과 상호작용을 시뮬레이션해[38] 더 나은 결과를 낳는 구조를 예측하고 실제 합성해 실험으로 확인한다. 이는 출발물질에서 숱한 시행착오를 거쳐 더 나은 구조를 찾는 기존 방법보다 훨씬 효율적이다.

김성호 교수는 X선 결정학은 물론 1970년대 중반부터 컴퓨터 시뮬레이션, 즉 모델링 연구를 해왔기에 지지대기반약물설계에서 핵심이 되는 두 방법 모두에 대해 큰 도움을 줄 수 있었다. 2000년대 초 김 교수팀에서 박사후연구원으로 단백질 우주 연구를 한 차오 장Chao Zhang 박사는 2003년 플렉시콘에 입사해 모델링 연구를 이끌었다.

플렉시콘은 지지대기반약물설계 방법으로 여러 프로젝트를 진행했고 그 가운데 두 프로젝트가 신약 개발로 결실을 맺었다. 2011년 미국식품의약국FDA이 피부암 치료제로 승인한 베무라페닙Vemurafenib(제품명 젤보라프Zelboraf)와 2019년 승인을 얻은 거대세포종 치료제 펙

---

37 Argonne National Laboratory. 1946년 일리노이주 레몬트에 설립된 미국 최초의 국립연구소로 미국 에너지부의 소유이고 시카고대가 관리한다. 참고로 보건복지부 산하 미국국립보건원(NIH)을 제외한 국립연구소는 모두 에너지부 산하 기관이다.

38 이런 방법을 분자동역학 시뮬레이션이라고 부른다.

시다르티닙Pexidartinib(제품명 투랄리오Turalio)이다. 펙시다르티닙의 경우 플렉시콘이 다른 회사로 넘어간 뒤 개발한 것이지만, 베무라페닙은 김성호 교수도 개발 과정에 관여한 약물로 출시 초기에는 센세이션을 불러일으켰던 피부암 치료제다.

신약 개발에 10년도 안 걸려

이야기는 2002년 학술지 『네이처』에 실린 한 논문에서 시작한다.[39] 생어연구소가 주축이 된 영국과 미국의 공동연구팀은 다양한 암세포 시료를 분석한 결과 피부암의 절반에서 BRAF('비라프'로 발음) 유전자의 특정 변이가 있다는 사실을 발견했다. 그 산물인 변이 B-Raf 단백질에서는 600번째 아미노산이 발린(V)에서 글루탐산(E)으로 바뀌면서(V600E) 카이네이즈(인산화효소) 활성이 커진다.

비라프는 라프 카이네이즈의 하나로 앞의 8장에서 다룬 라스ras 신호 경로의 구성원이다. 즉 외부 신호가 와서 라스 단백질의 스위치가 켜지면 라프가 활성화돼 표적인 Mek 단백질을 인산화시켜 신호를 전달한다. 변이 비라프 단백질은 변이 라스 단백질처럼 외부 신호 여부와 무관하게 늘 활성화돼 신호를 전달하고 그 결과 세포 증식이 통제되지 못하는 암세포가 된다. 따라서 V600E 변이 비라프 단백질을 표적으로 삼는 억제제를 만든다면 피부암의 절반에 효과적인 치료제가 될 수 있을 것이다.

---

39 Davies, H. et al. *Nature* 417, 949 (2002)

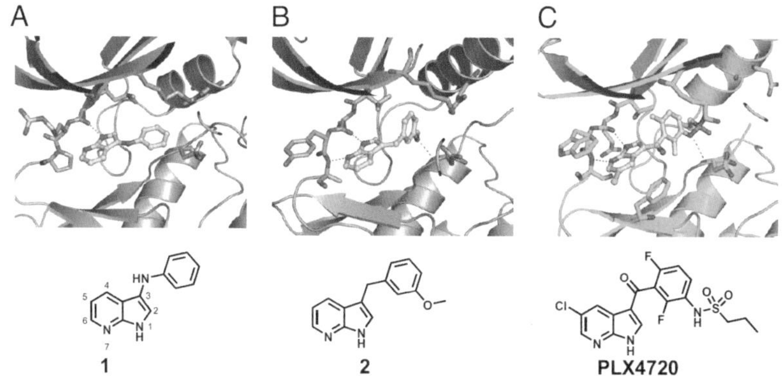

11-1 2001년 김성호 교수와 예일대 조셉 슐레싱거 교수가 공동 설립한 플렉시콘은 구조생물학 기반 플렛폼인 지지대기반약물설계 방법으로 변이 비라프 단백질을 표적으로 삼는 화합물(PLX4720)을 단기간에 합성하는 데 성공했다. 라이브러리에서 억제력이 있는 화합물이 카이네이즈에 결합한 상태의 구조를 밝혀 개선 가능성이 있는 구조(1과 2의 공통)인 7-아자인돌을 지지대(scafold)로 삼아 진행한 결과다. PLX4720은 임상시험에도 성공해 2011년 변이 비라프 단백질이 원인인 피부암 치료제 베무라페닙(제품명 젤보라프)으로 출시됐다. (제공 「PNAS」)

플렉시콘의 연구자들은 지지대기반약물설계 방법으로 비라프 단백질 억제제 개발 프로젝트를 진행했다. 먼저 라이브러리에서 화합물 2만 개를 골라 다양한 인산화효소에 대한 활성 억제 능력을 측정해 기준 이상인 200여 개 화합물을 골랐다. 그 뒤 3가지 인산화효소에 결합한 상태의 결정을 만들어 100여 개의 구조를 밝혔다. 이 가운데 적절한 자리에 달라붙어 개선의 여지가 있는 7-아자인돌7-azaindole 구조를 출발물질, 즉 지지대로 선택해 최적화 과정을 거쳐 신약후보물질 PLX4720을 얻었다.

PLX4720은 V600E 변이 비라프 단백질에 대한 IC50이 불과 13nM(나노몰농도)로 강력한 억제력을 보였다. 반면 정상 비라프 단백질에서는 160nM로 억제력이 꽤 떨어졌다. 다른 카이네이즈에 대한 IC50 농도는 훨씬 더 높아 억제 효과가 미미했다. 즉 PLX4720은 선

택성이 큰 만큼 부작용은 적을 것이다.

V600E 변이 B-Raf 단백질을 지닌 피부암 세포에 PLX4720을 투여한 결과 강력한 세포 독성을 보였고 다른 유형의 피부암 세포에는 별 효과가 없었다. 여기까지 결과를 담은 논문이 2008년 학술지 『미국립과학원회보』에 실렸다(331). 표적인 V600E 변이 비라프 단백질을 보고한 논문이 나오고 불과 6년이 지난 시점으로, 후보물질 개발에 들어간 비용도 기존 방법의 10분의 1 수준이었다.

치료제로 가는 다음 단계는 환자를 대상으로 한 임상시험으로 플렉시콘 규모의 회사에서는 감당할 수 없는 비용이 든다. 따라서 이 단계에서는 관심을 보이는 거대 제약사와 라이선스 계약을 맺는데, 플렉시콘의 파트너는 로슈Roche였다. 베무라페닙이라는 이름을 얻고 진행한 임상시험은 대성공이었고 FDA는 임상3상이 채 끝나기도 전 패스트트랙으로 2011년 8월 피부암 치료제로 판매를 승인했다. 표적 단백질(변이 비라프)을 보고한 논문이 나온 지 채 10년이 안 된 시점으로, 지지대기반약물설계 방법의 위력을 잘 보여줬다. 김 교수는 "베무라페닙 성공으로 다른 제약사들도 약물 개발 방법을 바꿨고 지금은 지지대기반약물설계 방법이 표준이 됐다"고 말했다.

베무라페닙은 신약 개발 과정에 혁신을 가져왔을 뿐 아니라 환자 맞춤형 암 치료제 시대를 연 약품이기도 하다. 이전까지 항암제는 DNA 복제 과정을 교란해 세포가 증식하지 못하게 작용하다 보니 암세포뿐 아니라 정상세포도 손상됐고 환자는 큰 부작용에 시달렸다. 반면 베무라페닙은 적용에 앞서 암세포의 변이 패턴을 분석해 표적이 되는 변이 비라프 단백질이 있는 환자에게만 쓴다. 베무라페닙은 변이 단백질에 선택적으로 작용하므로 부작용이 훨씬 적다.

한편 임상3상을 진행하던 중 플렉시콘은 회사를 매각하기로 했는데, 임상시험 파트너인 로슈는 회사를 사들여 사내 관련 부문에 흡수할 계획이었다. 김 교수는 "이렇게 되면 플렉시콘은 문을 닫아야 하는데 마침 일본 제약회사 다이치산쿄第一三共가 더 좋은 조건을 제시해 방향을 바꿨다"고 회상했다. 다이치산쿄에는 비슷한 연구를 하는 부서가 없어 플렉시콘을 자회사로 남겨두기로 한 것이다. 2011년 4월 다이치산쿄는 9억 3,500만 달러(약 1조 원)에 플렉시콘을 인수했다. 공동창업자인 김 교수도 큰돈을 벌었을까.

김 교수는 웃으며 "회사를 만들고 10년 동안 계속 투자를 받았기 때문에 대부분은 투자회사의 몫이고 스톡옵션을 갖고 있던 직원 60여 명에게 돌아온 건 얼마 되지 않았다"면서도 "다만 워낙 거금이라 지분이 얼마 안 됐더라도 개인으로서는 큰돈이었고 여러 곳에 요긴하게 썼다"고 말했다. 예를 들어 김 교수는 개인적으로 관심이 있지만 외부 기관의 지원을 받기 어려운 주제인 계산유전체학 연구비 대부분을 이 돈으로 충당했다. 또 장학금 기부와 버클리연극단 기부, 지역 한인회 기부 등 지역사회 복지 향상에 힘을 보탰다. 그리고 아직 어린 손자 손녀 6명을 위한 교육기금도 들어 두 아들의 어깨를 가볍게 했다.

한편 베무라페닙, 즉 젤보라프는 초기 대성공의 흥분이 채 가시기도 전에 치료제 저항이 생겨 피부암이 재발하는 사례가 보고되기 시작하면서 기세가 한풀 꺾였다. 암세포가 다른 경로를 개척해 살길을 찾은 것이다. 그 뒤 피부암 항체 치료제가 개발되면서 젤보라프의 수요가 많이 줄었지만, 아직도 처방되고 있다.

플렉시콘은 다이치산쿄의 자회사가 된 뒤 거대세포종 치료제 펙시다르티닙을 개발하기도 했지만 결국 2022년 문을 닫았다. 다이치산쿄가 항체 약물에 집중하기로 하면서 내린 결정이다. 회사가 정리될 때 최고경영자가 차오 장 박사로 오랫동안 연구개발책임자로 있다가

2021년 대표가 됐지만 1년 만에 씁쓸한 결말을 맞은 셈이다. 차오 장은 샌디에이고에 있는 암 치료제 개발 회사 아이엠빅Iambic의 연구개발책임자로 자리를 옮겨 좋은 성과를 냈고 최근 버클리로 돌아와 새로운 회사를 세울 준비를 하고 있다.

2024년 4월 인터뷰에서 김성호 교수는 "차오 장 박사는 굉장히 똑똑한 친구"라며 "2011년 플렉시콘을 다이치산쿄에 넘기기 전까지는 거의 매주 만나다시피 했다"고 회상했다. 김 교수는 "얼마 전 오랜만에 차오 장 박사와 만나 점심을 했는데, 향후 계획을 열정적으로 설명했다"며 "아직 젊으니 좋은 기회가 있을 것"이라고 덧붙였다.

11-2 2011년 플렉시콘을 일본 제약회사 다이치산쿄에 팔면서 김성호 교수는 꽤 큰 돈을 받았다. 이 가운데 일부를 아직 어린 손주 6명의 교육기금으로 넣었다. 김 교수가 두 아들과 손자와 함께 망중한을 즐기는 모습이다. (제공 김성호)

12장

단백질에서 생명체로

다른 분야도 그렇지만 특히 과학은 한 사람이 모두에 전문가일 수는 없다. 따라서 다른 영역의 지식이나 기술이 필요할 때는 현재 널리 받아들이는 걸 '맞다'고 생각하고 쓰기 마련이다. 내가 하는 일의 한 단계 또는 일부분에서 필요한 내용 하나하나를 모두 섭렵한 뒤 적용하려고 하다가는 진도가 나가지 않을 것이다.

김성호 교수에게는 분자계통학이 그런 예다. 분자계통학이란 분자진화, 즉 대응하는 유전자 염기서열이나 단백질의 아미노산 서열을 비교해 이를 지닌 생명체(종) 사이의 분류학상 거리를 판단하는 학문이다. 진화 과정에서 임의의 돌연변이가 일어나므로 두 종이 공통 조상에서 갈라진 시기가 멀수록 서열 차이가 클 것이다. 여러 종에서 이 차이를 정량화하면 이들 사이의 분류학상 거리를 알아낼 수 있다.[40]

단백질 구조규명 연구 초기에는 개별 단백질을 연구하므로 분자계통학이 별로 필요하지 않았다. 그러나 구조가 밝혀진 단백질 수가 늘어나

---

40 분자계통학의 전개 과정에 대한 좀더 자세한 내용은 252쪽 부록6 '아르케아 존재 드러낸 분자계통학의 힘' 참조.

면서 여러 종에서 진화적으로 연결된 단백질 사이의 기능과 활성이 어떻게 보존되거나 바뀌었는지 분석하는 일이 잦아졌다. 이 경우 비교하는 종들 사이의 관계는 분자계통학 연구 결과인 계통생명수phylogenetic tree of life를 사실로 받아들여 이를 전제로 논의를 전개하기 마련이다.

그런데 분자계통학 연구자에 따라 생명수가 다르다는 게 문제였다. 즉 비교하려는 종들이 공통으로 지니는 유전자(이를 병렬상동체ortholog라고 부른다)를 골라 염기서열(또는 산물인 단백질의 아미노산서열)을 비교해 거리를 정하는데, 선정하는 유전자에 따라 결과가 달라지기 때문이다. 특히 종 사이의 거리가 멀어 서열이 꽤 다른 경우 더 그랬다.

예를 들어 A, B, C 세 종을 유전자1의 서열로 비교하면 A와 B가 더 가까워 셋의 공통 조상에서 C가 먼저 갈라졌다고 해석하지만 유전자2의 서열을 비교하면 B와 C가 더 가까워 A가 먼저 갈라졌다고 해석해야 한다. 결국 여러 유전자를 비교한 뒤 통계 처리해 세 종의 관계를 결정한다. 이때 비교를 위해 선택하는 유전자는 연구자의 입맛 또는 상황에 따라 제각각이다. 이러다 보니 같은 방법으로도 다른 결과가 나오는 일이 흔했다. 물론 비교하는 유전자 수가 많아질수록 진실에 가까워질 가능성도 크지만 100% 확신할 수는 없다.

오늘날 널리 쓰이는 서열 정렬 방법의 또 하나의 문제점은 비교하는 종들에 공통인 유전자만 선택할 수 있다는 점이다. 진화 과정에서 유전자를 잃기도 하고 얻기도 하므로 각 종의 유전자 수와 종류가 다르다. 결국 비교하는 종이 많아질수록 공통인 유전자는 적어지고 따라서 결과의 신뢰성이 떨어지기 마련이다. 그러다 보니 생명체의 진화 시나리오도 여러 버전이 나왔고 때로는 분류학자 사이에 격한 논쟁이 일어났다. 이처럼 전제가 흔들리다 보니 이를 출발점으로 논의를 전개하는 사람들이 불안할 수밖에 없다.

게놈 시대에 맞는 방법 찾아야

이런 문제점은 생명체의 전체 정보, 즉 게놈이 해독되기 시작하면서 더욱 심각해졌다. 비교하기 위해 선정한 유전자들은 게놈에서 극히 일부분이기 때문이다. 공유하지 않는 부분은 배제한 채 얻은 결론을 얼마나 믿을 수 있을까. 과거 게놈 정보를 모르는 상태에서 힘들게 알아낸 몇몇 유전자 정보를 근거로 분류하기 위해 만든 궁여지책의 방법론을 게놈 정보가 넘쳐나는 시대에도 여전히 쓰고 있는 셈이다. 생명체가 지닌 모든 정보를 바탕으로 분류하는 방법이 아직 나오지 않았다.

이런 상황을 지적하는 목소리가 여기저기서 나오기 시작했지만 아직은 미미했고, 연구자들 대다수는 문제의 심각성을 모른 채 여전히 기존 방법론에 의지하고 있었다. 김성호 교수 역시 마찬가지였다. 그러나 2000년대 들어 PSI 프로젝트에서 단백질 우주를 연구하며 빅데이터를 다루는 일이 잦아지면서 이런 목소리가 들리기 시작했고 주류인 분자계통학자들은 여전히 기존 방법을 고수하면서 새로운 해법을 제시할 필요성을 느끼지 않는다는 당혹스러운 사실도 깨달았다.

이런 분위기에서 몇몇 연구자들이 특정 유전자의 서열을 정렬해 분석하는 방법이 아닌 다른 접근법을 찾기 시작했다. 이른바 '정렬 없는 서열 분석alignment-free sequence analysis'으로, 유전자 또는 전체 게놈의 서열 데이터를 기존과 다른 방식으로 처리해 진화 과정을 재구성하는 새로운 분자계통학 방법이다. 그런데 대응하는 유전자의 서열을 나란히 놓고(정렬) 비교하지 않는 분석으로도 의미 있는 결과가 나올 수 있을까.

2000년대 들어 본격적인 게놈 시대가 열리며 기존 서열 정렬 방법에 대한 불만의 목소리가 여기저기서 들려오자 김 교수는 해결책을 알아보기 시작했다. "전체 게놈 정보를 활용할 방법을 고민하다 문헌학 분야의 정보이론을 적용하면 어떨까 하는 아이디어가 떠올랐습니다." 문헌에 나오는 단어의 빈도를 분석해 해당 문헌의 특성을 파악하는 방법인 단어빈도프로파일word frequency profile(약자로 WFP)이다. 즉 기사나 책에 나오는 단어의 종류와 빈도를 분석해 비교하면 같은 저자의 작품인지 또는 표절을 했는지 등을 알아낼 수 있다. 오늘날 WFP 기반 알고리듬을 지닌 인공지능AI 프로그램이 나와 유용하게 쓰인다.

김 교수는 이 방법을 DNA 염기서열이나 단백질 아미노산서열로 이뤄진 데이터에 어떻게 적용할까 고민하다 기발한 아이디어를 떠올렸다. 즉 염기서열 또는 아미노산서열을 빈칸이 없는 알파벳의 나열로 본다. 여기서는 문장의 단어처럼 자체로 의미가 있는 특징이 없으므로 대신 일정한 길이(*l*개일 경우 *l*-mer로 표시)의 알파벳(문자열)을 특징으로 삼아 그 종류와 빈도를 분석해 비교하면 어떨까. 그래야 편견 없이 문헌의 모든 정보를 이용할 수 있기 때문이다.

영어 문헌이 26자의 알파벳으로 이뤄져 있듯이 게놈 문헌은 4자의 염기 알파벳, 엑손(게놈에서 아미노산으로 번역되는 부분) 문헌은 4자의 염기 알파벳 또는 20자의 아미노산 알파벳으로 구성된 셈이다. 김 교수는 이를 일반화해 특징빈도프로파일feature frequency profile(약자로 FFP)이라고 불렀다.

문헌학 정보이론에서 아이디어 얻어

김 교수는 이 아이디어를 구현할 프로젝트를 생물정보학을 공부한 박사과정 학생인 그레고리 심스Gregory Sims에게 맡겼고 박사후연구원인 전세란 박사와 구오홍 우Guohong Wu 박사도 참여했다. 참고로 전 박사는 수학으로 우 박사는 수리물리학으로 학위를 받은 뒤 생물정보학 분야를 알고 싶어 김 교수의 연구실로 왔다. 그렇다면 FFP법은 기존 정렬 기반 분류법의 문제를 해결할 수 있을까.

예를 들어 ATGTGTG 서열과 CATGTG 서열의 관계를 살펴보자. 서열을 정렬해 비교하는 기존 방법에 따르면 뒤의 네 염기(TGTG)는 일치하지만 앞은 서열뿐 아니라 개수도 다르다(각각 ATG와 CA). 따라서 두 서열이 얼마나 비슷한지 정량적으로 말하기가 어렵다. 이때 김 교수팀이 개발한 특징빈도프로파일을 이용한 정렬 없는 서열 분석법(FFP법)을 쓰면 둘 사이의 거리를 산출할 수 있다.

예를 들어 l=3, 즉 3-mer를 특징으로 삼아 분석한다면 서열 처음부터 시작해 하나씩 옮겨가며 나오는 문자열의 종류와 개수가 데이터다. ATGTGTG 서열은 ATG, TGT, GTG, TGT, GTG로 3가지 문자열 5개로 이뤄져 있다(TGT와 GTG가 각각 2개). CATGTG 서열은 CAT, ATG, TGT, GTG로 4가지 문자열 4개로 이뤄져 있다. 두 서열 사이의 거리는 공유하는 문자열의 개수 차이와 공유하지 않는 문자열의 개수를 계산해 산출한다(제곱한 값을 더한 뒤 제곱근을 구한다). 둘이 공유하는 ATG, TGT, GTG는 차이가 각각 0(1−1), 1(2−1), 1(2−1)이고 공유하지 않는 CAT는 1개이므로 두 서열의 거리는 $\sqrt{3}$=1.73이 된다.

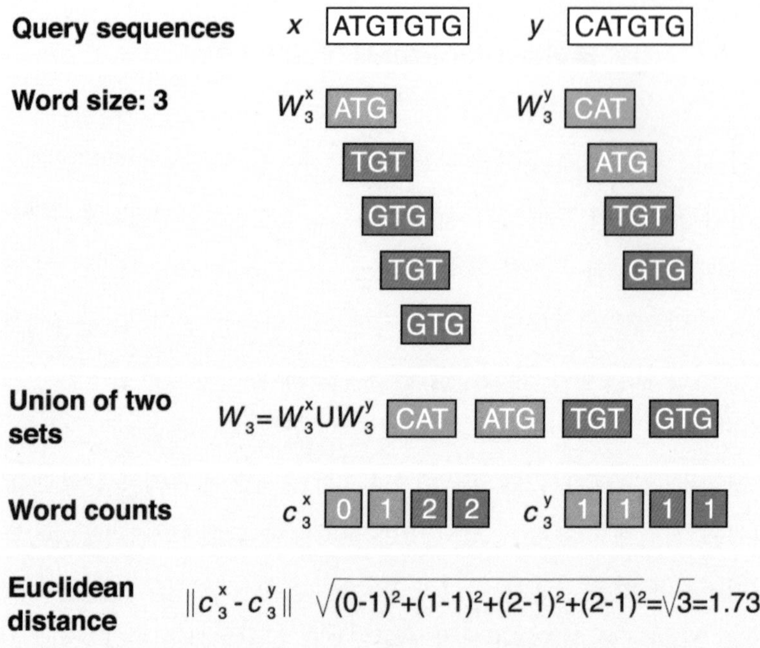

12-1 정렬 없는 서열 분석법으로 김 교수팀이 만든 특징빈도프로파일(FFP)의 원리를 보여주는 예다. 단어 크기(word size)가 3(3-mer)인 특징으로 빈도를 분석해 두 서열 사이의 거리를 정량적으로 구할 수 있다. 자세한 설명은 본문 참조. (제공 『게놈 생물학』)

즉 비교하는 서열에서 공유하는 문자열의 비율이 높고 개수 차이가 작을수록 거리가 가깝다(값이 작다). 반면 공유하지 않는 문자열의 비율이 높고 공유하는 문자열의 개수 차이가 클수록 거리가 멀어진다. 결국 서열을 이루는 모든 데이터가 분석에 쓰이는 셈이다. 반면 기존 방법에서는 공통되는 부분이 적거나 크기(길이) 차이가 클수록 제대로 정렬하기 어렵거나 비교할 대상이 없어 분석에서 제외되는 부분이 늘어나므로 둘 사이의 정확한 거리를 알아내기 어렵다.

참고로 위의 예는 원리를 보여주기 위해 염기 3개 길이 문자열을 특징으로 분석했지만, 실제 게놈의 염기서열을 비교할 때는 대체로 20~26개 길이, 아미노산 서열을 비교할 때는 10~15개 길이 문자열을 특징으로 분석한다. 문자열 길이가 너무 짧으면 문자열 종류가 얼마 안 돼 차별화가 잘 안 되고(이를 '해상도가 낮다'고 한다) 길이가 너무 길면 각각의 빈도가 너무 낮아 역시 차별화가 잘 안된다. 즉 문자열 길이가 적당해야 다양한 종류가 적절한 빈도로 나와 높은 해상도를 얻을 수 있다.

연구자들은 FFP법으로 저자와 장르가 뒤섞인 문헌 사이의 거리를 분석했다. l=9, 즉 알파벳 아홉 글자인 문자열을 특징으로 삼을 때 가장 분류가 잘 됐는데(해상도가 높았는데), 같은 장르끼리 가까웠고 그 가운데 한 작가의 작품들 사이의 거리는 더 가까웠다. 특히 유의미한 단어로 비교하는 WEP법보다 같은 길이의 무의미한 문자열을 기반으로 한 FFP법에서 더 정확한 결과가 나와 놀라웠다. 이에 대해 김성호 교수는 "예상보다 너무 결과가 좋아 왜 그런가 생각해봤다"며 "WEP법은 이어지는 단어 사이의 정보를 놓치지만 FFP법은 그 정보까지 얻어 반영하므로 그런 것 같다"는 의견을 제시했다.

다음으로 포유류 10종의 게놈에서 인트론 부분을 뽑아 FFP법으로 분류해봤다. 유전자에서 아미노산 서열 정보를 포함하지 않는 부분인 인트론은 정보를 지닌 부분인 엑손에 비해 돌연변이 빈도가 높아 염기서열 보존도가 낮고 길이도 차이가 꽤 난다. 따라서 정렬에 기반한 기존 방법으로 인트론 서열 데이터를 제대로 분석하기 어렵다.

연구자들은 l=18, 즉 염기 18개 길이의 문자열 특징으로 해서 포유류 10종의 인트론 서열을 분석해 계통수를 얻었고 그 결과는 공통

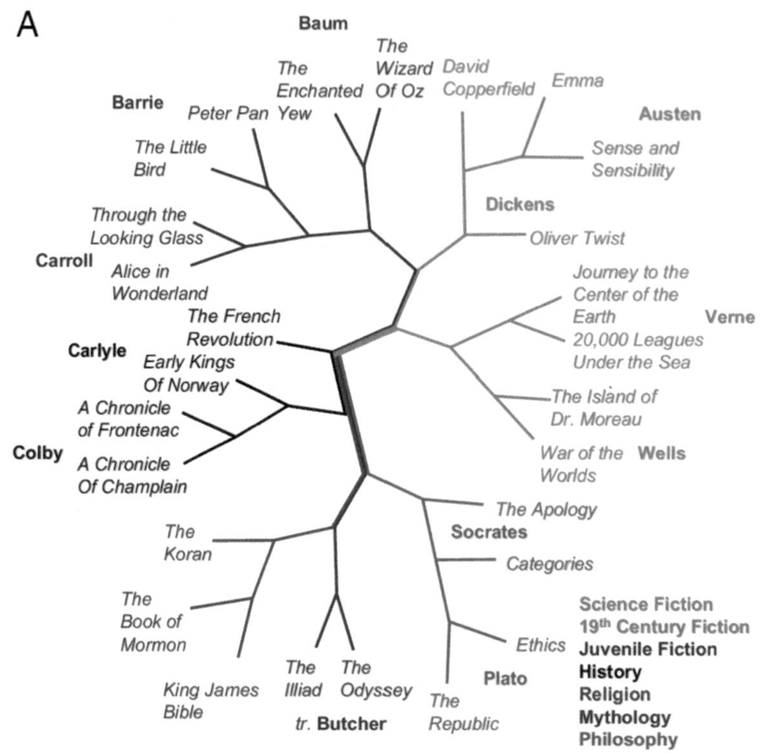

12-2 김성호 교수는 문헌에 나오는 단어의 빈도를 분석해 문헌의 특성을 파악하는 방법인 단어 빈도프로파일(WFP)에서 아이디어를 얻어 특징빈도프로파일(FFP)을 개발했다. 흥미롭게도 저자와 장르가 뒤섞인 문헌을 FFP로 분석하면 WFP로 분석한 결과보다 더 뛰어나다. WFP는 단어 사이의 정보를 놓치지만 FFP는 반영한 결과로 보인다. (제공 『PNAS』)

유전자 서열을 정렬해 얻은 계통수가 거의 같았다. FFP법이 기존 방법의 한계를 극복한 새로운 분류법이 될 수 있음을 보여준 결과다. 김 교수는 "FFP법은 전체 게놈을 비교할 때, 특히 잘 보존된 공통 유전자가 적을수록 유용한 방법"이라고 설명했다.

2009년 2월 학술지 『미국립과학원회보』에 위의 결과를 담은 논문이 실리자 화제가 됐지만 반응은 엇갈렸다(338). 참신한 방법을 개발했다는 호평도 있었지만, 대다수는 "무슨 말을 하는지 모르겠다"는 불만의 목소리였다. 김 교수는 "기존 분자계통학자들에게는 낯선 문헌 정보이론과 통계처리 등 새로운 방법이 적용됐기 때문에 논문을 이해하기 어려웠을 것"이라며 "이런 논문이 받아들여지는 데는 시간이 걸린다"고 덧붙였다. 김 교수팀이 개발한 FFP법은 정렬 없는 서열 분석의 대표적인 방법으로 인정받아 2009년 논문은 지금까지 500회 가까이 인용됐다.

8개월 뒤 역시 『미국립과학원회보』에 발표한 논문에서 연구자들은 앞의 포유류 10종 전체 게놈을 대상으로 FFP법을 적용해 인트론 대상 분석과 비슷한 결과를 얻었다고 발표했다(341). 이때 엑손 부분(전체 게놈의 2%)과 비유전자 부분(전체 게놈의 47%)을 따로 떼어내 분석했고 역시 비슷한 계통수를 얻었다. 즉 진화의 역사는 유전자의 핵심인 엑손뿐 아니라 인트론과 심지어 한때 '쓰레기junk DNA'라고 불렀던 비유전자 부분의 서열도 간직하고 있는 셈이다.

김 교수팀은 추가 연구를 통해 전체 게놈 대신 프로테옴, 즉 모든 단백질의 아미노산 서열 정보를 이용한 FFP법이 오히려 더 정확하게 종들 사이의 거리를 반영할 수 있다는 사실을 발견했다. 이 경우 분석해야 할 데이터 양도 크게 줄어들기 때문에 일석이조다. 연구자들은 이 방법으로 원핵생물 884종을 분류한 '프로테옴 계통수'를 2010년 『미국립과학원회보』에 발표했다(344).

주류 분류체계에 도전장 내밀어

그리고 7년 동안 후속 논문이 안 나오다가 2017년에야 균류의 프로테옴 계통수를 제시한 논문이 『미국립과학원회보』에 실렸다(349). 그 사이 무슨 일이 있었던 걸까. "원핵생물 이외에는 분석을 할 게놈 데이터가 부족했습니다. 그래서 기다린 것이죠." 그 사이 연구자가 바뀌어 최재진 연구원이 논문의 주저자다.

보통 사람 눈에 균류는 종류가 얼마 안 되는 것처럼 보이지만 실제로는 굉장히 다양한 생명체로 이뤄져 있다. 따라서 선별한 공통 유전자 서열을 바탕으로 분류한 '유전자 계통수'는 연구자에 따라 꽤 차이가 있었다.

김 교수팀은 게놈 데이터베이스에서 얻은 400여 종의 균류 프로테옴 아미노산 데이터를 분석했다. 종에 따라 단백질 지정 유전자가 적게는 2,000개에서 많게는 3만 5,000개에 이르렀다. 종에 따라 데이터 양이 천차만별이라 기존 정렬 기반 분석 방법으로는 데이터의 극히 일부만을 활용할 수밖에 없다.

연구자들은 FFP법으로 400여 종의 모든 프로테옴 데이터를 처리해 각각의 상대적인 거리를 구해 생명수를 구성했다. 그 결과 몇몇 영역에서 기존 유전자 생명수와는 꽤 다른 결과가 나왔다. 예를 들어 기존 분자계통학에서 원시적인 균류로 분류된 미포자충류Microsporidia는 균류가 아니라 원생생물로 분류해야 하는 것으로 나왔다. 흥미롭게도 고전 분류학에서 미포자충류는 원생생물로 분류됐다. 분자계통학의 재료(데이터)가 유전자에서 게놈(이 경우 프로테옴)으로 확장되고 분석법이 달라지면서 옛날의 결론으로 돌아간 셈이다.

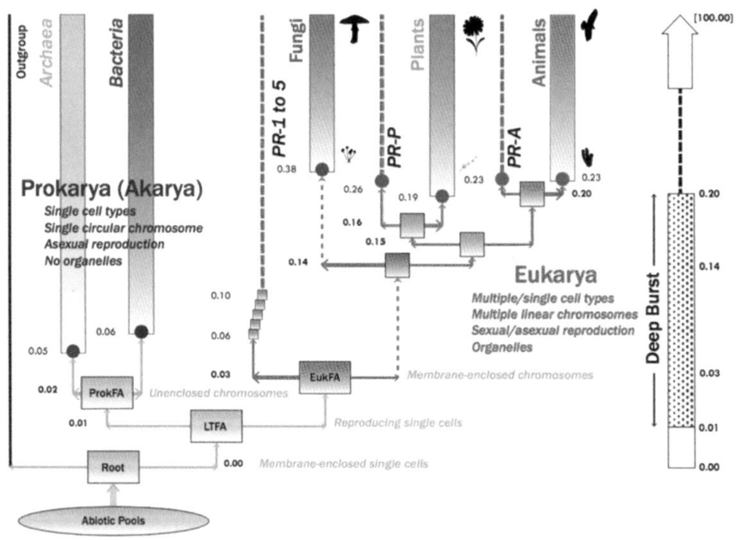

12-3 2020년 김성호 교수팀은 게놈이 등록된 생물 4,000여 종의 프로테옴을 특징빈도프로파일로 분석해 생명수를 만들었다. 이에 따르면 오늘날 모든 생물의 공통조상(LTFA)은 고생대 캄브리아기가 시작하기 직전인 약 5억 5,000만 전에 나왔고 얼마 지나지 않은 시점에서 6개 메이저 그룹이 확립됐다. 이는 약 40억 년 전 공통조상이 나온 뒤 20억 년이 넘는 기간 동안 원핵생물만 살았다는 기존 분자계통학의 시나리오와 전혀 다른 해석이다. (제공 『PNAS』)

3년의 시간이 흐른 2020년 김 교수팀은 역시 『미국립과학원회보』에 FFP법을 이용한 분류학 연구의 완결판을 담은 논문을 발표했다(352). 그때까지 등록된 생물 4,000여 종의 프로테옴을 분석해 생명수를 만든 것이다. 앞서 논문들이 포유류(10종뿐이지만), 원핵생물, 균류 등 전체 세포 생물에서 일부분만 떼어내 분석했다면 이번 논문은 모든 영역이 포함돼 있어 지구 생명체 진화의 역사를 재구성한다는 원대한 비전을 담고 있다.

종들 사이가 멀어질수록 전체 게놈(이 경우 프로테옴) 비교를 통한 새로운 분자계통학의 결론이 몇몇 공통 유전자 서열의 정렬에 기반한 기존 분자계통학 결론과 꽤 다를 것이라고 예상했지만 실제 차이는 훨씬 더 컸다. 즉 4,000여 종이 기존과 다른 방식으로 묶일뿐 아니라 더 중요한 건 오늘날 보이는 다양한 무리가 지구에 생명이 등장하고 얼마 지나지 않아 확립됐다는 결론이 나온 것이다. 이는 약 40억 년 전에 생명이 나타난 뒤 오랜 시간에 걸쳐 여러 무리가 진화했다는 기존 시나리오를 정면 반박하는 내용이다.

김 교수는 "지구에 언제 생명이 등장했는지는 정확히 모르지만 지금 지구에 살고있는 생명체의 조상은 40억 년 전보다는 훨씬 뒤인 약 5억 5,000만 년 전으로 고생대 캄브리아기가 시작하기 직전일 것"이라며 "우리 분석 결과에 따르면 현재 지구상의 모든 생명체의 조상은 최초의 생명이 나타나고 얼마 지나지 않은 시점에서 이미 6개 메이저 그룹Major Groups이 확립된 것으로 보인다"고 설명했다. 즉 처음 생명이 등장하고 지금까지 기간을 100으로 봤을 때 불과 0.2가 지난 시점에서 이미 6개의 메이저 그룹이 존재했다. 연구자들은 논문에서 이 기간을 '심원의 폭발Deep Burst'이라고 이름지었다.

김 교수는 "생명체가 확실한 화석 가운데 가장 오래된 것도 이 무렵"이라며 "물론 그 이전에도 생명체가 살았을 수도 있지만 그렇다면 이들은 절멸해 오늘날 생명체로 이어지지 않았을 것"이라고 설명했다. 즉 ATGC로 이뤄진 DNA와 아미노산 20개로 이뤄진 단백질이 아닌 다른 생체 분자를 이용하는 생명체가 살다가 사라졌을 수도 있다는 말이다.

김 교수는 "예전에는 우주가 천천히 생겨났다고 생각했지만 설명할 수 없는 관측이 이어지면서 결국 빅뱅 가설이 나왔다"며 "처음엔 황당한 주장이라고 반발했지만 지금은 안 믿는 사람이 없을 정도로 주류 가설이 됐다"며 지구의 생명도 등장 직후 폭발적인 분화로 다양성을 갖게 됐다는 논문의 주장에 자신감을 보였다.

이뿐 아니라 논문은 현재 널리 받아들여지고 있는 우즈의 '3역 분류체계'와는 다른 내용을 많이 담고 있다. 즉 4,000여 종의 프로테옴을 분석한 결과 현존 생물은 2개의 수퍼그룹Supergroup인 원핵생물Prokarya과 진핵생물Eukarya로 나뉜다. 어찌 보면 3역 분류체계보다 더 직관적(또는 상식적)이라 생물학 지식이 얕은 사람들이 받아들이기 쉽다. 참고로 3역 체계는 생물을 박테리아역Bacteria과 아르케아역Archaea, 진핵생물역Eucarya으로 나눈 것이다.[41] 20세기에 중고교를 다닌 사람은 아르케아(고세균)라는 이름을 들어보지도 못했을 수 있다.

논문에 따르면 심원의 폭발 초기에 2개의 수퍼그룹이 형성됐으므로 지구에 현재 생명체가 등장하고 얼마 지나지 않아 진핵생물(또는 그 직계 조상)이 등장했다는 뜻이다. 이는 원핵생물이 등장하고 대략 20억 년이 지나서야 진핵생물이 진화했다는 기존 시나리오와 완전히 배치되는 내용이다.

그리고 심원의 폭발 시기 동안 원핵생물 수퍼그룹은 박테리아와 아르케아 두 메이저 그룹으로 나뉘었고 진핵생물 수퍼그룹은 4개의 메이저 그룹으로 나뉘었다(원생생물, 균류, 식물, 동물). 그 뒤 6개 메이저 그룹은 35개 이상의 그룹으로 세분돼 오늘에 이르고 있다.

논문이 나오고 4년이 지난 시점에서 인용 횟수는 15회에 불과하다. FFP법을 박테리아와 균류 분류에 적용한 논문의 인용 횟수가 각각 160여 회임을 생각하면 뜻밖이다. 주류 분자계통학자들은 전혀 인정하지 않고 있다고 해석할 수 밖에 없는 현상이다. 이에 대해 김 교수

---

41 자세한 내용은 252쪽 부록6 '아르케아 존재 드러낸 분자계통학의 힘' 참조.

는 "많은 사람이 인정하는 게 꼭 진리인 것은 아니고 오히려 유행일 수도 있다"며 "내재된 문제는 때로는 멀리 떨어져서 봐야 해결책이 나올 수 있다"고 자신감을 내비쳤다. 그러고 보면 20세기 후반 분류학을 혁신시킨 분자계통학도 주류 분류학계에서는 이름도 들어보지 못한 이방인 칼 우즈Carl Woose의 아이디어가 실현된 것이다. 과연 김성호 교수가 우즈의 발걸음을 따라갈 것인지 지켜볼 일이다.

13장

한국은 어머니 미국은 아버지

1995년부터 5년 동안 한국과학기술원KIST 생체구조연구센터에서 센터장으로 일하면서 김성호 교수는 한국 과학자들과 본격적인 인연을 맺게 됐다. 이때 1호 학생연구원으로 들어온 최인걸 현 고려대 생명공학부 교수는 졸업 뒤 버클리로 와서 수년 동안 함께 했다. 그리고 이 무렵 박사후연구원으로 버클리에 온 김경규 현 성균관대 교수와 뒤이어 온 신동해 현 이화여대 교수도 큰 힘이 됐다. 나이가 들수록 점점 한국 과학자들과 일하는 게 심리적인 안정감을 준 것일까.

KIST에 이어 김 교수는 연세대학교와 인연을 맺게 됐다. 2004년 당시 김우식 총장의 제의를 받고 연세대 생명과학기술연구원 특임교수로 1년에 8주를 머물며 강의했다. 대형 프로젝트인 단백질구조계획PSI으로 바빴지만 한국에 머물며 후학들을 가르치는 일이 꽤 보람있었다. 김 교수는 2008년까지 특임교수로 있으면서 자주 한국을 찾았다.

2005년 PSI 1단계 사업이 끝나고 2단계 사업에 참여하지 않게 되면서 이후 수년에 걸쳐 프로젝트를 마무리하는 과정에서 자연스럽게 X선 결정학 실험 연구를 접었다. 그의 관심이 구조생물학과 구조유전체학에서 계산유전체학으로 넘어가면서 내린 결정이다. PSI 1단계 사업을 통해 단백질 구조규명 과정을 빠르고 쉽게 할 수 있는 시스템을 만든 김 교수였기에 아쉬움은 없었다.

연세대와 인연 이어져

특임교수 계약이 끝나고 1년이 지난 2009년 연세대에서 또 연락이 왔다. 정부(교육과학기술부)가 주관해 공모한 세계 수준의 연구중심대학world class university, WCU에 선정돼 만든 융합오믹스 의생명과학과에 특임교수로 초빙하고 싶다는 것이다. 융합오믹스integrated omics란 유전체학genomics를 비롯해 전사체학transcriptomics, 단백질체학proteomics, 대사체학metabolomics 등 여러 단계의 빅데이터를 처리하는 생명정보학 분야를 아우르는 이름이다. 대학원 과정만 있는 학과로 생명과학대, 의대, 약대의 여러 교수진이 참여했다.

수년 전부터 계산유전체학으로 관심을 옮겨 정렬 없는 서열 분석 방법으로 특정빈도프로파일FFP법을 고안해 적용하는 연구를 해온 김 교수로서는 안성맞춤이라 흔쾌히 수락했다. 김 교수가 참여해서인지 대학원생 모집 공고를 보고 여러 곳에서 연락이 왔다. 이 가운데 한 사람이 현재 미국 보스턴대에서 박사후연구원으로 있는 김병주 박사다. 경희대 생물학과를 졸업한 김병주는 컴퓨터 동아리 활동을 하면서 생명정보학에 관심이 생겼는데, 마침 대학원생 모집 공고를 본 것이다.

2010년 말 김성호 교수와 면담을 하고 결심을 굳힌 김병주는 김 교수를 지도교수로 대학원 석박사 통합과정에 들어갔다. 한편 숭실대 바이오인포메틱스과를 졸업한 최재진도 석사과정으로 입학해 함께 공부했다. 이 무렵 버클리대 김 교수 연구실에서 FFP법 프로그램을 개발한 그레고리 심스가 박사학위를 받고 학과 교수로 부임했다. 김 교수가 융합오믹스 의생명과학과에서 조교수를 모집한다는 정보를 알려줬는데 뜻밖에도 심스가 적극적으로 응해 뽑힌 것이다.

아쉽게도 심스는 낯선 나라의 대학 교수 생활에 작 적응하지 못한 데다 함께 온 아내가 출산으로 향수병에 걸려 힘들어하자 1년 만에 연세대를 그만두고 미국으로 돌아갔다. 그 뒤 심스는 샌디에이고에 있는 패스웨이지노믹스에서 생명정보학 책임자로 일했다.

김병주는 최재진과 함께 심스의 강의를 들으며 각자 맡은 연구 프로젝트를 진행했다. 강의를 따라가기도 벅찬데 1주일에 한 번 원격 회의를 할 때마다 김 교수가 제시하는 질문에 답하기 위한 공부까지 해야 하니 정신이 없었다. 김 박사는 "낮과 밤도 없이 공부하고 연구하느라 일주일에 한 번 집에 갔던 것 같다"며 당시를 회상했다.

김병주는 단백질 우주에 FFP법을 적용하는 연구를 진행했는데 결과가 좋지 못했다. 다음 주제는 FFP법을 모델 식물인 애기장대의 계통분류에 적용하는 연구로, 결과는 잘 나왔지만 아쉽게도 학술지에 논문으로 내지는 않았다.

당시 연구팀에 특이한 친구가 들어오기도 했다. 미국 컬럼비아대 컴퓨터과학과 대학원 졸업생(석사)인 김민승으로, 한국의 한 기업에서 병역특례연구원으로 근무하다 온 것이다. 컬럼비아대에서 인공지능AI의 한 분야인 머신러닝을 연구한 김민승은 우연히 김 교수의 연구실 사이트를 방문해 머신러닝을 이용한 연구를 한다는 사실을 알고 자신의 전공을 살릴 수 있다고 판단해 김 교수에게 연락했다. 병역 규정에 따르면 근무 중인 기관이 허락하면 다른 곳에서 병역 의무를 마칠 수 있기 때문이다. 컴퓨터에 강한 사람이 필요했던 김 교수는 흔쾌히 응했고 다행히 일이 잘 풀려 연세대로 옮겨 남은 기간 연구원으로 일할 수 있었다.

김민승은 머신러닝을 이용해 게놈 정보로부터 특정 암에 걸릴 위험성을 예측하는 프로그램을 개발하는 연구 프로젝트를 맡았다. 병역을 마치고 버클리대로 가서 연구를 이어갔고 그 결과를 담은 논문을 2014년 학술지 『미국립과학원회보』에 실었다(348). 아쉽게도 김민승은 박사과정을 하러 캘리포니아대 데이비스 캠퍼스 컴퓨터과학과로 떠났다.

2013년 김성호 교수의 연세대 특임교수 계약이 끝나면서 김병주는 지도교수를 바꿔야 했지만 여전히 김 교수의 지도 아래 연구를 이어나갔다. 그리고 2014년 과정을 수료한 뒤 버클리로 떠났다. 최재진 역시 석사학위를 마치고 버클리로 가서 연구원 신분으로 수년 동안 지내다 박사과정에 들어갔다. 김성호 교수는 플렉시콘을 팔 때 번 돈으로 연구비와 이들의 생활비를 지원했다. 이후 두 사람은 지금까지도 김성호 교수와 함께 연구를 계속하고 있다.

김병주는 김민승이 하던 연구를 이어받아 머신러닝 방법으로 20가지 암에 대한 게놈의 유전적 취약성을 예측하는 연구를 진행했고 좋은 결과를 얻어 박사학위(연세대)를 받을 수 있었다. 그리고 논문으로 정리해 2018년 학술지 『미국립과학원회보』에 실었다(350). 한편 김성호 교수는 2016년부터 3년 동안 연세대 융합오믹스 의생명과학과 특임방문교수로 다시 인연을 맺었다.

암 발생, 유전이냐 환경이냐

지난 2013년 세계적인 영화배우 앤절리나 졸리는 '예방적 유방절제술'을 받았다는 충격적인 사실을 털어놓았다. 어머니를 유방암으로 잃은 졸리는 유방암 관련 유전자 검사를 했고, 그 결과 자신도 브라카1 BRCA1 유전자가 변이형이라 발병하기 전에 유방을 들어냈다는 것이다. 여기까지 들으면 '제정신인가?' 싶지만 변이형을 지니면 평생 유방암에 걸릴 확률이 87%이고 난소암은 50%라는 사실을 알았을 때 졸리가 고민 끝에 내린 결정이 이해된다.

그러나 브라카1 변이형처럼 특정 유전자 하나가 암 발생 가능성을 크게 올리는 일은 드물다. 실제 유방암 환자 가운데 브라카1 변이형인 사람은 10%가 되지 않는다. 그렇다면 게놈을 분석해서 암에 걸릴 위험성을 예측할 수 있을까. 만일 그렇다면 암의 종류에 따라 예측 정도가 달라질까.

이런 궁금증에 답하기 위해 김 교수와 김병주는 암게놈지도TCGA 데이터베이스에 있는 백인 암 환자와 건강한 사람 5,919명의 게놈 데이터를 분석했다. 연구자들은 20가지 암 환자와 건강한 사람의 SNP(단일염기다형성) 패턴을 인공지능이 머신러닝으로 익히게 한 뒤 제시된 암 환자의 SNP를 보고 어떤 암인지 추측할 수 있는지 알아봤다. 예측 정확도가 높을수록 해당 암의 발병은 유전되는 게놈의 취약성inherited genomic susceptibility, 쉽게 말해 유전적 요인이 크다고 볼 수 있다.

20가지 암의 예측 정확도(유전적 요인)은 33~88%로 나타났다. 바꿔 말하면 암 발생의 12~67%는 환경이나 생활방식에 따른 결과로 볼 수 있다. 20가지 암 가운데 갈색세포종/부신경절종PCPG이 발생에서 유전적 요인이 무려 88%로 가장 컸다. 김 교수는 "의사에게서 PCPG 환자 대다수는 가족력이 있다는 얘기를 들었다"며 "예외적으로 유전적 요인이 큰 경우"라고 덧붙였다.

유방암의 경우 예측 정확도가 37%로 20가지 암 가운데 3번째로 낮았다. 이에 따르면 유방암 발생에서 환경 또는 생활방식 요인이 63%를 차지한다는 뜻으로, 지난 수십 년 사이 유방암 환자가 급증한 우리나라 상황과 잘 맞아떨어지는 결과다. 즉 한국 여성들은 채식 위주 식단에 아이를 일찍 많이 낳고 모유를 먹이다가 불과 한두 세대 만에 고기를 많이 먹고 섭취 칼로리가 는데다 아이를 잘 낳지 않고 모유 수유도 꺼리는 극적인 생활방식의 변화를 겪었고 이 과정에서 유방암 발생이 급증했다. 즉 이런 영향으로 체세포에서 후천적인 돌연변이가 축적돼 결국에는 암세포로 바뀌는 것이다.

김성호 교수는 "이 연구는 암 발생에 유전적 요인이 크다는 걸 강조하는 게 아니라 주변 환경과 생활방식을 바꿈으로써 암에 걸릴 위험성을 낮출 수 있음을 보여준 것"이라고 설명했다. 즉 게놈 분석을 통해 자신이 취약한 암을 알면 발생 위험성을 낮추기 위한 맞춤형 노력을 할 수 있고 아울러 건강검진을 좀 더 정밀하게 해 설사 암에 걸리더라도 조기에 발견할 수 있다는 것이다.

김 교수는 "대중매체에서 암과 관련한 유전 연구 결과를 지나치게 다루다 보니 대중들이 '암은 운명이라 어쩔 수 없다'는 인식을 갖게 된 것 같다"며 "몇몇 드문 경우를 빼면 노력에 따라 발생 위험성을 낮출 수 있다는 사실이 널리 알려졌으면 좋겠다"고 덧붙였다. 최선을 다하고 결과를 기다린다는 뜻의 한자성어 '진인사대천명盡人事待天命'이 떠오른다.

기대와 실망을 동시에 안겨준 인천대

한국과의 인연은 연세대에 그치지 않았다. 이번엔 대전의 카이스트로, 2015년부터 3년 동안 생명과학과 방문교수로 1년에 수주 동안 머무르며 학생들과 교류했다. 1990년대 초 버클리대에서 박사후연구원을 하며 X선 결정학을 배웠던 오병하 교수가 초청했다. 오 교수는 "당시 김 교수님의 학문에 대한 열정과 통찰력에 깊은 인상을 받았다"며 "카이스트 학생들도 김 교수님으로부터 좋은 영향을 받았으면 하는 마음에서 모신 것"이라고 설명했다.

전자공학과에서 인공지능 신경네트워크를 연구하는 김준모 교수와 유창동 교수는 김 교수의 강의를 듣고 감명을 받아 전자공학과에도 방문교수로 머물러달라고 제안했다. 컴퓨터 관련 공부에 열심이었던 김 교수로서도 반가운 일이라 기꺼이 승낙했고 2016년부터 2년 동안 두 과에 걸쳐 방문교수로 머물렀다. 이 기간 김 교수는 머신러닝과 신경네트워크에 대해 좀 더 이해하게 됐고 김준모 교수와 유창동 교수가 유전체학에 대한 이해를 넓힐 수 있게 도움을 줬다.

한편 2013년 연대 특임교수가 끝날 무렵 김성호 교수는 가천의대 김영보 교수가 주선한 저녁 모임에서 한 기업인을 만났다. 한국의 23앤드미23andme를 지향하는 게놈 정보기반 바이오벤처인 이원다이애그노믹스의 대표인 이민섭 박사로 좀 특이한 경력을 갖고 있다. 2000년대 초, 이 박사는 미국의 생명공학회사인 제네상스Genaissance와 시퀘놈Sequenom에서 근무하였으며, 2010년 샌디에이고에 다이애그노믹스Diagnomics를 설립하였다. 회사 이름은 '진단'을 의미하는 'diagnosis'와 '유전체학'을 의미하는 'genomics'를 합성하여 만들었다고 한다. 이는 분자 진단의 미래가 유전체 분석과 차세대 염기서열 분석NGS 기술에 기반할 것이라는 이 박사의 비전을 반영한 것이었다.

다행히 사업은 순조로이 풀렸고 국내 최대 규모의 임상검사센터를 운영하는 이원의료재단의 이철옥 이사장을 만나 의기투합해 2013년 국내 합작법인인 이원다이애그노믹스를 설립한 것이다.[42] 이해 이원의료재단은 인천 송도 신도시에 신축한 건물로 이사했고 이원다이애그노믹스는 건물 한 층을 썼다.

이날 식사 자리에서 이 대표는 tRNA와 라스 단백질 구조를 밝힌 구조생물학자로만 알고 있었던 김 교수가 인공지능AI을 활용한 유전체학 연구를 하고 있다는 얘기를 듣고 깊은 인상을 받았다. 당시 유전체학 관련 업계에서도 아직 생각하지 않은 참신한 접근법을 70대 중반의 노老 교수가 시도하고 있었으니 말이다. 이 만남이 인연이 돼 김 교수는 이듬해인 2014년부터 수년 동안 이원다이애그노믹스의 기술고문을 맡기도 했다.

김 교수는 "송도 이원의료재단 건물에 가보고 깜짝 놀랐다"며 "한 층 전부가 전국의 의원, 병원에서 온 생체시료를 검사하는 장비로 채워져 있었다"고 회상했다. 저자도 비슷한 인상을 받았는데, 마치 SF 영화의 한 장면을 보는 것 같았다. 건물 옥상은 정원으로 꾸몄는데 꽤 널찍했다. 김 교수는 한국에 올 때마다 이철옥 이사장의 초대를 받아 정원에서 이 대표와 세 사람이 저녁을 하며 담소를 나눴다.

한편 2009년 송도 캠퍼스로 이전한 인천대는 2013년 국립대로 전환하며 도약의 기회를 맞았다. 2016년 2대 총장으로 부임한 조동성

---

42 국내 의료 발전에 큰 발자취를 남긴 이철옥 이사장은 2021년 90세를 일기로 타계했다.

박사는 경영학을 전공했음에도 인천대가 살길은 연구중심대학, 그것도 새로운 분야를 개척해야 한다고 생각하고 일을 추진했다.

하루는 이민섭 대표가 송도 경제자유구역청에서 유전체학을 주제로 발표를 했는데 이 자리에 조 총장도 있었다. 발표가 끝나고 인사를 나누며 얘기해보니 조 총장은 생명과학에 관심이 많았다. 그런데 조 총장이 세계적인 한국인 과학자라며 김성호 교수를 언급했고 이 대표는 김 교수가 마침 서울에 머무르고 있다며 만남을 주선했다.

이렇게 해서 세 사람이 만나 저녁 식사를 하며 이야기를 나눴고, 깊은 인상을 받은 조 총장은 인천대를 바이오 연구중심대학으로 만들기로 결심을 굳혔다. 김 교수는 "당시 조 총장과 특이한 것을 해보자고 의기투합했다"며 "조 총장은 이미 경쟁이 심한 분야보다는 아예 새로운 것에 도전해 대학의 이름을 알리는 게 효과적이라고 생각했던 것 같다"고 회상했다.

그 뒤 일이 일사천리로 진행돼 2017년 7월 인천대 융합과학기술원이 문을 열었다. 교수진으로 초빙된 글로벌 석학 5인 가운데 김성호 교수와 이민섭 박사가 포함돼 있었다. 융합과학기술원은 맞춤·정밀의학으로 오늘날 급증하는 복합질병에 대응하기 위한 기초연구인 '유전체 빅데이터를 활용한 AI 프로젝트IAIGP'를 추진하기로 했다.

먼저 한국인 유전체(게놈) 데이터를 많이 모으기 위해 인천대와 이원다이애그노믹스, 인천시가 협력해 '인천게놈프로젝트'를 시작했다. 최대 1만 명의 게놈 해독을 목표로 야심 차게 추진됐다.[43] 그동안 연구에서 미국인(주로 백인)의 데이터를 분석해온 김 교수도 큰 기대로

43 당시 저자도 생체시료(침)를 제공했다.

13-1 2018년 9월 3일 인천대에 인간유전체연구센터가 문을 열었다. 김성호 교수 왼쪽이 융합과학기술원 김정완 원장이고 오른쪽이 조동성 총장이다. 김 교수와 조 총장 뒤에서 이민섭 대표가 미소짓고 있다. (제공 인천대)

지켜봤다. 2018년 9월에는 인천대 미추홀 캠퍼스에 인간유전체연구센터가 문을 열었다. 현판식에서 김 교수와 조 총장이 두 손을 꼭 잡은 채 서 있고 키가 큰 이 대표가 그 뒤에서 흐뭇하게 미소 짓고 있는 단체 사진에서 당시 분위기가 느껴진다. 이 무렵 학위를 받은 김병주 박사도 귀국해서 이원다이애그노믹스에 머무르며 일을 도왔다.

그러나 이때부터 일이 이상하게 흘러가기 시작했다. 총장이 융합과학기술원에만 너무 신경을 쓴다고 기존 인천대 교직원들이 불만을 터뜨리며 행정적인 문제까지 제기하기에 이르렀다. 결국 부담을 느낀 김 교수는 석좌교수직을 물러났지만 김 박사를 통해 뒤에서 프로젝트 진행을 도왔다. 그러나 2020년 조 총장이 물러난 뒤에는 사실상 프로젝트도 종결됐다. 김 교수는 "막상 일해보니 생각하지 못했던 어려움이 많았고 내 경영 능력이 부족하다는 것을 느꼈다"고 당시를 회상하며 "그래도 좋은 경험이 됐다"는 말을 덧붙였다.

2020년 설 무렵부터 코로나19가 세계로 퍼지며 나라 사이의 교류가 막히면서 김 교수도 한국을 찾을 수 없게 됐다. 그런데 2022년 말 대한민국 과학기술유공자로 지정됐다는 연락을 받았고 2023년 5월 헌정식에 참가하기 위해 4년 만에 고국 땅을 밟았다. 평소 "한국은 어머니이고 미국은 아버지"라고 말했던 김 교수는 어머니의 품에 안긴 듯한 느낌이었다.

호기심이 이끄는 대로

유공자 헌정식을 한 달 앞둔 4월 학술지 『사이언티픽 리포츠-네이처』에는 김 교수팀의 논문이 실렸다(354). 김병주 박사와 최재진이 공동 저자로, 공개 데이터베이스에 등록된 수천 명의 게놈 단일염기변이SNV 데이터를 FFP법으로 분석해 인류를 14개 그룹으로 나눴고 이들 사이의 관계를 밝혔다는 내용이다.

이에 따르면 인류는 크게 두 개의 수퍼그룹으로 나뉘는데, 하나는 아프리카의 5개 그룹(G0~G4)으로 이뤄져 있고 다른 하나는 9개 그룹(G5~G13)으로 이뤄져 기타 대륙에 분포돼 있다. 흥미롭게도 14개 그룹을 지도에서 보면 현생인류의 이동 경로와 비슷하다. 즉 아프리카를 벗어난 인류는 중동에 도착했고(G5) 그 뒤 유럽(G6)과 아시아 각지(G7~G9, G11, G13)로 퍼져나갔고 일부는 오세아니아(G10)와 아메리카 대륙(G12)까지 도달했다. 우리나라를 포함해 동아시아 지역에 사는 원주민들 대다수는 G13에 속한다. 이는 Y염색체를 비교해 재구성한 기존 시나리오와 꽤 비슷한 결과다.

연구자들은 논문에서 "비아프리카에 분포한 모든 그룹은 중동에

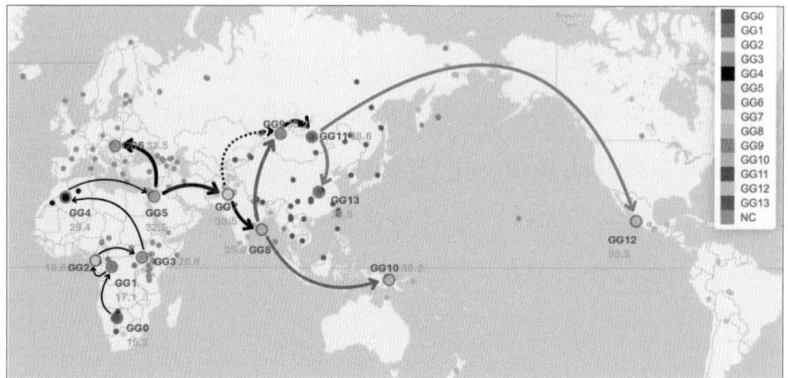

Figure legend for Fig. S2B
Proposed order of emergence of Genomic Groups (GGs) shown on the world map. The names of GGs are in red and the blue number next to each GG represents the point on Evolutionary Progression Scale (EPS) at which the founder(s) of the GG emerged. Small dots of a given color represent the sampling locations of all members of the GG , and the large circle of the same color is to associate the label and the color of the GG members and arbitrarily located at the geographical center of the locations of all members of the GG. Each arrow between two GGs represents increasing direction of genomic divergence, i.e., from earlier to later emergence of the GGs. It does not represent the path of migration, but the order and direction of the migration.

All "migration" maps of modern humans so far are constructed based on a combination of many features that are subjective, thus, difficult to quantify, such as ancestry, religion, culture, societal structure, language, etc. But we show that single objectively quantifiable feature, whole genome sequence-variation, can be used to construct such a map. This map reveals the "migration" pattern of the genomic groups representing most of the extant world ethnic groups.

Suppl. Table S1.
List of ethnic groups in each genomic group (GG) of Africa (green) and non-Africa (red) in Fig. S2B

GG0: Ju_hoan, Khomani_San (2 EGs)

GG1: Baka, Bakola, BantuTswana, Bedzan, Biaka, Mbuti (6 EGs)

GG2: BantuKenya, BantuTswana, BentuHerero, Esan, Gambian, Hazda, Igbo, Kaba, Kongo, Laka, Lemande, Luhya, (G Luo, Mandenka, Mende, Ngumba, TikarSouth, Yaruba (18 EGs)

GG3: Aari, Agaw, Amhara, Bulala, Dinka, Elmolo, Fulani, Iraqw, Kikuyu, Mada, Masai, Mursi, Ogiek, Rendille, Sengwer, Somali (16 EGs—many loosely clustered EGs)

GG4: Mozabite , Saharawi (2 EGs)

GG5: BedouinB, Druze, IraqiJew, Jordanian, Palestinian, Samaritan, YemeniteJew (7 EGs)

GG6: Abkhsian, Adygei, Albanian, Armenian, Basque, Bergamo, Bulgarian, Chechen, Crete, Czech, English, Estonian, Finnish, French, Georgian, Greek, Hungaria, Icelandic, Leznin, NorthOssetian, Norwegian, Orcadian, Polish, Russian, Sardinian, Spanish, Turkish, Tuscan (28 EGs)
GG7: Balochi, Brahmin, Brahui, Brusho, Kalash, KashmiriPandit, Makrani, Pathan, Punjabi, Sindhi, Tajik (11 EGs)

GG8: Bengali, Irula, Kapu, Kharia, KhondaDora, Kurumba, Madiga, Mala, Maori, Punjabi, Relli, Yadava (12 EGs)

GG9: Chuckchi, Hazara, Mansi, Tlingit2, Uygur (5 EGs)

GG10: Australian, Bougainville, Papuan (3 EGs)

GG11: Aleut, Kyrgyz, Tubalar (3 EGs)

GG12: Chane, Chipewayan, Cree2, Eskimo, Itelman, Karitiana, Mayan, Mixe, Mixtec, Nahua, Piapoco, Pima, Quechua, Surui, Zapotec (15 EGs)

GG13: Ami, Atayal, Burmese, Cambodian, Dai, Daur2, Dusun, Even, Han, Hezhen, Igorot, Japanese, Kinh, Korean, Lahu, Miao, Mongolia, Naxi, Orogen, She, Sherpa, Thai, Tibetan, Tu, Tujia, Ulchi, Xibo, Yakut, Yi (29 EGs)

Unclustered : Altaian, Bermese, Cree1, Daur1, Even, Hawaiian, Iranian1,2, Kusunda, Mixtec2, Onge1+2, Saami1+2, Tlingit1, Turkish1 (13 EGs)

Blue: Singletons; Underline: Members found in more than one GGs

13-2 코로나19 팬데믹이 지나간 2023년 김성호 교수팀은 세계 각지 수천 명의 단일염기변이(SNV) 데이터를 FFP법으로 분석해 인류를 14개 그룹(GG0~GG13)으로 나누고 이들의 관계를 분석한 논문을 발표했다. 각 그룹의 위치(큰 원)는 시료의 지리적인 중심이고 파란색 숫자는 진화적 진행 척도(Evolutionary Progression Scale, 줄여서 EPS)를 나타낸다. 그룹 사이의 진화적 거리(EPS 차이)는 지리적 거리와 관계가 없다. (제공 『사이언티픽 리포츠』)

위치한 G5에서 기원했다"며 "이 가운데 일부(G6, G12, G13)는 넓은 지역에 걸쳐 분포한다"고 설명했다. 김 교수는 "오늘날 세계에는 많은 민족이 있지만 이는 언어, 문화, 종교 등 게놈과 관련 없는 특징까지 고려했기 때문"이라며 "게놈만 놓고 보면 14개 그룹에 불과하고 이들 사이의 차이도 그리 크지 않다는 걸 깨달았다"며 이번 논문의 의미를 설명했다.

해가 바뀌어 2024년이 됐지만 김 교수의 호기심은 여전하다. 최근 그의 관심사는 코로나19 바이러스로, 역시 FFP법을 써서 계통수를 만드는 일이다. 그러고 보니 50여 년 전 MIT 실험실에서 그가 고품질의 tRNA 결정을 만드는 방법에 대한 아이디어를 떠올리게 된 것도 바이러스가 궁금해 무심코 읽은 소책자 덕분이다.

김 교수는 "예전에는 세포가 아니라 입자인 바이러스를 생명으로 보지도 않았다"며 "하지만 지금은 생명으로 생각하고 심지어 초기 바이러스는 원핵생물 수준의 복잡한 생명체였을 것으로 보기도 한다"고 설명했다. 불과 수천 개 염기로 이뤄진 게놈에 유전자 몇 개만 지니는, 우리가 전형적이라고 생각하는 바이러스는 오랜 시간 진화를 거쳐 극단적으로 몸이 가벼워진 상태라는 말이다. 실제 10여 년 전 게놈 크기가 수백만 염기에 이르고 유전자 수도 1,000개가 넘는 거대 바이러스가 발견돼 학계가 깜짝 놀랐다.

김 교수는 "미국 국립생물정보센터NCBI에 등록된 코로나19 바이러스 게놈이 무려 1,700만 개나 된다"며 "한 생물종에 대해 이런 방대한 데이터가 모인 것은 유례가 없는 일"이라고 말했다. 이미 세계보건기구WHO가 코로나19 바이러스 게놈의 일부 정보(유전자)를 바탕으로 여러 변이종 사이의 관계를 밝혔지만, 전체 게놈 정보가 쓰인 게 아니라서 김 교수는 FFP법으로 도전해보기로 했다. 김 교수는 연구

계획서를 NCBI에 제출했고 승인을 얻어 방대한 데이터를 다운로드 받아 분석에 들어갔다.

김 교수와 최재진은 버클리에서, 김병주 박사는 인천대와 그 뒤 보스턴대에서 연구하며 주말마다 셋이서 화상 미팅을 하며 의견을 나눴다. 김 교수는 최근 논문을 써서 학술지 『사이언티픽 리포츠-네이처』에 출판했다(355). 김 교수는 "기존 결과와는 달리 코로나19 바이러스는 크게 4개의 그룹으로 나뉘는데, 변이 대부분은 우한 바이러스가 있는 1그룹에 속하고 2그룹에 알파, 3그룹에 델타, 4그룹에 오메가 변이가 속한다"며 "코로나19 백신 효과가 떨어지는 건 유행하는 그룹을 대상으로 만들기 때문"이라고 설명했다. 즉 백신 작용으로 해당 그룹의 세가 꺾이면 열세이던 다른 그룹이 우점종이 되며 백신 효과가 떨어지는 것이다. 따라서 네 그룹에 고유한 유전형을 찾아 이들 각각을 항원으로 삼는 4가 백신을 만든다면 효과가 클 것"이라고 전망했다. 김 교수는 이를 실험으로 입증할 연구 파트너가 나오기를 희망했다.

1960년 서울대 대학원 시절부터 2024년 현재까지 그의 연구 생활은 60여 년 동안 계속되고 있다. 보통 과학자들이라면 연구에서 손을 떼고 20년은 족히 흘렀을 것이다. 이제 김 교수의 관심은 개별 생체 분자를 넘어 생명현상 자체를 향하고 있다.

"저는 연구를 등산에 비유하고 싶습니다. 분자에서 게놈으로 더 높은 산을 오를수록 눈이 열리면서 더 높은 산이 보이죠. 다음 단계는 우주와 생명체의 관련을 푸는 것입니다. 아무래도 후배 연구자들이 도전해야 할 과제이겠죠."

지난 60여 년 동안 호기심이 이끄는 대로 새로운 분야에 도전해 배우는 과정이 너무 즐거웠다는 김성호 교수는 언제까지나 현역 과학자인 셈이다.

에필로그

2023년 5월 과학기술유공자 헌정식을 위해 방한한 뒤 1년 4개월이 지난 2024년 9월 초 김성호 교수가 다시 한국을 찾았다. 추석 명절을 앞두고 고향 대구를 찾아 형제자매들을 비롯해 친인척과 한자리에 모이고 서울에서도 몇몇 지인을 만나기 위해서다. 대구 여행을 다녀온 김 교수는 9월 9일 저자가 주선한 저녁 모임에 참석했다.

이 자리에는 책의 편집자인 엠아이디미디어의 최종현 대표와 최성훈 감사, 이원다이애그노믹스의 이민섭 대표도 함께했다. 3년 전 어느 날 저자와 최 감사(당시 대표), 이 대표는 점심을 함께하다 김성호 교수의 삶과 업적을 기록하자는 얘기가 나왔고 그 뒤 매사 진심인 이 대표가 김 교수에게 연락해 전기 계획을 설명하고 동의를 구했다. 물론 김 교수가 선뜻 받아들여 전기 프로젝트가 진행된 것이다.

이날 저녁 식사 자리에서 주된 화제는 책 제목이었다. 아무래도 주인공인 김 교수의 의중이 중요했기에 다들 김 교수의 말에 귀를 기울였다. "제목은 출판사에서 정하는 게 좋겠지만 다만 '호기심'이라는 단어는 들어갔으면 좋겠습니다. 제가 60년 넘게 과학자로 일한 건 뭔가를 알고 싶다는 끊임없는 호기심 때문이니까요." 아쉽게도 김 교수의 의견은 제목에는 반영되지 못했지만, '호기심의 바다를 항해한 과학 인생 60년'이라는 문구로 요약돼 부제가 됐다.

김 교수가 미국으로 돌아간 뒤 제목을 두고 최 대표와 셋이 참석한 줌미팅을 몇 차례 가진 끝에 제목을 '현대 생명과학의 탐험가, 김성호'로 정했다. 김 교수는 '탐험가'라는 말이 자신의 과학자로서 모습을 잘 나타낸다며 마음에 들어 했다. 늘 새로운 도전을 찾았고 그 결과 생명과학이라는 미지의 땅에서 새로운 영역을 개척해나갔기 때문이다.

1937년 12월생이라 여든여덟 살로 미수米壽를 맞은 김 교수는 여전히 호기심이 가득하고 활동적이다. 출판사 관계자와 저녁 모임 날에도 약속 시간 전 이민섭 대표와 먼저 만나 얼마 전 발표한 논문의 연구 결과를 바탕으로 한 코로나19 백신 개발 아이디어와 관련해 논의를 나눴다고 한다. 단순히 순수학문의 영역에서 머무는 게 아니라 뭔가 실제적인 도움이 되는 결과를 내기 위한 김 교수의 집념이 느껴진다. 문득 러시아 태생의 화가 바실리 칸딘스키의 말이 떠오른다.

"사람들은 표면에 머무르기를 좋아한다. 왜냐하면 표면에 머무르는 것을 좀 더 적은 노력을 요구하기 때문이다."

김 교수는 호기심이라는 추를 달고 깊이 내려가 미지의 세계를 탐험해온 게 아닐까 하는 생각이 문득 든다. 반면 대다수 어릴 때는 묵직했던 호기심이라는 추를 어느새 떼버리고 다들 표면에서 머무르는 삶을 사는 게 아닐까. 이런 유혹이 들 때 김성호의 삶과 일을 떠올린다면 다시 마음을 다잡고 나와 인류에게 가치 있는 일에 좀 더 많은 노력을 기울일 수 있지 않을까.

부록

부록 1

X선 결정학의 성립 역사와 기본 원리

현대과학의 출발은 유럽이고 그 가운데 물리학은 영국이 종주국이라고 불릴 만하다. 고전역학의 아버지인 아이작 뉴턴Isaac Newton(1643–1727)과 전자기 현상을 발견한 마이클 패러데이Michael Faraday(1791–1867), 전자기학 이론을 확립한 제임스 클러크 맥스웰James Clerk Maxwell(1831–1879), 전자를 발견한 조지프 존 톰슨Joseph John(J. J.) Thomson(1856–1940)이 모두 영국인이다.

X선을 결정에 쪼여 나오는 회절 패턴을 분석해 3차원 구조를 규명하는 방법인 'X선 결정학' 분야를 만든 물리학자 윌리엄 헨리 브래그William Henry Bragg(1862–1942)와 윌리엄 로런스 브래그William Lawrence Bragg(1890–1971) 부자父子도[44] 영국인이다.[45] X선 결정학은 1912년 '태어난' 분야로 서울대 대학원생 김성호가 연구할 때 채 50년이 안 된 상태였다. 한국전쟁의 상흔으로 하루 세끼 먹기도 어려운 나라에서 최신 학문을 배울 수 있었다는 게 지금 생각하면 놀랍다.

이야기는 1912년 여름 영국 요크셔 해변에서 가족 휴가를 보내던

---

44 두 사람의 첫 이름이 윌리엄으로 같아 아버지는 윌리엄 브래그로, 아들은 중간 이름을 써 로런스 브래그로 부른다.

45 『과학에 크게 취해』, 막스 페루츠, 민병준 · 장세헌, 솔 (2004). 230쪽 'W. L. 브래그가 X선 분석을 발명한 과정'에 로렌스 브래그의 삶과 X선 결정학의 기본 원리가 잘 나와 있다.

리즈대 물리학과 윌리엄 브래그 교수가 받은 편지 한 통으로 시작한다. 편지는 독일의 이론물리학자 막스 폰 라우에Max von Laue의 놀라운 강연에 대한 내용으로, 라우에와 동료 발터 프리드리히, 파울 크니핑이 광물인 섬아연석(ZnS) 결정에 X선을 쪼였더니 회절이 일어났다는 내용을 담고 있었다.

회절은 파동이 장애물이나 좁은 틈을 통과할 때 사방으로 퍼지는 현상이다. 즉 X선이 파동이라는 말이다. 1895년 독일 물리학자 빌헬름 콘라트 뢴트겐Wilhelm Conrad Röntgen이 X선을 발견한 뒤 그 실체, 즉 입자냐 파동이냐에 대해 17년째 논란이 되고 있었다. 입자설을 지지하고 있던 윌리엄 브래그는 편지 내용에 흥분했고 휴가를 마치고 리즈대에서 아들과 함께 여름 내내 X선 회절을 연구했다.

그의 아들 로런스 브래그는 1890년 호주 노스애들레이드에서 태어

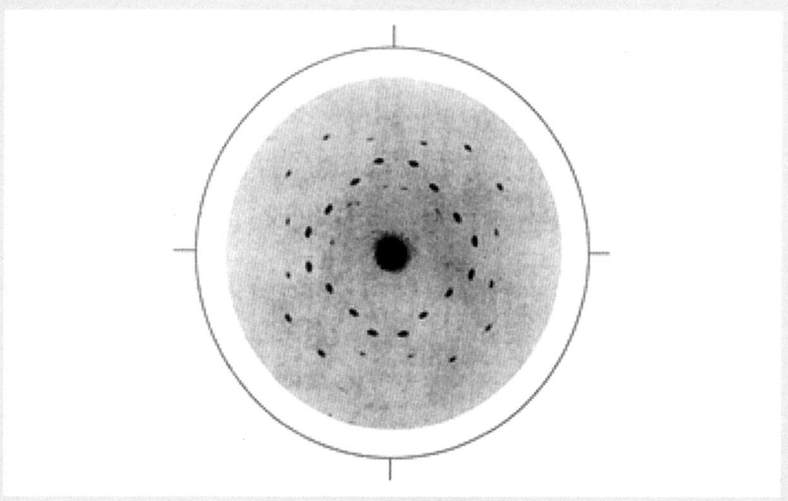

A1-1 1912년 독일의 막스 라우에와 동료들이 찍은 섬아연석의 X선 회절 사진. 22세의 로렌스 브래그는 이 회절 패턴을 해석하다가 X선 결정학이라는 분야를 열었다. (제공 『Sitzungsberichte der Math. Phys.』)

났다. 원래 호주 사람인 건 아니고 영국 케임브리지대를 졸업한 아버지 윌리엄 브래그가 영연방인 호주의 애들레이드대에서 일자리를 잡았기 때문이다. 과학 영재였던 로런스는 1904년 불과 14살에 애들레이드대에 입학해 수학, 물리학, 화학을 공부했고 1908년 졸업했다. 1909년 아버지가 영국 리즈대 물리학과로 자리를 옮기면서 케임브리지대에 들어갔고 1911년 물리학 학사학위를 받았다(당시 케임브리지대는 박사학위 제도가 없었다). 졸업 후 로런스는 J. J. 톰슨이 소장으로 있는 캐번디시연구소에 들어갔는데, 마땅한 연구 거리를 찾지 못해 한 해를 허송세월하고 1912년 여름 부모와 함께 요크셔 해변에서 여름 휴가를 보내며 시름을 달래고 있었다.

아버지를 도와 실험을 하다가 가을 학기가 시작돼 캐번디시연구소로 돌아온 뒤에도 로런스는 라우에의 X선 회절 패턴에 사로잡혀 있었는데 문득 기발한 생각이 떠올랐다. 즉 X선 회절 패턴은 결정을 이루는 원자가 일렬로 배열된 면에 X선이 부딪쳐 반사돼 생겨난 것으로 볼 수 있다는 착상이다. 그리고 회절 패턴을 분석하면 역으로 결정을 이루는 원자의 배치, 즉 구조를 밝힐 수 있음을 깨달았다. 당시 라우에 팀은 자신들의 데이터를 제대로 해석하지 못하고 있었다.

이런 착상을 바탕으로 섬아연석 결정구조를 규명한 논문을 썼고, 1912년 11월 11일 케임브리지철학회 모임에서 J. J. 톰슨이 이를 소개했다. 바로 X선 결정학이 태어난 날이다(논문은 이듬해 학술지에 실렸다). 로런스 브래그는 X선 회절 패턴을 X선의 반사로 해석하기 위해 훗날 '브래그 법칙'으로 불리는 수식을 만들어냈는데, 결정격자에 반사된 빛의 보강간섭이 일어나는 조건으로 『일반물리학』 교재에도 소개돼 있다.

$$n\lambda=2d\sin\theta$$

(n은 정수, λ는 파장, d는 결정의 반사면 사이의 거리, θ는 반사면과 X선의 각도 (입사각))

결정의 반사면은 X선을 결정의 어느 방향에서 쏘아주냐에 따라 변하기 때문에 한 결정에 대해서도 위의 조건을 만족하는 d, θ가 여럿이고 따라서 식을 만족하는 λ도 바뀐다. 따라서 여러 방향에서 얻은 X선 회절 데이터를 분석하면 결정의 원자 배치, 즉 구조를 밝힐 수 있다. 이렇게 'X선 결정학X-ray crystallography'이라는 새로운 분야가 탄생한 것이다.

로런스 브래그는 다양한 결정에서 X선 회절 패턴을 얻은 뒤 자신의 이론을 바탕으로 구조를 분석하는 데 성공했다. 1913년 로런스 브래그는 단독으로 염화나트륨(NaCl. 소금)의 구조를 밝혀냈고 같은 해 아버지와 함께 다이아몬드의 구조를 규명했다. 또 1916년에는 흑연의 구조를 밝혀 똑같이 탄소로 된 물질이면서도 다이아몬드와 흑연이 왜 그렇게 다른가를 명쾌하게 설명했다.

X선 결정학 자체는 물리학의 영역이었지만 그 대상은 물질이었기 때문에 화학에 커다란 충격을 안겨줬다. 당시 화학자들은 소금 알갱이가 (설탕처럼) 분자의 모임이라고 생각했는데 X선 결정학으로 나트륨 양이온(Na^+)과 염소 음이온(Cl^-)이 일정한 간격으로 끊임없이 배열된 구조라는 게 밝혀졌기 때문이다. 이를 이온결합이라고 부른다.

아무튼 X선 결정학 분야를 연 업적으로 로런스 브래그는 아버지 윌리엄 브래그와 함께 1915년 노벨물리학상을 수상했다. 부자가 함께 노벨상을 받은 건 전무후무한 일이다. 또 당시 로런스의 나이는 불과 25세로 여전히 역대 최연소 노벨상 수상자로 남아있다. 참고로 막스 폰 라우에는 X선 회절 현상을 발견한 공로로 한해 앞서 1914년 노벨

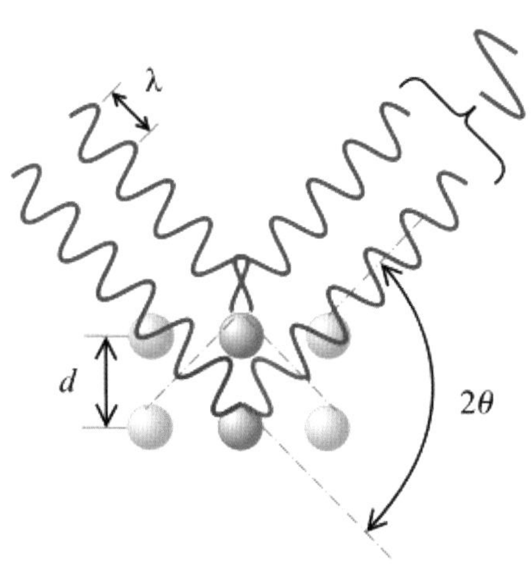

A1-2 브래그 법칙을 나타낸 그림. 파동(X선)이 결정의 원자에 부딪치면 반사하는데 윗면과 아랫면 사이에 경로차(빨간색과 녹색, 2dsinθ)가 파장의 정수배(nλ)일 경우 보강간섭이 일어남을 보여주고 있다. (제공 위키피디아)

물리학상을 받았다.

X선 결정학에 대한 브래그 부자의 기여는 여기서 그치지 않았다. 윌리엄 브래그는 1915년 왕립학회 강연에서 결정 내의 원자 패턴의 주기적 반복을 푸리에 급수로 나타낼 수 있다고 제안했다. 푸리에 급수란 어떤 함수를 사인, 코사인 같은 삼각함수의 조합으로 표현한 것이다. 아버지 브래그는 X선 회절 데이터를 이렇게 해석하면 원자의 전자 분포를 파악할 수 있다고 예측했다. 로런스 브래그는 아버지의 예측을 토대로 본격적인 연구에 착수해 이런 일이 실제로 가능함을 보였고 이를 바탕으로 점점 더 복잡한 결정의 원자 배열(구조)을 밝혀낼 수 있었다.

로런스 브래그는 1938년 캐번디시연구소의 소장으로 부임하며 생체 분자의 결정 구조 연구를 독려했다. 그는 나치를 피해 망명한 오스트리아 화학자 막스 페루츠Max Perutz(1914~2002)에게 단백질 구조규명이라는, 당시로는 불가능으로 여겨진 프로젝트를 맡기고 전폭적으로 지원했다. 페루츠는 연구를 진행하다 두 팀으로 나눠 1947년 합류한 존 켄드루John Kendrew(1917~1997)에게 좀 더 작은 단백질인 미오글로빈 구조규명을 맡기고 본인은 헤모글로빈 연구에 전념했다. 그 결과 1958년 켄드루 팀이 단백질로는 최초로 미오글로빈의 구조를 밝혔고 이듬해 페루츠 팀이 헤모글로빈의 구조를 규명했다.

이보다 앞서 1953년 페루츠의 박사과정 학생인 프랜시스 크릭Francis Crick(1916~2004)은 박사후연구원으로 온 미국인 제임스 왓슨James Watson(1928~)과 함께 DNA 이중나선 구조를 제안해 센세이션을 불러일으켰다. 왓슨은 1968년 출간한 회상록 『이중나선』에서 당시 캐번디시연구소의 분위기를 생생하게 그렸다.[46]

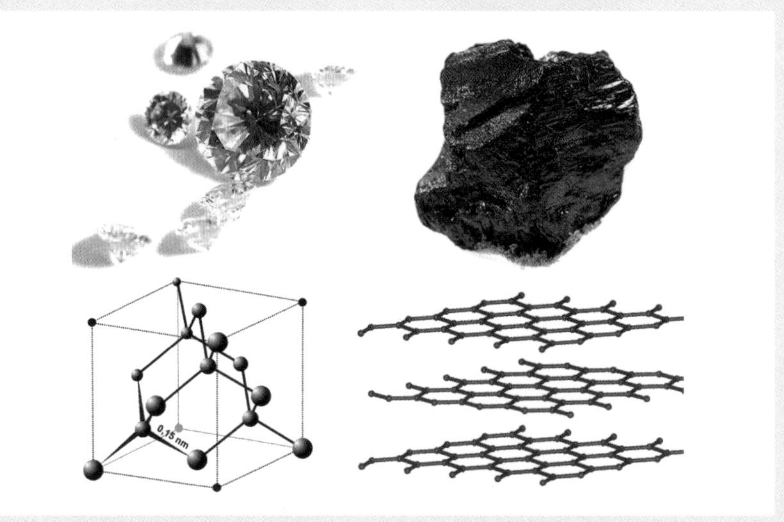

A1-3 로렌스 부자가 밝힌 다이아몬드와 흑연의 구조. X선 결정학은 화학을 완전히 바꿔놓았다. (제공 위키피디아)

---

46 『이중나선』, 제임스 왓슨, 하두봉, 전파과학사 (2000)

부록 2

어댑터 실체는 tRNA

러시아 태생의 미국 물리학자로 조지워싱턴대 교수였던 조지 가모프George Gamow(1904–1968)는 1953년 여름 왓슨과 크릭의 DNA 이중 나선 구조 제안 논문을 읽고 염기 4가지로 이뤄진 DNA가 아미노산 20가지로 구성된 단백질의 정보를 어떻게 암호화하는지 궁금해졌다. 빅뱅 가설을 제안한 천재 물리학자답게 가모프는 기발하지만 그럴듯한 가설을 떠올렸다. 즉 4가지 염기가 20가지 아미노산의 정보를 담으려면 염기 3개가 아미노산 하나의 정보를 지정해야 한다. 염기 3개의 조합이 64(=4×4×4)가지이기 때문이다. 가모프는 특정 아미노산을 지정하는 DNA 정보 단위를 유전부호genetic code라고 불렀다. 가모프는 이 가설을 적은 편지를 크릭에게 보냈다.

1954년 가모프를 만난 왓슨은 유전부호를 밝히는 모임을 만들자고 제안했고 둘은 'RNA 타이 클럽RNA Tie Club'이라는 이름을 붙였다. 유전부호 해독에 관심이 있는 과학자 20명이 아미노산 20가지에 해당하는 넥타이를 매자는 아이디어다. DNA와 단백질 사이에 RNA가 개입됐을 것 같다는 예감만 있을 뿐이었던 당시 DNA 타이 클럽이라고 이름 짓지 않은 건 대단한 선견지명 아닐까.

아무튼 가모프는 아미노산 알라닌, 왓슨은 프롤린, 크릭은 타이로신 넥타이를 맸다. 그리고 리치는 아르기닌 넥타이를 맸는데 만일 페닐알라닌 넥타이를 골랐다면 정말 운명적이었을 것이다. 20년 뒤 그

A2-1 1954년 왓슨과 가모브의 제안으로 결성된 'RNA 타이 클럽'의 회원은 20명으로 각각 20가지 아미노산에 맞췄다. 회원 가운데 4명으로 위 왼쪽부터 시계방향으로 프랜시스 크릭, 레슬리 오르겔, 제임스 왓슨, 알렉산더 리치다. (제공 futilitycloset.com)

와 김성호 박사가 구조를 밝힌 tRNA가 바로 아미노산 페닐알라닌을 운반하는 분자이기 때문이다. 참고로 페닐알라닌 넥타이는 버클리의 분자생물학자 군터 스텐트Gunther Stent 교수가 맸다.

RNA 타이 클럽 회원들 모두가 한 자리에 모여 회의를 한 적이 한 번도 없었지만 그럼에도 유전부호에 대한 아이디어가 오갔고 특히 1955년 크릭이 쓴 메모가 큰 영감을 줬다. 크릭은 DNA의 정보를 담은 주형 RNA가 리보솜에서 단백질(폴리펩타이드) 사슬로 번역될 때 아미노산이 결합한 작은 RNA가 매개할 것이라고 가정하고 이를 어댑터adaptor라고 불렀다. 이는 정확한 예측으로, 수년 뒤 주형 RNA는 전령RNAmRNA고 어댑터는 바로 tRNA로 밝혀졌다.

가모프와 크릭이 각각 유전암호 가설과 어뎁터 가설을 내놓았지만, 가설을 증명할 방법까지 제시하지는 못했다. RNA 타이 클럽의 나머지 회원들 역시 마찬가지다. 당시 생화학 수준으로는 RNA를 제대로 분석할 수 없었기 때문에 바로 실험으로 증명할 수는 없었다. 이 분야의 첫걸음은 미국 하버드 의대 폴 잠스닉Paul Zamecnik(1912–2009)이 내디뎠다.

잠스닉 교수팀은 세포에서 추출한 혼합물로 시험관에서 단백질을 합성하는 시스템을 만들어 작동 메커니즘을 연구했다. 이 과정에서 방사성 탄소 동위원소(C14)를 표지한 아미노산 류신이 혼합물에 들어 있는 작은 RNA와 결합한다는 사실을 발견했다. 그리고 류신이 RNA와 결합한 상태에서만 단백질 합성에 참여할 수 있음을 증명했다.

아미노산을 단백질을 합성하는 곳(훗날 리보솜으로 밝혀짐)으로 '전달'하는 작은 RNA가 바로 크릭이 가정한 어댑터의 실체다. RNA 타이 클럽의 지적 유희를 알지 못했던 잠스닉은 이 발견을 보고한 1958년 논문에서 어댑터라는 용어를 쓰지 않았고 작은 RNA를 그냥 '가용성soluble RNA'라고 불렀다. 얼마 뒤 가용성 RNA는 역할을 반영한 전달 RNAtransfer RNA(줄여서 tRNA)라는 이름을 얻었다.

이 무렵 미 국립보건원NIH의 생화학자 마셜 니런버그Marshall Nirenberg(1927–2010) 박사는 시험관 단백질 합성 시스템으로 유전암호를 해독할 수 있다는 아이디어를 떠올렸다. 유전암호 가설이 맞다면 한 가지 코돈만으로 이뤄진 mRNA 가닥을 만들어 이를 주형으로 단백질을 만들면 한 가지 아미노산만으로 이뤄진 단백질 사슬이 만들어질 것이다.

연구자들은 합성하기 가장 쉬운, 한 염기만으로 이뤄진 코돈 4가지 가운데 하나인 우라실(U)만으로 이뤄진 mRNA를 합성했다. 실험 결과 아미노산 페닐알라닌으로만 이뤄진 폴리펩타이드가 만들어졌다. UUU(DNA에서는 TTT)가 지정하는 아미노산이 페닐알라닌이라는 뜻으로 64가지 코돈 가운데 처음 TTT의 암호가 해독된 것이다. 니런버그는 1961년 8월 소련 모스크바에서 열린 국제생화학회 학술대회에서 이 결과를 발표해 사람들을 깜짝 놀라게 했다. 그 뒤 미국 위스콘신대의 고빈드 코라나Gobind Khorana(1922–2011) 교수팀이 참여해 1965년 마침내 모든 코돈의 암호를 해독했다.

한편 잠스닉의 연구로 가용성 RNA, 즉 tRNA가 어댑터로 밝혀지면서 여러 과학자가 tRNA의 구조를 밝히는 연구에 뛰어들었다. 그런데 가용성 RNA가 한 분자가 아니라 크기와 성질이 비슷한 수십 가지 분자의 혼합물이라는 게 문제였다. 코돈이 64가지, 아미노산이 20가지이므로 tRNA도 최소 20가지일 것이기 때문이다.

미국 코넬대의 생화학자 로버트 할리Robert Holley(1922–1993) 교수는 향류 분배coutercurretnt distribution라는 방법으로 혼합물에서 특정 tRNA를

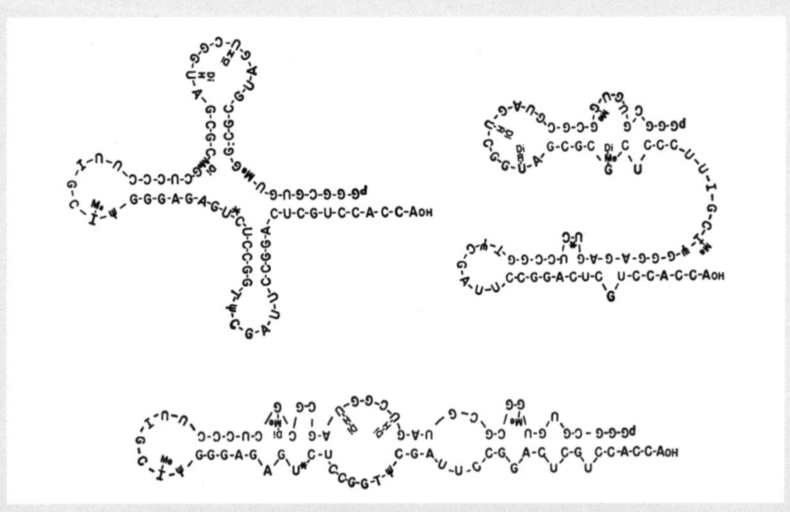

A2-2 1965년 로버트 할리와 동료 연구자들은 효모의 알라닌 tRNA의 구조(염기서열)를 밝힌 『사이언스』 논문에서 염기서열에서 추측한 이차구조 모형 3가지를 제시했다. 후속 연구 결과 이 가운데 네잎클로버 모형(위 왼쪽)이 정답으로 밝혀졌다. (제공 『사이언스』)

분리하는 데 성공했다. 향류 분배는 섞이지 않는 두 용액에 혼합물을 넣어 상대적인 용해도에 따라 구성 성분들이 나뉘는 과정을 반복해 특정 성분을 분리하는 방법이다. 연구자들은 이 방법으로 단세포 진핵생물인 효모의 가용성 RNA(혼합물)에서 각각 아미노산 알라닌, 타이로신, 발린을 담당하는 tRNA 3가지를 분리하는 데 성공했다.

할리는 다음 단계로 알라닌 tRNA의 구조를 밝히는 연구에 뛰어들었다. 여러 방법으로 분석한 결과 tRNA는 염기 70~80개로 이뤄진 비교적 작은 분자로 밝혀져 염기서열, 즉 1차 구조를 분석할 수 있다고 생각했다. 연구자들은 RNA 염기(엄밀히는 뉴클레오타이드nucleotide[47]) 사이의 결합을 끊는 효소를 처리해 tRNA 분자를 여러 조각 낸 뒤 각 조각의 염기서열을 분석해 서로 짜맞추는 방법으로 1964년 마침내 효모의 알라닌 tRNA 구조(염기서열)를 밝히는 데 성공했고 이듬해 논문으로 발표했다. 할리는 이 업적으로 유전암호를 해독한 니런버그, 코라나와 함께 1968년 노벨생리의학상을 받았다.

효모의 알라닌 tRNA는 염기 77개가 한 가닥으로 이어진 분자임에도 여러 곳에서 염기 대여섯 개 길이가 서로 상보적인 서열을 지니고 있었다. 상보적인 부분의 염기들이 DNA 이중나선처럼 쌍을 이루게 배치하자 네잎클로버 모양이 나왔다. 이처럼 한 가닥 내부의 상호작용을 반영한 구조를 2차 구조라고 부른다[48].

알라닌 tRNA의 네잎클로버 모형을 보면 가닥의 양쪽 끝부분이 만나 잎 하나를 이루고 이 가운데 3' 말단에 아미노산 알라닌이 붙는다.

---

47 염기와 당이 결합한 분자를 뉴클레오사이드(nucleoside)라고 부르고 여기에 인산기가 결합한 분자를 뉴클레오타이드라고 부른다.

48 단백질의 경우 알파나선구조과 베타병풍구조가 2차 구조다.

그 옆의 잎을 D팔D-arm이라고 부르고 그 다음 잎의 바깥쪽에 안티코돈anticodon, 즉 mRNA의 코돈 염기에 상보적인 염기 세 개가 자리한다. 그리고 나머지 잎을 T팔T-arm이라고 부른다. 이제 남은 일은 2차원 네잎클로버 구조가 실제 3차원 공간에서는 어떻게 배열되는가를 밝히는 일이다. 바로 X선 결정학이 해결할 과제다.

부록 3

암 발생 원인 논란의 역사

1960년 미국의 존 F. 케네디 대통령이 연설에서 "달에 사람을 보내겠다"고 언급했을 때 이를 진지하게 받아들인 사람은 많지 않았다. 그러나 이듬해 아폴로 계획이 시작돼 불과 9년이 지난 1969년 우주인이 달에 첫발을 디디자 세계가 환호하며 현대 과학기술의 힘을 실감했다.

1971년 미국의 리처드 닉슨 대통령이 '국가 암법'에 서명하며 암과의 전쟁을 선포했을 때 많은 사람이 희망에 들떴다. 달에 사람을 보내는 불가능해 보이는 미션을 성공하는 데 10년이 안 걸렸으니 과학자들이 작정하고 암에 덤비면 10년, 늦어도 20세기가 끝나기 전(임상시험에 시간이 꽤 걸리므로) 암을 정복할 수 있지 않을까. 그러나 50년 넘게 지난 오늘날도 암은 여전히 무서운 질병으로 남아있고 앞으로도 상당 기간 그럴 것이다.

어쩌면 당시 법안 자문을 한 과학자들조차 암의 실체를 몰랐기에 이런 오만한 선언을 하지 않았을까. 오늘날 어느 정도 과학 상식이 있는 사람들이라면 암이 '유전자 돌연변이로 세포가 통제를 벗어나 자라고 증식해 주변 조직을 손상시키고 결국은 전신에 퍼져 죽음에 이르게 하는 질병'이라고 알고 있지만 50년 전만에도 암 발생 원인을 두고 여전히 논란을 벌이고 있었다.

당시 가장 유력한 학설은 바이러스 감염설로 전염병처럼 병원체에 감염돼 암에 걸린다고 생각했다. 이는 아주 틀린 얘기는 아니어서 자궁경부암과 간암 등 몇몇 암은 실제 바이러스 감염으로 유발된다. 다음은 외부 화학물질이 암을 일으킨다는 가설로, 검댕에 과다 노출된 굴뚝 청소부가 고환암 발병률이 높다는 영국의 역학조사 결과가 출발점이다. 이 역시 틀린 얘기가 아니고 실제 암 발생 원인의 상당 부분을 차지한다. 끝으로 내부 유전자 변이가 원인일 수 있다는 가설(정답)이 있었지만, 앞의 두 가설에 비해 그다지 주목받지는 못했다.

바이러스 감염설은 1911년 미국 록펠러의학연구소 페이턴 라우스 Peyton Rous(1879-1970) 박사의 놀라운 관찰에서 출발한다. 라우스는 닭의 악성 결합조직종양, 즉 육종을 채취해 갈아 병아리에 접종하면 육종이 생긴다는 사실을 발견했다. 그 뒤 이 분쇄액을 필터에 걸러 얻은 여과액으로도 역시 육종을 유발할 수 있다는 놀라운 사실을 발견했다. 여과성 병원체, 즉 바이러스가 암을 일으킴을 보인 것이다. 유명한 라우스육종바이러스Rous sarcoma virus(줄여서 RSV)는 이렇게 모습을 드러냈다.

50여 년이 지난 1964년 영국 런던병원의 제니퍼 하비Jennifer Harvey는 백혈병에 걸린 쥐에서 분리한 바이러스가 접종한 쥐에서 육종을 일으킨다는 사실을 발견하고 하비설치류육종바이러스Harvey murine sarcoma virus라고 불렀다. 3년 뒤 시카고대의 병리학자 베르너 키르스텐 Werner Kirsten(1925-92)은 쥐에서 또 다른 육종 유발 바이러스를 발견했다. 조류에 이어 포유류에서도 비슷한 발견이 있었던 덕분이었을까. 라우스 박사는 1966년 87세 나이에 55년 전 발암 바이러스를 발견한 업적으로 노벨생리의학상을 받았다. 업적과 수상 사이 간격이 가장 먼 예가 아닐까.

그 뒤 라우스육종바이러스가 RNA로 이뤄진 자신의 게놈을 DNA

로 전사해 숙주 게놈에 끼워 넣는다는 사실이 밝혀졌다. DNA에서 RNA로 유전정보가 흐르는 전사와는 반대 방향이라 역전사라고 부르는 이 특성을 지닌 바이러스를 레트로바이러스retrovirus라고 부른다. 대중에게 가장 유명한 레트로바이러스가 바로 HIV, 즉 에이즈바이러스다.

1970년대 들어 게놈 염기서열을 해독할 수 있게 되면서 놀라운 발견이 이어졌다. 먼저 라우스육종바이러스의 게놈에는 유전자가 4개 들어 있었고 그 가운데 하나가 감염된 닭에 육종을 일으키는 것으로 밝혀져 src(사크. sarcoma(육종)의 줄임말)라는 이름을 얻었다. 게다가 닭뿐 아니라 사람을 포함해 많은 동물의 게놈에 염기서열이 거의 같은 유전자가 있는 것으로 밝혀졌다. src는 단백질 카이네이즈로, 표적 단백질의 특정 타이로신 잔기에 인산기를 붙이는 반응을 촉매한다.

즉 바이러스가 숙주의 유전자를 탈취해 자기 게놈에 지니고 있었던 것이다. 그런데 닭 세포 게놈에 있는 src, 즉 c–srccellular src는 암을 일으키지 않는다. 결국 바이러스가 지닌 src, 즉 v–srcviral src는 돌연변이가 일어난 유전자로 카이네이즈 활성이 커져 암을 일으키는 것이다.

이처럼 돌연변이로 활성이 커지거나 지속되면서 세포가 통제를 벗어나 증식하게 해 암을 유발하는 유전자를 종양유전자oncogene라고 부른다. SRV의 v–src는 최초로 밝혀진 종양유전자다. 그리고 종양유전자의 정상 상태(이 경우 닭의 c–src)를 원종양유전자proto–oncogene라고 부른다. 이 사실을 발견한 샌프란시스코 캘리포니아대의 마이클 비숍Michael Bishop(1936–)과 해럴드 바머스Harold Varmus(1939–)는 1989년 노벨 생리의학상을 받았다.

한편 하비와 키르스텐이 발견한 설치류육종바이러스에서도 종양유전자가 발견됐다. 이들 유전자는 각각 HRAS(H는 Harvey, RAS(라스)는

RAt Sarcoma(쥐 육종)의 약자다)와 KRAS(Kirsten의 K)라는 이름을 얻었다. 흥미롭게도 두 유전자 사이의 염기서열이 꽤 비슷했다. src와 마찬가지로 쥐의 게놈에도 바이러스의 RAS 유전자와 염기서열이 거의 같은 유전자가 존재했다. 사람의 게놈에도 쥐의 두 RAS 유전자에 해당하는 유전자가 있다. 오랜 진화 역사를 공유한 포유류이므로 예상한 결과다.

염기서열을 해독해 비교한 결과 바이러스의 HRAS는 두 곳, KRAS는 네 곳에서 점돌연변이가 일어나 지정하는 아미노산이 바뀌었다. 결국 쥐에 감염한 바이러스의 게놈이 끼어 들어간 세포가 변이 RAS 단백질을 만들어 암세포로 바뀌며 육종이 생긴 것이다.

암세포가 되려면 게놈에 돌연변이 유전자가 있어야 하고 바이러스나 발암물질은 이런 변이가 생기게 하는 계기(메신저)일 뿐이라는 사실이 밝혀졌다. 암 원인을 둘러싼 논쟁이 자연스럽게 해결된 셈이다.

부록 4

라스, 치료제를 만들 수 있는 단백질로

1988년부터 1990년까지 불과 3년 사이 김성호 교수팀과 일본 공동 연구팀이 라스 단백질의 비활성 및 활성 상태 구조와 변이 라스 단백질 구조(활성 상태)를 밝히면서 많은 제약사가 변이 라스 단백질을 표적으로 삼는 암 치료제(억제제) 개발에 뛰어들었지만 다들 실패하면서 라스는 '치료제를 만들 수 없는 단백질'이라는 별칭까지 얻었다.

암의 30%에서 변이 라스 단백질이 관여하는 걸 생각하면 더욱 안타까운 일이다. 특히 췌장암은 90%나 되고 폐암과 대장암에서도 비

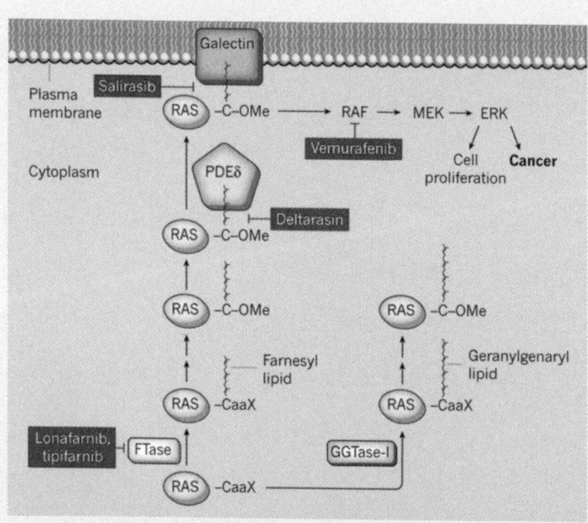

A4-1 라스 단백질(RAS)의 구조가 밝혀졌음에도 30여 년 동안 이를 표적으로 삼는 치료제 개발에 실패했다. 대신 라스 단백질의 변형이나 세포막(plasma membrane)에 붙는 과정 또는 라스의 신호 경로에 개입해 작용하는 항암제가 몇 가지 나왔다(빨간 박스). (제공 「네이처」)

율이 높다. 반면 유방암에서는 3%가 안 될 정도로 드물다. 암과의 전쟁을 선언하고 50년이 넘는 세월이 지났지만, 여전히 췌장암의 5년 생존율이 10%대에 머무는 배경에는 라스 단백질 표적 치료제 개발 실패가 자리하고 있다.

라스 단백질을 정면 공략하는 전략은 실패했지만 대신 라스 단백질의 변형이나 세포막plasma membrane에 붙는 과정 또는 라스 신호 경로에 관여하는 다른 단백질에 개입해 작용하는 항암제는 몇 가지 나왔다. 다만 치료 효과는 대체로 평범한 수준이다. 참고로 김성호 교수가 설립한 플렉시콘이 개발해 2011년 피부암 치료제 승인을 받은 베무라페닙Vemurafenib이 바로 라스 신호 경로에 있는 카이네이즈인 RAF의 활성을 억제하는 약물이다.[49]

그런데 최근 수년 사이 약간의 진전이 있었다. 라스 단백질의 변이는 여러 유형이 있는데, 그 가운데 12번째 아미노산 글리신이 시스테인으로 바뀐(G12C) 변이 단백질은 비소세포폐암의 13%, 대장암의 5%에서 관찰된다. 그런데 비활성 상태에서 시스테인의 티올기(-SH)에 결합해 GTP가 달라붙지 못하게 막는 약물 소토라십Sotorasib과 아다그라십adagrasibl이 개발됐고 각각 2021년과 2022년 G12C 변이 비소세포폐암 치료제로 미국식품의약국FDA의 승인을 받았다(각각 제품명 루마크라스Lumakras와 크라자티Krazati).

라스 단백질이 밝혀지고 거의 40년 만에 이를 표적으로 하는 치료제가 나왔고 효과도 뛰어났지만 아직 갈 길은 멀다. 먼저 이들 약물은 G12C가 아닌 다른 변이 라스 단백질이 있는 암세포에는 효과가

---

49 11장 '피부암 치료제 개발에 성공하다' 참조.

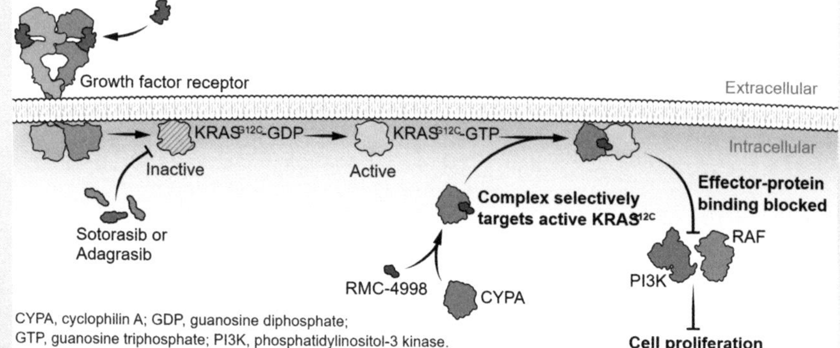

A4-2 라스 단백질 구조가 밝혀지고 33년이 지난 2021년에야 최초로 변이 라스 단백질을 표적으로 삼는 비소세포폐암 치료제 소토라십(Sotorasib)이 나왔고 이듬해 아디그라십(Adagrasib)이 뒤를 이었다. 둘 다 12번째 아미노산 글리신이 시스테인으로 바뀐 변이 라스 단백질(KRAS-G12C)의 비활성 상태(inactive)에만 작용해 묶어둔다는 한계는 있지만 큰 진전이다(왼쪽). 최근 미국 회사 레볼루션메디슨은 CYPA 단백질을 끌어들여 G12C 변이 라스 단백질의 활성 상태(active)에 붙어 신호전달에 관여하는 분자(effector-protein)의 접근을 막아 세포 증식(cell proliferation)을 더 효과적으로 억제하는 신개념 약물 RMC-4998(오른쪽)과 같은 방식으로 다양한 변이 라스 단백질에 작용하는 RMC-7977을 개발했다. (제공 「사이언스」)

없다. 또 일단 활성화된 단백질에는 효과가 없어 작용 속도가 느리고 추가 돌연변이 발생에 따른 내성도 보고되고 있다.

그런데 2024년 4월 8일 학술지 『네이처』에 다양한 변이 라스 단백질을 표적으로 삼을 수 있는 범용 치료제 후보 물질을 소개한 놀라운 논문이 실렸다. 미국의 암 치료제 개발 회사인 레볼루션메디슨의 연구자들은 다른 단백질을 끌어들여 라스 단백질을 효과적으로 무력화시키는 분자를 만든 것이다.

아직 이름을 짓지 않아 RMC-7977이라는 일련번호로 불리는 이 분자의 한쪽은 CYPA라는 샤프론 단백질과 달라붙고 다른 한쪽은 활성 변이 라스 단백질에 달라붙는다. 샤프론은 다른 단백질의 구조를 안정하게 하는 역할을 하는 단백질이다. RMC-7977라는 분자 딱풀 molecular glue 덕분에 CYPA와 라스가 가까워지면서 신호를 전달할 단백질이 라스에 접근하지 못해 사실상 꺼진 상태가 된다.

연구자들은 변이 라스 단백질이 있는 암 환자에서 얻은 암세포 100여 가지를 실험동물에 넣어 암을 유발한 뒤 RMC-7977를 적용해 효과를 봤다. 그 결과 다양한 유형의 변이에서 효과가 뛰어났다. G12C 유형에서도 17일 투여 시점에서 소토라십은 암 성장을 47% 억제하는 데 그쳤지만 RMC-7977는 90%나 됐다. 게다가 정상 라스 단백질에 달라붙는 힘이 상대적으로 약해 부작용도 덜한 편이다. 범용 라스 표적 치료제 개발이 성공하기를 기대한다.

부록 5

최초로 게놈이 해독된 생명체들

영국의 생화학자 프레더릭 생어Frederick Sanger(1918–2013)는 DNA 염기서열 결정법을 개발해 1977년 생명체로는 최초로 바이러스인 박테리오파지 ΦX174의 게놈을 해독하는 데 성공했다. 게놈 크기는 염기 5,386개로 지금 생각하면 별것 아닌 것 같지만 당시로서는 놀라운 사건이었고 생어는 이 업적으로 1980년 노벨화학상을 받았다.[50] 그 뒤 염기서열 결정법이 향상되고 비용이 내려가면서 과학자들은 세포로 이뤄진 '진짜' 생명체의 게놈을 해독하는 프로젝트에 뛰어들었다.[51] 박테리아 같은 가장 단순한 세포 생물도 게놈 크기가 수백만 염기이므로 바이러스 게놈 해독과는 차원이 다르다.

이 경쟁에서 가장 먼저 성공한 곳은 생명과학계의 이단아인 크레이그 벤터Craig Venter(1946–)가 만든 미국의 게놈연구소TIGR로, 1995년 해독 결과를 학술지 『사이언스』에 발표했다.[52] 가장 먼저 게놈이 해독된 세포 생명체는 뇌수막염을 일으키는 병원성 박테리아인 헤모필루스 인플루엔자*Haemophilus influenza*다. 프로젝트를 이끈 해밀튼 스미스

---

50 두 번째 노벨화학상으로 첫 번째는 인슐린 단백질의 아미노산 서열을 해독한 업적으로 1958년 받았다.

51 바이러스는 세포가 아니라 핵산인 게놈이 단백질인 캡시드에 둘러싸인 입자로 생명과 무생물의 경계선에 있는 존재다.

52 Fleischmann, R. D. et al. *Science* 269, 496 (1995)

Hamilton Smith가 이 박테리아를 수십 년 동안 연구하면서 DNA 라이브러리를 갖고 있었고 게놈 크기도 작았기 때문이다.

해독 결과 183만 염기에 단백질을 지정하는 유전자가 1,604개로 밝혀졌는데, 이 가운데 42%인 736개가 염기에서 번역한 아미노산 서열만으로는 기능을 짐작할 수 없는 단백질이었다. 박테리아처럼 게놈이 작고 유전자도 얼마 안 되는 생명체에서 각각의 단백질은 생존에 중요한 기능을 하고 있을 것임에도 거의 절반의 기능을 모른다는 건 생명체를 이해하려면 아직 갈 길이 멀다는 뜻이다.

1996년 세포 생명체로는 세 번째로 아르케아archaea(고세균)인 메타노코쿠스 자나시*Methanococcus jannaschii*(이하 자나시)[53]의 게놈이 해독됐다.[54] 1970년대 중반까지만 해도 세포 생물은 핵의 유무와 따라 원핵생물과 진핵생물로 나뉘었고 원핵생물을 박테리아bacteria(세균)라고 불렀다. 그러나 미국 시카고대의 미생물학자 칼 우즈Carl Woese(1928–2012)가 원핵생물의 리보솜RNA 염기서열을 분석해 비교한 결과 서로 완전히 다른 두 그룹으로 나뉜다는 사실을 발견했고 박테리아가 아닌 종류를 묶어 아르케아라고 불렀다.

자나시는 멕시코만 인근 동태평양 수심 2600m, 수압 200기압, 수온 85℃인 심해의 열수분출구에서 채집한 시료에서 찾은 아르케아로, 이산화탄소와 수소를 먹고 메탄을 내보낸다. 자나시의 게놈 해독 역시 벤터의 연구소가 맡았다. 게놈 크기는 166만 염기로 작은 편이고 단백질 지정 유전자는 1,738개로 추정됐다.

놀랍게도 자나시 단백질의 62%는 기능을 전혀 짐작할 수 없는 새

---

53 지금은 학명이 *Methanocaldococcus jannaschii*로 바뀌었다.

54 Bult, C. J. et al. *Science* 273, 1058 (1996)

로운 종류였다. 어찌 보면 예상한 결과일 수도 있는데, 기존에 연구가 된 단백질이 박테리아(주로 대장균)나 진핵생물(주로 효모와 사람)의 것이기 때문이다. 수십억 년 전 박테리아와 갈라져[55] 독자적으로 진화한 아르케아의 게놈에 미지의 단백질 유전자가 많은 이유다.

---

55 오늘날 널리 받아들여진 주류 가설로, 김성호 교수와 동료들의 연구에 따르면 불과 수억 년 전에 갈라졌다. 자세한 내용은 206쪽 참조.

부록 6

아르케아 존재 드러낸 분자계통학의 힘

분류학이라고 하면 중고교 생물 시간에 배운 '계문강목과속종'(또는 반대 순서로 '종속과목강문계')이 떠오를 것이다. 좀 더 관심이 있는 사람들은 생물의 학명을 짓는 규칙인 '이명법'도 언급할 것이다. 앞의 7단계 분류에서 마지막 '속종'의 이름에 해당한다. 이런 체계를 만든 18세기 스웨덴의 생물학자 칼 폰 린네는 '분류학의 아버지'로 불리고 있다.

찰스 다윈보다 102년 앞선 1707년 태어난 린네는 진화라는 개념을 생각하지 못했고 모든 생물은 성경 창세기에 나온 대로 신이 만든 영구불변의 작품이라고 믿었다. 린네 분류학의 기준은 생물의 형태이므로 일반인도 쉽게 수긍이 간다. 그러나 모든 생물이 불과 일주일도 안 되는 사이 창조되었기 때문에 린네의 분류는 공간적 관계일뿐 시간, 즉 진화 과정이 반영되지는 않았다.

1859년 다윈의 저서 『종의 기원』이 출간되고 많은 논쟁을 거치며 생물의 진화가 점차 받아들여지면서 분류학도 시간을 포함하는 체계로 재인식됐다. 즉 어떤 단계의 특정 그룹에 속하는 모든 구성원은 공통 조상의 후손임을 뜻한다. 상위 단계로 갈수록 공통 조상도 더 거슬러 올라간다. 예를 들어 영장목 동물의 공통 조상보다 포유강(영장목은 하위 단계인 29개 목 가운데 하나다) 동물의 공통 조상이 더 오래전에 살았다. 진화론을 받아들인다면 금방 수긍되는 얘기다.

그러나 현재 살아있는 생물을 대상으로 과거 진화 경로를 재구성하기란 말처럼 쉽지 않다. 관련 화석이 있으면 큰 도움이 되지만 화석이 없는 경우가 더 많다. 따라서 생물 사이의 거리(공통 조상에서 갈라진 시점)를 판단할 객관적 기준이 없는 상황에서 분류학자들의 주관이 개입될 수밖에 없었다.

돌파구는 엉뚱한 곳에서 나왔다. 미국 칼텍의 화학자 라이너스 폴링Linus Pauling 교수의 실험실로, 폴링은 분류학을 배우지도 않은 사람이다. 20세기 가장 유명한 화학자로 불리는 폴링은 물리학 지식도 상당했고 특히 당시 막 정립되던 구조생물학, 즉 생체 분자의 구조를 밝히는 분야도 개척했다. 단백질의 2차 구조인 알파나선α-helix과 베타병풍β-sheet 구조를 밝힌 사람도 바로 폴링이다.

헤모글로빈 단백질의 구조를 연구하던 폴링은 어느 날 기발한 아이디어를 떠올렸다. 단백질의 아미노산 서열은 해당 유전자의 염기서열에 따라 정해진다. DNA 복제 과정에서 오류가 일어나 염기서열이 바뀌는 돌연변이가 생기면 이에 따라 아미노산 서열이 바뀔 수 있다. 오류가 임의로 일어난다면 시간에 비례해 쌓일 것이다. 즉 오래전에 공통 조상에서 갈라진 종 사이의 서열 차이가 최근에 갈라진 종 사이의 서열 차이보다 클 것이다. 예를 들어 사람과 생쥐 사이의 헤모글로빈 아미노산 서열 차이는 사람과 침팬지 사이보다 클 것이다.

분석 결과는 폴링의 예측과 정확히 일치했다. 고전 분류학을 전혀 배우지 않은 화학자가 생체분자인 단백질의 아미노산 서열을 비교해 같은 결과를 얻었다는 건 놀라운 사실이었다. 진화 역사를 간직하는 생체분자의 정보를 바탕으로 생물을 분류할 수 있어 이를 분자계통학molecular phylogenetics이라고 부른다. 그럼에도 주류 분류학계는 이 결과를 무시했고 다방면으로 바쁜 폴링 역시 인정받기 위해 분투하지는 않았다.

그런데 1977년 미국 시카고대의 미생물학자 칼 우즈Carl Woose (1928-2012)가 분자계통학의 엄청난 위력을 보여주면서 분류학계를 뒤흔들었다. 우즈는 헤모글로빈처럼 일부 생명체가 지닌 단백질이 아니라 모든 세포생물이 공유한 생체분자를 비교한다면 생명 진화의 역사를 재구성한 생명수Tree of Life를 만들 수 있을 거라고 생각했다. 우즈는 모든 세포 생물이 지니고 있는 생체분자로 1,500여 개 염기로 이뤄진 16S 리보솜RNA의 염기서열을 비교해보기로 했다.

그 결과 자신도 전혀 예측하지 못한 놀라운 결과를 얻었다. 메탄을 생성하는 박테리아 4종의 염기서열이 다른 박테리아나 동식물의 어디에서 속하지 않을 만큼 뚜렷한 차이를 보였던 것이다. 당시 지식으로는 당연히 다른 박테리아 무리에 함께 묶여야 했다. 이에 깜짝 놀란 우즈는 문헌을 뒤졌고 세포벽 조성 등 이들의 생화학적 특성이 독특하다는 사실을 알았다. 1977년 학술지 『미국립과학원회보』에 실린 논문에서 우즈는 기존 박테리아를 유박테리아eubacteria와 아르케아박테리아archaebacteria로 나눠야 한다고 주장했다.

13년이 지난 1990년 역시 『미국립과학원회보』에 투고한 논문에서 우즈는 새로운 분류체계를 제안했다.[56] 그때까지 써오던 휘테커의 '5계kingdom 분류체계' 대신 '3역domain 분류체계'을 쓰자는 것이다. 참고로 분류체계의 변천 과정을 보면 생물을 식물계와 동물계로 나눈 린네의 2계 분류체계가 출발점이다. 그 뒤 현미경의 발명으로 미생물의

---

56 Woese, C. R. et al. *PNAS* 87, 4576 (1990)

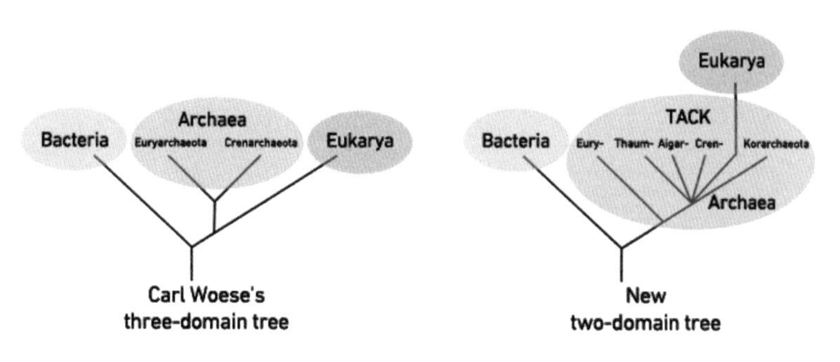

A6-1 오늘날 생물학 교재는 1990년 칼 우즈가 제안한 3역 계통수를 채택하고 있다(왼쪽). 2015년 rRNA 염기서열이 다른 아르케아보다 진핵생물에 더 가까운 아르케아가 보고되면서 이 계열인 TACK 상문이 진핵생물(Eukarya)과 자매분류군이고 따라서 2역 계통수로 바꿔야 한다는 주장이 나왔다(오른쪽). (제공 『Microbiology Society』)

존재가 드러나면서 19세기 생물학자 에른스트 헤켈Ernst Haeckel은 원생생물계를 더한 3계 분류체계를 제안했다.

1937년 프랑스의 생물학자 에두아르 샤통Edouard Chatton은 세포를 핵의 유무에 따라 두 가지 유형으로 나눌 수 있음을 발견하고 각각 원핵세포와 진핵세포라고 명명하고 이에 기초한 2계 분류법을 제안했다. 여기서 2계는 원핵생물계와 진핵생물계로 린네의 2계인 식물계와 동물계는 진핵생물계의 일부다.

그 뒤 미국의 생물학자 허버트 코플랜드Herbert Copeland는 헤켈과 샤통의 체계를 합친 4계 분류체계를 제안했다. 즉 헤켈의 원생생물계를 원핵생물인 모네라계Monera와 진핵생물인 원생생물계로 나눴다. 1969년 미국의 생태학자 로버트 휘테커Robert Whittaker는 곰팡이 같은 균을 식물로 보는 건 무리가 있다고 보고 균계로 독립시킨 5계 분류체계를 제안했고 널리 받아들여졌다.

그런데 우즈가 분자계통학이라는 낯선 방법론으로 5계에서 모네라계를 박테리아(세균)역Bacteria과 아르케아(고세균)역Archaea으로 나누고 나머지 4계를 진핵생물역Eucarya 하나로 묶어버린 것이다. 고전 분류학자의 눈에 이는 샤통의 2계 분류체계보다 더 과격한 시도였기에 엄청난 반발을 불러일으켰지만 2000년대 들어 생물학 교재 대다수가 우즈의 3역 분류체계를 채택하면서 오늘날은 주류가 됐다.

한편 지난 2015년 우즈의 3역 분류체계에 도전하는 새로운 연구결과가 나왔다. 아르케아와 진핵생물이 자매분류군, 즉 공통 조상에서 갈라진 게 아니라 아르케아의 한 계열에서 진핵생물이 나왔다는 시나리오를 만들게 한 발견이다. 북극해의 심해 열수분출공에서 채취한 시료에서 발견한 아르케아인 로키Loki의 rRNA 염기서열이 다른 아르케아보다 진핵생물에 더 가까웠다. 즉 아르케아 가운데 로키가 속하는 TACK(택) 상문superphylum과 진핵생물이 자매분류군이라는 말이다. 이에 따르면 3역 분류체계를 박테리아와 아르케아로 이뤄진 2역 분류체계로 업데이트해야 한다.

반면 지난 2020년 김성호 교수팀은 『미국립과학원회보』에 실린 논문에서 샤통의 2계 분류체계를 지지하는 결과를 실었다. 선별한 유전자가 아닌 전체 게놈(엄밀하게 말하면 프로테옴)의 데이터를 분석했을 때는 현존 생물이 두 개의 수퍼그룹으로 나뉘는데, 바로 원핵생물Prokarya과 진핵생물Eukarya이기 때문이다. 생물학 교재가 3역 분류체계를 수정한 2역 분류체계를 채택할지 아니면 김 교수팀의 주장이 받아들여져 100년 만에 다시 2계(수퍼그룹) 분류체계로 돌아갈지 지켜볼 일이다.

부록 7

김성호 교수 경력

Appointments

Professor of the Graduate School, Department of Chemistry, University of California, Berkeley, CA (2010 - present)

Professor Emeritus, Department of Chemistry, University of California, Berkeley, CA (2010 - present)

Principal Investigator (Core member), Center for Computational Biology, University of California, Berkeley, CA (2013? - present)

Faculty Affiliate, Division of Molecular Biophysics and Integrated Bioimaging, Lawrence Berkeley National Laboratory, Berkeley, CA (2012 - present)

Director, Laboratory of Chemical Biodynamics (later renamed Melvin Calvin Laboratory), University of California, Berkeley, CA (1990 - 2007)

Faculty Senior Scientist, Structural Biology Division, Lawrence Berkeley National Laboratory, University of California, Berkeley, CA (1979 - 2012)

Professor, Department of Chemistry, University of California, Berkeley, CA (1978 - 2010)

Associate Professor, Department of Biochemistry, Duke University School of Medicine, Durham, NC (1974 - 1978)

Assistant Professor, Department of Biochemistry, Duke University School of Medicine, Durham, NC (1972 - 1974)

Senior Research Scientist, Department of Biology, Massachusetts Institute of Technology, Cambridge, MA (1970 - 1972)

Research Associate, Department of Biology, Massachusetts Institute of Technology, Cambridge, MA (1966 - 1970)

Research Assistant, Departments of Chemistry and Crystallography, University of Pittsburgh, Pittsburgh, PA (1962 - 1966)

Lecturer, Department of Chemistry, Kun-Kook University, Seoul, Korea (1960 - 1962)

Teaching Assistant, Department of Chemistry, Seoul National University, Seoul, Korea (1960 -1962)

Visiting Appointments

Visiting Professor, Incheon National University, Incheon, Korea (2017 - 2020)

Visiting Professor, School of Electrical Engineering (Computational Sciences) and Department of Life Sciences, Korea Advanced Institute of Science and Technology, Daejon, Korea

(2016 - 2018)

Visiting Professor, Department of Life Sciences, Korea Advanced Institute of Science and Technology, Daejon, Korea (2015 - 2016)

Distinguished Visiting Professor, Department of Integrated OMICS of Biomedical Sciences, Graduate School of Yonsei University, Seoul, Korea (2016 - 2019)

Distinguished Professor, Department of Integrated OMICS of Biomedical Sciences, World Class University Program, Yonsei University Graduate School, Seoul, Korea (2010 - 2013)

Visiting Director, Structural Biology Center, Korea Institute of Science and Technology, Seoul, Korea (1995 – 1999)

Education and Research Training

B.S. Chemistry, Seoul National University, Seoul, Korea (1960)

M.S. Physical Chemistry, Seoul National University, Seoul, Korea (1962)

Ph.D. Physical Chemistry, Department of Chemistry and Department of Crystallography, University of Pittsburgh, Pittsburgh, PA (1966): X-ray Crystallographic Studies on Carbohydrate Compounds in Prof. G. A. Jeffrey's laboratory

Postdoctoral Fellow, Research Associate, Biophysics, Department of Biology, Massachusetts Institute of Technology, Cambridge, MA (1966 -1970): X-ray crystallographic studies on transfer RNA, abnormal base-pairs, and base-mutagen complexes in Prof. Alex Rich's laboratory

Awards and Honors (selected)

Fulbright Travel Fellow for graduate studies in USA, Fulbright Foundation, U.S.A. (1962)

Sidhu Award, Pittsburgh Diffraction Conference (1970)

NIH Research Career Development Award (1976 - 1979)

Exchange Professor, Beijing University, Beijing, China (1982)

Miller Research Professor, University of California, Berkeley, CA (1983 - 1984)

Presidential Service Merit Award, Republic of Korea (1985)

Guggenheim Fellow, J.S. Guggenheim Foundation, New York (1985 - 1986)

Visiting Professor, University of Paris, Paris, France (1986)

Fellow, Foundation for Promotion of Cancer Research, National Cancer Center, Tokyo, Japan (1987)

Ernest O. Lawrence Award, United States Department of Energy (1987)

Princess Takamatsu Award, Princess Takamatsu Cancer Foundation, Tokyo, Japan (1989)

The First Korean Overseas Compatriot's Prize in Science, Korean Broadcasting System, Seoul, Korea (1993)

The Samsung Ho-Am Prize in Science, Samsung Foundation, Seoul, Korea (1994)

Fellow, The American Academy of Arts and Sciences, Biological Sciences (1994)

Member, The U.S. National Academy of Sciences (1994)

Fellow, The Korean Academy of Science and Technology (1994)

Miller Research Professor, University of California, Berkeley (1996)

Founding Fellow, Korean Association for the Advancement of Sciences (1998)

First KAST Prize in Science, Korea Academy of Science and Technology (KAST), Seoul, Korea (2000)

Outstanding Korean Medical Scientist Award, Korean Medical Association, Seoul, Korea (2002)

Outstanding Performance Award, Lawrence Berkeley National Laboratory, Berkeley, CA (2004)

Honorary member of the National Academy of Sciences of Republic of Korea (2004)

Legacy Laureate Award, University of Pittsburgh, Pittsburgh, PA (2005)

The Pride of Alumni Award, 60th Anniversary of Seoul National Univ., Seoul, Korea (2006)

Department of Chemistry Alumni Award, Univ. of Pittsburgh, Pittsburgh, PA (2008)

KASBP Achievement Award, Korean American Society in Biotech and Pharmaceuticals (2011)

Distinguished Lecture Award, New England Bioscience Society, Boston, MA (2012)

The 225th Anniversary Medallion of the founding of University of Pittsburgh, awarded by the Chancellor of Univ. of Pittsburgh, Pittsburgh, PA, (2014)

Alexander Rich Medal, Department of Biology, Massachusetts Institute of Technology, Cambridge, MA (2014)

Fellow, The American Association for the Advancement of Science (2018)

National Merit Award of Korea, established in 2015 by Korean National Assembly (Assembly Law #13579) (2022)

Induction to Korea Science and Technology Hall of Fame, The Korean Academy of Science and Technology (2023)

Professional Organizations

American Society for Biochemistry and Molecular Biology

American Chemical Society

Biophysical Society

American Crystallographic Association

American Association for the Advancement of Science

Korean Scientists and Engineers in America

The Protein Society

Public Services and Advisory Appointments

US National Institute of Health Public Advisory Group Member, Biophysics and Biophysical Chemistry, Study Section A (1976 -1980)

Editorial Board Member, Journal of Biological Chemistry (1979 - 1983)

Editorial Board Member, Nucleic Acid Research (1983 - 1986)

Co-Chairman, Nucleic Acids Gordon Research Conference (1983)

Scientific Planning Committee, National Foundation for Cancer Research (1983 - ?)

Chairman, Task Force for Crystallography Curriculum Planning Committee, U.S.A. National Committee for Crystallography (1983 - 1985)

Member, Board of Directors, Korean Community Center of the East Bay, Oakland, CA (1983 -1991)

Council Member, Korean Scientists and Engineers Association in America (1988 - 1991)

Editorial Board Member, Annual Review of Biophysics and Biomolecular Structure (1989 - 1993)

Editorial Board Member, Current Opinion in Biotechnology (1988 - ?)

Chairman, Advisory Committee, Center for Korean Studies, Institute of East Asian Studies, UC Berkeley (1989 - 1997)

US National Institute of Health Public Advisory Group Member, Molecular and Cellular Biophysics Study Section (1989 - 1990)

Co-Chairman, Gordon Research Conference, Diffraction Method in Molecular Biology (1990)

Member, U.S. National Committee for Crystallography, National Research Council, US National Academy of Sciences (1990 - 1991)

Editorial Board Member, Nucleic Acids Research (1992 - 1997)

Steering Committee, Structural Biology Synchrotron Users Organization (1992 - 1996)

Scientific Advisory Committee of the Cancer Research Fund of the Damon Runyon-Walter Winchell Foundation (1993 - 1994)

Advisory Board, Molecules and Cells, Seoul, Korea (1993 - ?)

Advisory Committee Member, National Science Foundation of Korea (1993 - ?)

Board of Scientific Councilors, National Center for Biotechnology Information, National Institutes of Health (1993 - 1994)

Advisory Director, Structural Biology Center, Korea Institute of Science and Technology (1994 - 2001)

Scientific Review Board, Howard Hughes Medical Institute (1995 - 1999)

Editorial Board Member, Nucleic Acid Sciences (1996 - ?)

Member, Nominating Committee for Foreign Academy Members, U.S. National Academy of Sciences (1998 - 2010)

Charter Member, Protein Data Bank Advisory Board, Protein Data Bank (2000 - 2005)

Associate Editor, Journal of Structural and Functional Genomics (1999 - 2005)

Member, Editorial Board, Journal of Bacteriology (2001 - 2002)

Member, Editorial Board, Journal of Applied and Environmental Microbiology (2001 - 2002)

Member, Board of Directors, Korean Human Proteome Organization (2001 - ?)

Member, Protein Research Group Research Review Committee, RIKEN, Japan (2001 - 2003)

Member, Executive Committee, Center for Korean Studies, Univ. of California, Berkeley (2001- 2005)

Member, International Advisory Committee, Northwest Structural Genomics Center, UK (2002- 2004)

Presidential Advisory Professor, Yonsei University, Seoul, Korea (2004 - 2008)

Member, Advisory Editorial Board, Molecular Systems Biology, EMBO (2004 - ?)

Member, The Prime Minister's Committee on the Advancement of Medical Industry, Korea (2005 - 2008)

Scientific Advisor, Steering Committee, The Protein Structure Initiative II, U.S. National Institutes of Health (2006 - 2008)

Member, Scientific Advisory Board, Center for structures of membrane proteins, Univ. of California, San Francisco, CA (2006 - 2007)

Member, the Advisory Board, Korean National Cancer Center, Seoul, Korea (2006 - 2008)

Advisory and Visiting Distinguished Scientist, Daegu Gyeongbuk Institute of Science and Technology, Daegu, Korea (2007 - 2009)

Distinguished Professor, Department of Biomedical Sciences, WCU Program, Yonsei University Graduate School, Seoul, Korea (2010 - 2014)

Member, Special Advisory Board for the Advanced Pharmaceuticals, Korea Food and Drug Administration, Korea (2011 - 2014)

Invited Professor, Department of Life Sciences and School of Electrical Engineering, Korea Advanced Institute of Science and Technology, Daejeon, Korea (2015-2017)

Member, Special Advisory Board for the Advanced Biopharmaceuticals, the Ministry of Food and Drug Safety, Korea (2015 - 2018)

Advisory Professor, Incheon National University, Incheon, Korea (2019 -2020)

Founding Member of Companies (Year founded)

Serra Pharmacuticals, Inc. (Drug discovery) San Francisco CA (1990)

Seren Agricorp/United Agricorp, Inc. (Improved agricultural products), Berkeley, CA (1993)

Crystalgenomics, Inc. (Drug discovery), Daejon, Korea (1999)

Plexxikon, Inc. (Drug discovery), Berkeley, CA (2001)

MLSage, Inc. (Genomics), San Diego, CA (2017)

Consultant or Scientific Advisory Board Member to

Lucky Biotech Co., Emeryville CA (Currently LG Chemical Ltd., Daejon, Korea); 1985 - 1995

G.D. Searle, Skokie, IL ; 1983? - 1985?

Nutrasweet Co. Skokie, IL ;1985? - 1987

Merck Sharp and Dohme Research Laboratories, West Point, PA, 1987 - 1990

Hoffman-LaRoche Inc., Nutley, NJ, as "Consulting Lecturer"; 1988 - 1989

Hitachi Software Engineering Co., Ltd, Yokohama, Japan; 1988 - 1989

Burroughs Wellcome Co., Research Triangle Park, NC, as "Consulting Lecturer"; 1989 - 1990

Serra Pharmaceuticals, San Francisco, CA (Acquired by KaroBio of Sweden); 1992 - 1996

Asahi Chemical Industries, Ltd., Shizuoka, Japan; 1994 - 1997

Chungam Biotech Research Center, Seoul, Korea; 1995 - 1996

Kumho Group, Seoul, Korea; 1995 - 1998

LG Chemical Ltd., Taejon, Korea; 1996 - 1998; 1998 - 2000

CV Therapeutics Inc., Palo Alto, CA; 1994 - 1999

Sugen, Inc., South San Francisco, CA; 1997 - 1999

Scios, Inc., Mountain View, CA, Consultant; 1998 - 2000

Procter and Gamble Pharmaceuticals, Inc., Maso, OH; 1998 - 1999
Iconix Pharmaceuticals, Mountain View, CA, (Scientific Advisory Board); 1998 - 1999
Structural Genomix, San Diego, CA, (Scientific Advisory Board); 1999 - 2000
Crystal Genomics, Taejon, Korea; 2000 - 2000
Macrogen, Inc., Seoul, Korea; 2000 - 2003
Plexxikon, Inc., Berkeley, CA, Chairman of Scientific Advisory Board; 2001 - 2011
Daiichi Pharmaceutical Co. Ltd.,Tokyo, Japan; 2001 - 2003
ProteinExpress, Co. Ltd, Chiba, Japan; 2001 - 2003
Samyang Genex Corp., Daejon, Korea; 2002 - 2003
Phage Biotechnology Corp., Tustin, CA. (Scientific Advisory Board); 2004 - 2009
Biopolymed, Inc., Seoul, Korea; 2004 - 2008
HanAll Biopharma Co. LTD, Daejon, Korea; 2013 - 2015
Eone Diagnomics Genome Center, Inchon, Korea; 2014 - 2019

Scientific publications, 3-D structure depositions and reagent contributions (as of 2022)

Over 350 published papers in scientific journals (h-Index = 99 by https://research.com/scientists-rankings/bioloy-and-biochemistry)

Over 100 three-dimensional structures of proteins and nucleic acids deposited in Protein Data Bank, a public database.

Over 855 shipments (as of April, 2024) of our bacterial plasmids have been made to scientists worldwide by Addgene.org, a non-profit plasmid repository

Patents

U.S. Patent number 5,234,834 "Constructs for expression of monellin in plant cells" Issued August 10, 1993. Fischer, Robert; Kim, Sung-Hou; Cho, Joong M.; Penarrubia, Lola; Giovannoni, James; Kim, Rosalind

U.S. Patent number 5,264,558 "Single-chain monellin analog as a low calorie protein sweetener" Issued November 23, 1993. Kim, Sung-Hou; Cho, Joong M.

U.S. Patent number 5,478,923 "Class of low calorie protein sweeteners" Issued December 26, 1995. Kim Sung-Hou; Cho,Joong M.

U.S. Patent number 5,487,983 "Expression systems for making single-chain monellin analogs" Issued January 30, 1996. Kim, Sung-Hou; Cho, Joong M.

U.S. Patent number 5,670,339 "DNA encoding single-chain monellin" Issued September 23, 1997. Kim, Sung-Hou; Cho, Joong Myung

U.S. Patent number 5,672,372 "Method for sweetening a food composition with single-chain monellin analogs", Issued September 30, 1997. Kim, Sung-Hou; Cho, Joong Myung

U.S. Patent number 5,739,409 "Endogenously sweetened transgenic plant products" Issued April 14, 1998. Fischer, Robert; Kim, Sung-Hou; Cho, Joong Myung; Penarrubia, Lola; Giovannoni, James; Kim, Rosalind

U.S. Patent number 5,866,114 “Crystallization of M-CSFa”
Issued February 2, 1999 Pandit, Jayvardhan; Jancarik, Jarmila; Kim, Sung-Hou; Koths, Kirston; Halenbeck, Robert; Fear, Anna Lisa; Taylor, Eric; Yamamoto, Ralph; Bohm, Andrew

Canadian Patent number 2,087,960 (U.S. Patent number: 5,739,409) “Endogenously sweetened transgenic plant products” Issued January 18, 2000 Fischer, Robert; Kim, Sung-Hou; Cho, Joong Myung; Penarrubia, Lola; Giovannoni, James; Kim, Rosalind

U.S. Patent number 6,025,146 “Identification of M-CSF agonists and antagonists”
Issued February 15, 2000. Pandit, Jayvardhan; Jancarik, Jarmila; Kim, Sung-Hou; Koths, Kirston; Halenbeck, Robert; Fear, Anna Lisa; Taylor, Eric; Yamamoto, Ralph; Bohm, Andrew

European patent number 0668914 “Crystallization of M-CSFa”
Issued August 16, 2000 (Switzerland, Germany, France, U.K., Italy) Pandit, Jayvardhan; Jancarik, Jarmila; Kim, Sung-Hou; Koths, Kirston; Halenbeck, Robert; Fear, Anna, Lisa; Taylor, Eric; Yamamoto, Ralph; Bohm, Andrew;

U.S. Patent number 6,255,485 “Purine inhibitors of protein kinases, G proteins, and polymerases” Issued July 3, 2001 Gray, Nathanael S.; Schultz, Peter; Kim, Sung-Hou; Meijer, Laurent

U.S. Patent number 6,294,341 “Method for detecting a substance having an activity to inhibit HIV infection using immunoassay and variant protein used for said method”
Issued September 25, 2001 Yu, Yeon Gyu; Kim, Sung-Hou; Ryu, Jae-Ryeon

U.S. Patent number 6,803,371 “Purine inhibitors of kinases, G proteins and polymerases”
Issued Oct. 12, 2004 Gray, Nathanael S.; Schultz, Peter; Kim, Sung-Hou; Meijer, Laurent

U.S. Patent number 8105983 “High throughput method for optimum solubility screening for homogeneity and crystallization of proteins”. Issued Jan 31, 2012. Kim, Sung-Hou; Kim, Rosalind; Jancarik, Jarmila.

South Korea Patent number 10-1585190 “Computer Implemented Methods for Analyzing Genomic or Epigenomic Variations”. Issued Jan. 07, 2016. Kim, Sung-Hou; Kim, Minseong

부록 8

김성호 교수 과학 문헌 목록(최신순)

355 Kim, B-J, Choi, JJ and Kim, S-H, On genomic demography of COVID-19 virus during its pandemic period and on "pan-valent" vaccine design. Scientific Reports - *Nature Portfolio* **14** 17752 (2024)

354 Kim, B-J, Choi, JJ and Kim, S-H, On genomic demography of world's ethnic groups and their genomic identity between two individuals. *Scientific Reports – Nature Portfolio* **13**:6316 (2023)

353 Choi, JJ, Kim, B-J and Kim, S.-H. Whole-Proteome Tree of Insects: An Information-Theory-Based "Alignment- Free" Phylogeny and Grouping of "Proteome Books" *J Data Mining Genomics & Proteomics,* Vol.12 Iss.S7 No:1000002, p.1-8.
DOI: 10.35248/2153-0602.21.s7.002 (2021)

352 Choi, JJ, Kim, S.-H. Organism tree of life: Gene phylogeny vs. whole-proteome phylogeny. *Proc of the Natl Acad Sci U S A, Nov. 24, 2020*; www.pnas.org/cgi/doi/10.1073/pnas.2015631117 or PNAS December 15, 2020 117 (50) 31582; first published November 24, 2020; https://doi.org/10.1073/pnas.2015631117 (2020)

351 Choi, JJ, Kim, S.-H. Whole-proteome tree of life suggests a deep burst of organism diversity. *Proc of the Natl Acad Sci U S A* vol. 117, no. 7, 3678–3686 (2020)

350 Zielezinski A, Girgis HZ, Bernard G, Leimeister CA, Tang K, Dencker T, Lau AK, Röhling S, Choi JJ, Waterman MS, Comin M, Kim S.-H, Vinga S, Almeida JS, Chan CX, James BT, Sun F, Morgenstern B, Karlowski WM. Benchmarking of alignment-free sequence comparison methods. *Genome Biol.* **20** (1): 144-162 (2019)

349 Kim, BJ and Kim, S-H. Prediction of Inherited Genomic Susceptibility to 20 Common Cancer types by a Supervised Machine-Learning Method, *Proc. of the Nat. Acad. of Sci., U. S. A.*(2018), 115(6):1322-1327. doi:10.1073/pnas.1717960115. Correction: The authors note that, in the SI Appendix, Fig. S2 and Fig. S4 were inadvertently swapped. The SI Appendix has been corrected online. (https://doi.org/10.1073/pnas.2024687118)

348 Kim, M., and Kim, S.-H. Empirical prediction of genomic susceptibilities for multiple cancer classes. *Proc. of the Nat. Acad. of Sci., U. S. A.* Feb. 4, vol. 111 (5): 1921-1926 (2014).

347 De, D., Jeong, M.-H., Leem, Y.-E., Svergun, D. I., Wemmer, D. E., Kang, J.-S., Kim, K. K., and Kim, S.-H. Inhibition of master transcription factors in pluripotent cells induces early stage differentiation. *Proc. of the Nat. Acad. of Sci., U. S. A.* 111: 1778-1783 (2014).

346 Sims, G.E. and Kim, S.-H. Whole-genome phylogeny of *Escherichia coli/Shigella* group by feature frequency profiles (FFPs). *Proc. of the Nat. Acad. of Sci., U. S. A.* 108: 8329-8334 (2011).

345 Song, H., Hwang, H. J., Chang, W., Song, B. W., Cha, M. J., Ham, O., Lee, C. Y., Park, J. H., Lee, S. Y., Choi, E., Lee, C., Lee, M., Lee, M., Lee, M. H., Kim, S. H., Jang, Y., and

Hwang, K. C. Cardiomyocytes from phorbol myristate acetate-activated mesenchymal stem cells restore electromechanical function in infarcted rat hearts. *Proc. of the Nat. Acad. of Sci., U. S. A.* 108: 296-301 (2011).

344 Jun, S.-R., Sims, G. E., Wu, G. A., and Kim, S.-H. Whole-proteome phylogeny of prokaryotes by feature frequency profiles: An alignment-free method with optimal feature resolution. *Proc. of the Nat. Acad. of Sci., U. S. A.* 107: 133-138 (2010).

343 Ha, S. C., Pereira, J. H., Jeong, J. H. Huh, J. H. and Kim, S.-H. Purification of human transcription factors Nanog and Sox2, each in complex with Skp, an *Escherichia coli* periplasmic chaperone. *Prot. Exp. And Purif.* 67: 164-168 (2009).

342 Wu, G. A., Jun, S.-R. Sims, G. E., and Kim, S.-H. Whole-proteome phylogeny of large dsDNA virus families by an alignment-free method. *Proc. of the Nat. Acad. of Sci., U. S. A.* 106: 12826-12831 (2009).

341 Sims, G. E., Jun, S.-R., Wu, G. A., Kim, S.-H. Whole-genome phylogeny of mammals: Evolutionary information in genic and nongenic regions. *Proc. of the Nat. Acad. of Sci., U. S. A.* 106: 17077-17082 (2009).

340 Pereira, J. H. and Kim, S.-H. Structure of human Brn-5 transcription factor in complex with CRH gene promoter. *J. of Struct. Bio.* 167: 159-165 (2009).

339 Lee, J. and Kim, S.-H. Water polygons in high-resolution protein crystal structures. *Prot. Sci.* 18: 1370-1376 (2009).

338 Sims, G., Jun, S.-R., Wu, G. A., Kim, and S.-H. Alignment-free genome comparison with feature frequency profiles (FFP) and optimal resolutions. *Proc. of the Nat. Acad. of Sci.,U. S. A.* 106: 2677-2682 (2009).

337 Hwang, K. C., Kim, J. Y., Chang, W., Kim, D. S., Lim, S., Kang, S. M., Song, B. W. Ha, H. Y., Huh, Y. J., Choi, I. G., Hwang, D. Y., Song, H., Jang, Y., Chung, N., Kim, S.–H., and Kim, D. W. Search for Chemical Reagents that Regulate Stem Cell Fate. *Proc. Natl. Acad. Sci. of Sci., USA* 105: 7467-7471 (2008).

336 Zhang, C. and Kim, S.-H. The Impact of Protein Kinase Structures on Drug Discovery. Computational and Structural Approaches to Drug Discovery. Ed. Stroud, R. M. and Finer-Moore, J. RSC Publishing. Chapter 18:349-365 (2008)

335 Dahl, C., Schulte, A., Stockdreher, Y., Hong, C., Grimm, F., Sander, J., Kim, R., Kim, S.-H., and Shin, D. H. Structural and Molecular Genetic Insight into a Widespread Sulfur Oxidation Pathway. *J. Mol. Biol.* 384: 1287-1300 (2008).

334 Lee, J. and Kim, S.-H. High-throughput T7 LIC vector for introducing C-terminal poly-histidine tags with variable lengths without extra sequences. *Prot. Exp. and Purif.* 63: 58-61 (2008).

333 Hwang, K. C., Kim, J. Y., Chang, W., Kim, D.-S., Lim, S., Kang, S.-M., Song, B.-Y., Ha, H.-Y., Huh, Y. J., Choi, I.-C., Hwang, D.-Y., Song, H., Jang, Y., Chung, N., Kim, S.-H. and Kim, D.-W. Chemicals that modulate stem cell differentiation. *Proc. of the Nat. Acad. of Sci., USA* 105: 7467-7471 (2008).

332 Chi, Y.-I., Martick, M., Lares, M., Kim, R., Scott, W. G., and Kim, S.-H. Capturing Hammerhead Ribozyme Structures in Action by Modulating General Base Catalysis. *PLos Biology* 6:.2060-2068 (2008).

331 Tsai, J., Lee, J. T., Wang, W., Zhang, J., Cho, Ha., Mamo, S., Bremer, R., Gillette, S., Kong, J., Haass, N. K., Sproesser, Ka., Li, L., Smalley, K. S. M., Fong, D., Zhu, Y.-L., Marimuthu, A., Nguyen, H., Lam, B., Liu, J., Cheung, I., Rice, J., Suzuki, Y., Luu, Ca.,

Settachatgul, C., Shellooe, R., Cantwell, J., Kim, S.-H., Schlessinger, J., Zhang, K. Y. J., West, B. L., Powell, B., Habets, G., Zhang, C., Ibrahim, P. N., Hirth, P., Artis, D. R., Herlyn, M., and Bollag, G. Discovery of a selective inhibitor of oncogenic B-Raf kinase with potent antimelanoma activity. *Proc. of the Nat. Acad. of Sci., USA* 105:.3041-3046 (2008).

330 Pereira, J. H., Ha, S. C., and Kim, S.-H. Crystallization and preliminary X-ray analysis of human Brn-5 transcription factor in complex with DNA. *Acta Cryst*. F64:.1-4. (2008).

329 Kim, S.-H., Shin, D.-H., Kim, R., Adams, P., Chandonia, J.-M. Structural Genomics of Minimal Organisms: Pipeline and Results. Structural Proteomics: High-Throughput Methods, Ed. By B. Kobe, M. Guss, T. Huber. Humana Press, Totowa, NJ. p. 477-496 (2008).

328 Shin, D. H., Proudfoot, M., Lim, H. J., Choi, I.-K., Yakunin, A. F., Yokota, H., Kim, R. and Kim, S.-H. Structural and enzymatic characterization of DR1281: a calcineurin-like phosphoesterase from *Deinococcus radiodurans*. *Proteins: Structure, Function & Bioinformatics* 70:.1000-1009 (2007).

327 Qian, S. X., Ankoudinova, I., Lou, Y., Yokota, H., Kim, R, and Kim, S.-H. Crystal structure of a transcriptional activator of comK gene from *Bacillus halodurans. Proteins: Structure, Function & Bioinformatics* 69: 409-414 (2007).

326 Shin, D. H., Hou, J., Chandonia, J.-M., Das, D., Choi, I.-G., Kim, R. & Kim, S.-H. Structure-based inference of molecular functions of proteins of unknown function from Berkeley Structural Genomics Center. J. Struct. Funct. Genomics. 8:.99-105 (2007).

325 Das, D., Hyun, H., Lou, Y., Yokota, H., Kim, R., Kim, S. -H. Crystal structure of a novel single-stranded DNA binding protein from Mycoplasma pneumoniae. *Proteins*. **67**: 776 – 782 (2007).

324 Das, D., Xu, Q. S., Lee, J. Y., Ankoudinova, I., Huang, C., Lou, Y. Degiovanni, A., Kim, R. & Kim, S. H. Crystal structure of the multidrug efflux transporter AcrB at 3.1A resolution reveals the N-terminal region with conserved amino acids. *J Struct Biol*. **158** (3): 494-502 (2007).

323 Choi, I. -G. and Kim, S. H. Global extent of horizontal gene transfer. *Proc. of the Nat. Acad. of Sci., USA*. **104** (11):| 4489-4494 (2007).

322 Oganesyan, V., Adams, P. D., Jancarik, J., Kim, R., Kim, S. H. Structure of O67745_ AQUAE, a hypothetical protein from *Aquifex aeolicus. Acta Crystallog.* (**F63**). 369-374 (2007).

321 Oganesyan, N., Ankoudinova, I., Kim, S. H., Kim, R. Effect of osmotic stress and heat shock in recombinant protein overexpression and crystallization. *Protein Expr. & Purif.* **52** (2): 280-5 (2007).

320 Schulze-Gahman, U. and Kim, S. H. Three-dimensional structures of Cyclin-Dependent Kinases and Their Inhibitor Complexes. *Inhibitors of Cyclin-dependent Kinases as Anti-tumor Agents* (Edited by Paul J. Smith & Eddy W. Yue). CRC Press. 143-164. (2007).

319 Shin, D. H., Kim, J.-S., Ankoudinova, I., Jancarik, J., Yokota, H., Kim, R., and Kim, S.-H. Crystal structure of the DUF16 domain of a hypothetical protein from *Mycoplasma pneumoniae*. *Prot. Sci*. **15**: 921-928. (2006).

318 Chandonia, J. -M., Kim, S. -H., & Brenner, S. E. Target selection and deselection at the Berkeley Structural Genomics Center. *Prot. Struc. Func. & Bio.* **62**: 356-370. (2006).

317 Kim, J. -S., Shin, D. -H., Pufan, R., Huang, C., Yokota, H., Kim, R., & Kim, S. -H.

Crystal structure of ScpB from *Chlorobium tepidum,* a protein involved in chromosome partitioning. *Prot. Struc. Func. & Bio.* **62**: 322-328. (2006)

316 Choi, I.-G. and Kim, S.-H. Evolution of protein structural classes and protein sequence families. *Proc. of the Nat. Acad. Sciences. USA* **103**(38): 1405614061. (2006).

315 Sims, G. E. & Kim, S. -H. A method for evaluating the structural quality of protein models by using HOPP scoring. *Proc. of the Nat. Acad. Sciences, USA.* **103**(12): 4428-4432. (2006).

314 Chandonia, J. -M. & Kim, S. -H. Structural proteomics of minimal organisms: Conservation of protein fold usage and evolutionary implications. *BMC Structural Biology*. **6**: 7 (2006).

313 Shin, D. -H., Lou, Y., Jancarik, J., Yokota, H., Kim, R., & Kim, S. -H. Crystal structure of TM1457 from *Thermotoga maritima. J. Struct. Bio.* **152**: 113-117. (2005).

312 Kim, S. -H., Shin, D. -H., Liu, J., Oganesyan, V., Chen, S., Xu, Q. S., Kim, J. -S., Das, D., Schulze-Gahmen, U., Holbrook, S. R., Holbrook, E. L., Martinez, B., Oganesyan, N., DeGiovanni, A., Lou, Y., Henriquez, M., Huang, C., Jancarik, J., Pufan, R., Choi, I. -G., Chandonia, J. M., Hou, J., Gold, B., Yokota, H., Brenner, S. E., Adams, P. D. & Kim, R. Structural genomics of minimal organisms and protein fold space. *J. Struc. Func. Gen.***6:** 63-70. (2005).

311 Liu, J., Lou, Y., Yokota, H., Adams, P. D., Kim, R. & Kim, S. -H. Crystal structures of an NAD Kinase from *Archaeglobus fulgidus* in complex with ATP, NAD, or NADP. *J. Mol. Biol.* **354:** 289-303. (2005).

310 Oganesyan, N., Kim, S. -H. & Kim, R. On-column protein refolding for crystallization. *J. Struc. Func. Gen.* **6:** 177-182. (2005).

309 Schulze-Gahmen, U., Aono, S., Chen, S., Yokota, H., Kim, R., & Kim, S. -H. Structure of the hypothetical *Mycoplasma* protein MPN555 suggests a chaperone function. *Acta Cryst.* D**61:** 1343-1347. (2005).

308 Xu, S. X., Jancarik, J., Lou, Y., Kuznetsova, K., Yakunin, A., Yokota, H., Adams, P., Kim, R., & Kim, S. H. Crystal structures of a phosphotransacetylase from *Bacillus subtilis* and its complex with acetyl phosphate. *J. Struc. Func. Gen.* **6**: 269-279. (2005).

307 Liu, J., Huang, C., Shin, D. -H., Yokota, H., Jancarik, J., Kim, J. -S., Adams, P. D., Kim, R., & Kim, S. -H. Crystal structure of a heat-inducible transcriptional repressor HrcA from *Thermotoga maritima*: Structural insight into DNA binding and dimerization. *J. Mol. Biol.* **350:** 987-996. (2005).

306 Kim, S. -H., Shin, D. H., Wang, W., Adams, P. D., Chandonia, J. -M. Overview of structural genomics: landscape, premises, and current direction. *Structural Genomics and High Throughput Structural Biology.* (Ed. by Michael Sundstrom, et al). Taylor & Francis Group. pp.1-18. (2005).

305 Oganesyan, V., Huang, C., Adams, P. D., Jancarik, J., Yokota, H., Kim, R., Kim, S. -H. Structure of a NAD kinase from *Thermotoga maritima* at 2.3 A resolution. *Acta Cryst.* **F61**: 640-646. (2005).

304 Shin, D. H., Oganesyan, N., Jancarik, J., Yokota, H., Kim, R., Kim, S. -H. Crystal structure of a nicotinate phosphoribosyltransferase from *Thermoplasma acidophilum. J. Bio. Chem.* **280**(18): 18326-18335. (2005).

303 Oganesyan, V., Oganesyan, N., Adams, P. D., Jancarik, J., Yokota, H., Kim, R., Kim, S. -H. Crystal structure of the "PhoU-Like" phosphate uptake regulator from *Aquifex* *aeolicus*. *J. Bacteriology*. **187**: 4238-4244. (2005).

302 Liu, J., Oganesyan, N., Shin, D. -H., Jancarik, J., Yokota, H., Kim, R., Kim, S. -H. Structural characterization of an iron-sulfur cluster assembly protein Iscu in a Zinc-bound form. *Proteins: Struct. Func. & Bioinf.* **59:** 875-881. (2005).

301 Liu, J., Lou, Y., Yokota, H., Adams, P., Kim, R., Kim, S. -H. Crystal structure of a PhoU protein homologue: A new class of metalloprotein containing multinuclear iron clusters. *J. Bio. Chem.* **280** (16): 15960-15966. (2005).

300 Kim, J. -S., DeGiovanni, A., Jancarik, J., Adams, P. D., Yokota, H., Kim, R., Kim, S. -H. Crystal structure of DNA sequence specificity subunit of a type I restriction-modification enzyme and its functional implications. *Proc. of the Nat. Acad. Sciences. USA* **102:** 3248-3253. (2005).

299 Hou, J., Jun, S. -R., Zhang, C., Kim, S. -H. Global mapping of the protein structure space and application in structure-based inference of protein function. *Proc. of the Nat. Acad. Sciences.USA* **102:** 3651-3656. (2005).

298 Card, G. L., Blasdel, L., England, B. P., Zhang, C., Suzuki, Y., Gillette, S., Fong, D., Ibrahim, P. N., Artis, D. R., Bollag, G., Milburn, M., Kim, S. -H., Schlessinger, J., Zhang, K. Y. J. A family of phosphodiesterase inhibitors discovered by cocrystallography and scaffold-based drug design. *Nature Biotech.* **23**: 201-207. (2005).

297 Sims, G. E., Choi, I. -G., Kim, S. -H. Protein conformational space in higher order phi-psi maps. *Proc. of the Nat. Acad. Sciences. USA* **102**: 618-621. (2005).

296 Das, D., Oganesyan, N., Yokota, H., Pufan, R., Kim, R., Kim, S. -H. Crystal structure of the conserved hypothetical protein MPN330 (GI:1674200) from *Mycoplasma Pneumoniae*. *Proteins: Struct. Func. & Bioinf.* **58:** 504-508. (2005).

295 Wang, W., Kim, R., Kim, S-H. Crystal structure of flavin binding to FAD Synthetase of *T. maritima*. *Proteins: Struc. Func. & Bioinf.* **58**: 246-248. (2005).

294 Oganesyan, N., Kim, S. -H., Kim, R. On-column chemical refolding of proteins. *Pharmagenomics*. Sept: 22-25. (2004).

293 Card, G. L., England, B. P., Suzuki, Y., Fong, D., Powell, B., Lee, B., Luu, C., Tabrizizad, M., Gillette, S., Ibrahim, P. N., Artis, D., Bollag, G., Milburn, M., Kim, S. -H., Schlessinger, J., Zhang, K. Y. J. Structural basis for the activity of drugs that inhibit phosphodiesterases. *Structure.* **12:** 2233-2247. (2004).

292 Chen, S., Yakunin, A. F., Kuznetsova, E., Busso, D., Pufan, R., Proudfoot, M., Kim, R., Kim, S. -H. Structural and functional characterization of a novel phosphodiesterase from *Methanococcus jannaschii*. *J. Bio. Chem.* **279** (30): 31854-31862. (2004).

291 Jancarik, J., Pufan, R., Hong, C., Kim, S. -H., Kim, R. Optimum solubility (OS) screening: an efficient method to optimize buffer conditions for homogeneity and crystallization of proteins. *Acta. Crystal. Sec. D.* **D60**: 1670-1673. (2004).

290 Shin, D.-H., Brandsen, J., Jancarik, J., Yokota, H., Kim, R., Kim, S.-H. Structural analyses of peptide release factor 1 from *Thermotoga maritima* reveal domain flexibility required for its interaction with the ribosome. *J. Mol. Biol.* **341:** 227-239. (2004).

289 Zhang, K.Y.J., Card, G., Suzuki, Y., Artis, D.R., Fong, D., Gillette, D.H., Neiman, J., West, B., Zhang, C., Milburn, M., Kim, S.-H., Schlessinger, J., Bollag, G. A glutamine switch mechanism for nucleotide selectivity by Phosphodiesterases. *Molecular Cell.* **15:** 279-286. (2004).

288 Shin, D. -H., Lou, Y., Jancarik, J., Yokota, H., Kim, R., Kim, S. -H. Crystal structure of

YjeQ from *Thermotoga maritima* contains a circularly permuted GTPase domain. *Proc. of the Nat. Acad. Sciences, USA.* **101**: 13198-13203. (2004).

287 Chen, S., Shin, D-H., Pufan, R., Kim, R., Kim, S-H. Crystal structure of methenyltetrahydrofolate synthetase from *Mycoplasma pneumoniae* (GI: 13508087) at 2.2 Å resolution. *Proteins: Struc. Func. and Bioinf.* **56**: 839-843. (2004).

286 Chen, S., Jancarik, J., Yokota, H., Kim, R., Kim, S-H. Crystal structure of a protein associated with cell division from *Mycoplasma pneumoniae* (GI: 13508053): A novel fold with a conserved sequence motif. *Proteins: Struc. Func. and Bioinf.* **55**: 785-791. (2004).

285 Liu, J., Yokota, H., Kim, R., Kim, S-H. A conserved hypothetical protein from *Mycoplasma genitalium* shows structural homology to NusB Proteins. *Proteins: Struc. Func. and Bioinf.* **55:** 1082-1086. (2004).

284 Busso, D., Kim, R., Kim, S-H. Using an *Escherichia coli* cell-free extract to screen for soluble expression of recombinant proteins. *J. Struct. and Func. Genomics.* **5**: 69-74. (2004).

283 Xu, Q. S., Shin, D-H., Pufan, R., Yokota, H., Kim, R., Kim, S-H. Crystal structure of a phosphotransacetylase from *Streptococcus pyogenes. Proteins: Struc. Func. and Bioinf.* **55:** 479-481. (2004).

282 Shin, D.-H., Choi, I.-G., Busso, D., Jancarik, J., Yokota, H., Kim, R., Kim, S.-H. Structure of OsmC from *Escherichia coli*: a salt-shocked-induced protein. *Acta Crystal. Sec. D.* **D60**: 903-911. (2004).

281 Oganesyan, V., Pufan, R., DeGiovanni, A., Yokota, H., Kim, R., Kim, S.-H. Structure of the putative DNA-binding protein SP_1288 from *Streptococcus pyogenes. Acta Cryst. Sec. D.* **D60**: 1266-1271. (2004).

280 Choi, I.-G., Kwon, J., Kim, S.-H. Local feature frequency profile: A method to measure structural similarity in proteins. *Proc. of the Nat. Acad. Sciences, USA.* **101**: 3797-3802. (2004).

279 Shin, D.-H., Nguyen, H.H., Jancarik, J., Yokota, H., Kim, R., Kim, S.-H. Crystal structure of NusA from *Thermotoga maritima* and functional implication of the N-Terminal domain. *Biochem.* **42**: 13429-13437. (2003).

278 Moshinsky, D., Bellamacina, C., Boisvert, Da., Huang, P., Hui, T., Jancarik, J., Kim, S.-H., Rice, A. SU9516: Biochemical characterization of Cdk inhibition and crystal structure in complex with Cdk2. *Biochem. & Biophys. Res. Comm.* **310**: 1026-1031. (2003).

277 Wang, W., Kim, S.-H. Chemotaxis Receptor in bacteria: Transmembrane Signaling, Sensitivity, Adaptation, and Receptor Clustering. *Handbook of Cell Signaling* **1:** 197-202. (2003).

276 Kim, S.-H., Shin, D.-H., Choi, I.-G., Schulze-Gahmen, U., Chen, S., Kim, R. Structure-based functional inference in structural genomics. *J. Struct. & Func. Genomics.* **4:** 129-135. (2003).

275 Sims, G., Kim, S.-H. Global mapping of nucleic acid conformational space: dinucleoside monophosphate conformations and transition pathways among conformational classes. *Nuc. Acids Res.* **31** (No. 19): 5607-5616. (2003).

274 Liu, J., Wang, W., Shin, D.-H., Yokota, H., Kim, R., Kim, S.-H. Crystal Structure of tRNA (m1G37) Methyltransferase from *Aquifex aeolicus* at 2.6 A Resolution: A Novel Methyltransferase Fold. *Proteins: Struc., Func., & Gen.* **53**: 326-328. (2003).

273 Wang, W., Kim, R., Jancarik, J., Yokota, H., Kim, S.-H. Crystal structure of a flavinbinding protein from *Thermotoga maritima. Proteins: Struc., Func., & Gen.* **52**: 633-635. (2003).

272 Choi, I.-G., Shin, D.-H., Brandsen, J., Jancarik, J., Busso, D., Yokota, H., Kim, R., Kim, S.-H. Crystal structure of a stress inducible protein from *Mycoplasma pneumoniae* at 2.85 Å resolution. *J. Struct. & Func. Gen.* **4**: 31-34. (2003).

271 Oganesyan, V., Busso, D., Brandsen, J., Chen, S., Jancarik, J., Kim, R., Kim, S.-H. Structure of the hypothetical protein AQ1354 from Aquifexaeolicus. *Acta Cryst. Sec. D. Biol. Crystal.* **D59**: 1219-1223. (2003).

270 Shin, D.-H., Roberts, A., Jancarik, J., Yokota, H., Kim, R., Wemmer, D., Kim, S.-H. Crystal structure of a phosphatase with a unique substrate binding domain from *Thermotoga maritima. Prot. Sci.* **12**: 1464-1472. (2003).

269 Kim, R., Lai, L., Lee, H.-H., Cheong, G.-W., Kim, K.K., Wu, Z., Yokota, H., Marqusee, S., Kim, S.-H. On the mechanism of chaperone activity of the small heat-shock protein of *Methanococcus jannaschii. Proc. of the Nat. Acad. Sciences USA*. **100**: 8151-8155. (2003).

268 Busso, D., Kim, R.,Kim, S.-H. Expression of soluble recombinant proteins in a cell-free system using a 96-well format. *J. Biochem. Biophys. Methods*. **55**: 233-240. (2003).

267 Hou, J., Sims, G., Zhang, C., Kim, S.-H. A global representation of the protein fold space. *Proc. of the Nat. Acad. Sciences, USA*. **100:** 2386-2390. (2003).

266 Schulze-Gahmen, U., Pelaschier, J., Yokota, H., Kim, R., Kim, S.-H. Crystal structure of a hypothetical protein, TM841 of *Thermotoga maritima*, reveals its function as a fatty acid-binding protein. *Proteins: Struc., Func., & Gen.* **50:** 526-530. (2003).

265 Zhang, C., Kim, S.-H. Overview of structural genomics: from structure to function. *Curr. Opin. in Chem.* Bio. **7:** 28-32. (2003).

264 Muller-Dieckmann, H. J., Kim, S.-H. Structure-function relationships: chemotaxis and ethylene receptors. *Histidine Kinases in Signal Transduction*. **6:** 123-141. (2003).

263 Martinez-Cruz, L. A., Dreyer, M. K., Boisvert, D.C., Yokota, H., Martinez-Chantar, M. L., Kim, R., Kim, S.-H. Crystal structure of MJ1247 Protein from *M. jannaschii* at 2.0 Å resolution infers a molecular function of 3-hexulose-6-phosphate isomerase. *Structure*. **10**: 195-204. (2002).

262 Huang, L., Hung, L., Odell, M., Yokota, H., Kim, R., Kim, S.-H. Structure-based experimental confirmation of biochemical function to a methyltransferase, MJ0882, from hyperthermophile *Methanococcus jannaschii. J. Struct. & Func. Gen.* **2:** 121-127. (2002).

261 Wang, W., Cho, H., Kim, R., Jancarik, J., Yokota, H., Nguyen, H., Grigoriev, I., Wemmer, D.E., Kim, S.-H. Structural characterization of the reaction pathway in phosphoserine phosphatase: crystallographic "snapshots" of intermediate states. *J. Mol. Biol.* **319:** 421-431. (2002).

260 Kim, S.-H., Wang, W., Kim, K. K. Dynamic and clustering model of bacterial chemotaxis receptors: Structural basis for signaling and high sensitivity. *Proc. of the Nat. Acad. Sciences, USA*. **99**: 11611-11615. (2002).

259 Shin, D.-H., Yokota, H., Kim, R., Kim, S.-H. Crystal structure of conserved hypothetical protein Aq 1575 from *Aquifex aeolicus*. *Proc. of the Nat. Acad. Sciences. USA* **99**: 7980-7985. (2002).

258 Schulze-Gahmen, U., Kim, S.-H. Structural basis for CDK6 activation by a virus-encoded

cyclin. *Nature Struc. Bio.* **9 (3)**: 177-181. (2002).
257 Zhang, C., Hou, J., Kim, S.-H. Fold prediction of helical proteins using torsion angle dynamics and predicted restraints. *Proc. of the Nat. Acad. Sciences. USA* **99(6)**: 3581-3585. (2002).
256 Shin, D.-H., Yokota, H., Kim, R., Kim, S.-H. Crystal structure of a conserved hypothetical protein from *Escherichia coli. J. Struct. & Func. Genomics*. **2**: 53-66. (2002).
255 Busso, D., Kim, R., Kim, S.-H. Screening for soluble expression of recombinant proteins using the RTS 100 HY in a 96-well format. *Biochemica.* **4**: 33-35. (2002).
254 Du, X., Wang, W., Kim, R., Yokota, H., Nguyen, H., Kim, S.-H. Crystal structure and mechanism of catalysis of a pyrazinamidase from *Pyrococcus horikoshii. Biochemistry.* **40**: 14166-14172. (2001).
253 Dreyer, M., Borcherding, D., Dumont, J., Peet, N., Tsay, J., Wright, P., Bitonti, A., Shen, J., and Kim, S.-H. Crystal Structure of Human Cyclin-Dependent Kinase 2 in Complex with the Adenine-Derived Inhibitor H717. *J. Med. Chem.* **44**: 524-530. (2001).
252 Cho, H., Wang, W., Kim, R.,Yokota, H., Damo, S,. Kim,S. -H., Wemmer, D., Kustu, S.,Yan., D. BeF_3 acts as a phosphate analog in proteins phosphorylated on aspartate: Structure of a BeF_3 complex with phosphoserine phosphatase. *Proc. of the Nat. Acad. Sciences. USA* **98(15)**: 8525-8530. (2001).
251 Grigoriev, I.., Zhang, C. and Kim, S.-H. Sequence-based detection of distantly-related proteins with the same fold. *Protein Engineering.* **14(7)**: 101-104. (2001).
250 Du, X., Frei, H., Kim, S.-H.. Comparison of Nitrophenylethyl and Hydroxyphenacyl Caging Groups. Bipolymers (Biospectroscopy), 2: 147 – 149. (2001).
249 Wang, W., Kim, R., Jancarik, J., Yokota, H., Kim, S.-H. Crystal Structure of Phosphoserine Phosphophosphatase from *Methanococcus jannaschii* a Hypothermophile,at 1.8 Å Resolution . *Structure.* **9**: 65-71. (2001).
248 Du, X., Choi, I.-G., Kim, R., Wang, W., Jancarik, J., Yokota, H., Kim, S.-H. Crystal structure of an intracellular protease from *Pyrococcus horikoshii* at 2-A resolution. *Proc. of The Nat. Acad. Sciences. USA* **97(26):** 14079-14084. (2000).
247 Kim, S.-H. Structural Basis for Molecular Communication. *New Frontiers of Science and Technology Structural Basis for Molecular Communication* (Edited by L.Esaki, Frontiers Science Series) **31** ISSN **4-946443-60-6** Universal Academy Press, Inc. (2000).
246 Zhang, Z., Berry, E., Huang, L.-S., Kim, S.H. Mitochondrial Cytochrome bc_1 Complex. *Subcellular Biochemistry, Volume 35: Enyzme-Catalyzed Electron and Radical Transfer*, edited by Holzenburg and Scrutton, Kluwer Academic/ Plenum Publishers, New York, 541 – 580. (2000).
245 Adler, M., Davey, D.D., Phillips, G.B., Kim, S.-H., Jancarik, J., Rumennik, G., Light, D.R. and Marc Whitlow. Preparation, Characterization and the Crystal Structure of the Inhibitor ZK-807834(CI-1031) Completed with Factor Xa. *Biochem.* ***39(41)***: 12534-12542. (2000).
244 Lai, L., Yokota, H., Hung, L.-W., Kim, R., and Kim, S.-H. Crystal structure of archaeal RNase HII: A homologue of human major RNase H. *Structure* **8**: 897-904. (2000).
243 Zhang, C., Kim, S.H. A Comprehensive Analysis of the Greek Key Motifs in Protein β-Barrels and β-Sandwiches. *Protens: Struc. Func. and Gen.* **40**: 409-419. (2000).
242 Zhang, C., Kim, S.-H. The Anatomy of Protein β-Sheet Topology. *J. Mol. Biol.* **299:** 1075-1089. (2000).

241 Kim, R., Yokota, H. and Kim, S.-H. Electrophoresis of Proteins and Protein-Protein Complexes in a Native Agarose Gel. *Anal. Biochem.* **282**: 147-149. (2000).

240 Falke, J. and Kim, S.-H.. Structure of a conserved receptor domain that regulates kinase activity: the cytoplasmic domain of bacterial taxis receptors. *Cur. Opin. in Struc.Bio.* **10**: 462-469. (2000).

239 Kim, S.-H. Structural genomics of microbes: an objective. *Curr. Opin. in Struc. Bio.* **10**: 380-383 (2000).

238 Zhang, C. and Kim, S.-H.. Environment-dependent residue contact energies for proteins. *Proc. Of The Nat. Acad. Sciences, USA.* **97(6)**: 2550-2555. (2000).

237 Du, X., Frei, H. and Kim, S.-H.. The Mechanism of GTP Hydrolysis by Ras Probed Fourier Transform Infrared Spectroscopy. *J. Biol. Chem.* **275(12)**: 8492-8500. (2000).

236 Zhang, C. and Kim, S.-H.. The Effect of Dynamic Receptor Clustering on the Sensitivity of Biochemical Signaling. *Pacific Symposium on Biocomputing* **5**: 350-361 (2000).

235 Meijer, L., Thunnissen, A., White, A., Garnier, M., Nikolic, M., Tsai, L.-H., Walter, J., Cleverley, K., Salinas, P., Wu, Y-Z, Biernat, J., Mandelkow, E-M, Kim, S-H, and G. Pettit. Inhibition of cyclin-dependent kinases, GSK-3β and CK1 by hymenialdisine, a marine sponge constituent. *Chemistry & Biology* **7**: 51-63 (2000).

234 Wang, H., Boisvert, D., Kim, K.-K., Kim, R. and Kim, S.-H.. Crystal structure of a fibrillarin homologue from *Methanococcus jannaschii*, a hyperthermophile, at 1.6 Å resolution. *EMBO Journal* **19(3)**: 317-323 (2000).

233 Kim, S.S., Choi, I.-G., Kim, S.-H. and Yeon Gyu Yu. Molecular cloning, expression and characterization of a thermostable glutamate racemase from a hyperthermophilic bacterium, *Aquifex pyrophilus*. *Extremophiles* **3**: 175-183 (1999).

232 Hwang, K.Y., Cho, C.-S., Kim, S.S., Baek, K., Kim, S.-H., Yu, Y.G. and Yunje Cho. Crystallization and preliminary X-ray analysis of glutamate racemase from *Aquifex pyrophilus*, a hyperthermophilic bacterium. *Acta Crys.* **D55**: 927-928. (1999).

231 Kim, S.-Y., Hwang, K.Y., Kim, S.-H., Sung, H.-C., Han, Y.S. and Yunje Cho. Structural Basis for Cold Adaptation. Sequence, Biochemical Properties and Crystal Structure of Malate Dehydrogenase from a Psychrophile *Aquaspirillium Arcticum*. *The Journal of Biological Chemistry* **274(17)**: 11761-11767. (1999).

230 Muller-Dieckmann, H.-J., Grantz, A. and Kim, S.-H.. The structure of the signal receiver domain of the *Arabidopsis thaliana* ethelene receptor ETR1. *Structure* **7(12)**: 1547-1556. (1999).

229 Grigoriev, I. and Kim, S.-H.. Detection of protein fold similarity based on correlation of amino acid properties. *Proc. of the Nat. Acad. Sciences, USA* **96 (25)**: 14318-14323. (1999).

228 Berry, E.A., Huang, Li-Shar, Zhang, Zhaoleiand Kim, S.-H.. The Structure of the Avian Mitochondrial Cytochrome bc_1 Complex. *Journal of Bioenergetics and Biomembranes* **31(3)**: 177-190 (1999).

227 Berry, E.A., Zhang, Z., Huang, L.-S., and Kim, S.-H. Structures of quinone-binding sites in *bc* complexes: functional implications. *Biochemical Society Transactions* **27(4)**: 565-572. (1999).

226 Kim, K.K., Yokota, H. and Kim, S.-H.. Four-helical-bundle structure of the cytoplasmic domain of a serine chemotaxis receptor. *Nature* **400:** 787-792. (1999).

225 Hwang, K.Y., Chung, J.H., Kim, S.-H., Han, Y.S. and Yunje Cho. Structure-based identification of a novel NTPase from *Methanococcus jannaschii*. *Nature Structure Biology* **6(7):** 691-696. (1999).

224 Dubchak, I., Muchnik, I., Mayor, C., Dralyuk, I. and Kim, S.-H.. Recognition of a Protein Fold in the Context of the SCOP Classification. *PROTEINS: Structure, Function, and Genetics* **35:** 401-407. (1999).

223 Wang, H., Yokota, H., Kim, R., and Kim, S.-H. Expression, purification and preliminary X-ray analysis of a fibrillin homolog from *Methanococcus jannaschii*, a hyperthermophile. *Acta Cryst.* **D55:** 338-340. (1999).

222 Schulze-Gahmen, U., Jau, U.J. and Kim, S.-H.. Crystal structure of a viral cyclin, a positive regulator of cyclin-dependent kinase 6. *Structure* **7(3)**: 245-254. (1999).

221 Chi, Y.-I., Martinez-Cruz, L., Jancarik, J., Swanson, R., Robertson, D. and Kim, S.-H. Crystal structure of the β-glycosidase from the hyperthermophile *Thermosphaera aggregans:* insights into its activity and thermostability. *FEBS Letters 445:* 375-383. (1999).

220 Hung, L.-W., Kohmura, M., Ariyoshi, Y. and Kim, S.-H. Structural Differences in D and L-monellin in the Crystals of Racemic Mixture. *J. Mol. Biol.* **285**: 311-321. (1999).

219 Choi, I.-G., Bang, W.-G., Kim, S.-H. and Yeon Gyu Yu. Extremely Thermostable Serine-type Protease from *Aquifex pyrophilus. Journal of Biological Chemistry* **274(2):** 881-888. (1998).

218 Hung, I., Wang, I., Nikaido, K., Liu, P., Ames, G. and Kim, S.-H. Crystal structure of the ATP-binding subunit of an ABC transporter. *Nature* **396**: 703-707 .(1998).

217 Zarembinski, T., Hung, L., Mueller-Dieckmann, H-J., Kim, K., Yokota, H., Kim, R., and Kim, S.-H. Structure-based assignment of the biochemical function of a hypothetical protein: A test case of structural genomics. *Proc. Natl. Acad. Sci. USA* **95**: 15189-15193. (1998).

216 Goldman, S., Kim, R., Hung, L.-W., Jancarik, J. and Kim, S.-H. Purification, crystallization and preliminary X-ray crystallographic analysis of *Pyrococcus furiosus* DNA polymerase. *Acta Cryst.* **D54**: 986-988. (1998).

215 Kim, K.K., Hung, L.-W., Yokota, H., Kim, R. and Kim, S.-H. Crystal structures of eukaryotic translation initiation factor 5A from *Methanococcus jannaschii* at 1.8 Å resolution. *Proc. Natl. Acad. Sci. USA* **95**: 10419-10424. (1998).

214 Gray, N. S., Wodicka, L., Thunnissen, A.-M. W. H., Norman, T. C., Kwon, S., Espinoza, F. H., Morgan, D. O., Barnes, G., LeClerc, S., Meijer, L., Kim, S.-H., Lockhart, D. J., and Schultz, P. G. Exploiting Chemical Libraries, Structure, and Genomics in the Search for Kinase Inhibitors. *Science* **281**: 533-538. (1998)

213 Dubchak, I., Muchnik, I. and Kim, S.-H. Assignment of Folds for Proteins of Unknown Function in Three Microbial Genomes. *Microbial & Comparative Genomics* **3(3)**: 171-175. (1998).

212 Kim, K.K., Kim, R. and Kim, S.-H. Crystal structure of a small heat shock protein. *Nature* **394**: 595-599. (1998).

211 Grantz, A.A., Müller-Dieckman, H.-J. and Kim, S.-H. Subcloning, crystallization and Preliminary X-Ray Analysis of the Signal Receiver Domain of ETR1, an Ethylene Receptor from *Arabidopsis thaliana. Acta Cryst.* **D54**: 690-692. (1998).

210 Kim, S.-H. Shining a light on structural genomics. *Nature Struct. Biol.* **5 Supplement**: 643-645. (1998).

209 Goldman, S., Kim, R., Hung, L.-W., Jancarik, J. and Kim, S.-H. Purification, crystallization and preliminary X-ray crystallographic analysis of *Pyrococcus furiosus* DNA polymerase. *Acta Cryst.* **D54**: 986-988. (1998).

208 Kim, R., Kim, K.K., Yokota, H. and Kim, S.-H. Small heat shock protein of *Methanococcus jannaschii*, a hyperthermophile. *Proc. Natl. Acad. Sci. USA* **95**: 9129-9133. (1998).

207 Kim, S.-H. Structure-based inhibitor design for CDK2, a cell cycle controlling protein kinase. *Pure & Appl. Chem.* **70(3):** 555-565. (1998).

206 Hung, L.-W., Kohmura, M., Ariyoshi, Y. and Kim, S.-H. Structure of an Enantiomeric Protein, D-Monellin at 1.8 Å Resolution. *Acta Cryst.* **D54**: 494-500. (1998).

205 Kamata, K., Kawamoto, H., Honma, T., Iwama, T. and Kim, S.-H. Structural basis for chemical inhibition of human blood coagulation factor Xa. *Proc. Natl. Acad. Sci. USA* **95**: 6630-6635. (1998).

204 Zhang, Z., Huang, L., Shulmeister, V.M., Chi, Y.-I., Kim, K.K., Hung, L.-W., Crofts, A.R., Berry, E.A. and Kim, S.-H. Electron transfer by domain movement in cytochrome bc_1. *Nature* **392**: 677-684. (1998).

203 Huang, L., Hofer, F., Martin, G. S. and Kim, S.-H. Structural basis for the interaction of Ras with RalGDS. *Nature Struct. Biol.* **5(6)**: 422-426. (1998).

202 Kim, K.K., Yokota, H., Santoso, S., Lerner, D., Kim, R. and Kim, S.-H. Purification, Crystallization, and Preliminary X-Ray Crystallographic Data Analysis of Small Heat Shock Protein Homolog from *Methanococcus jannaschii*, a Hyperthermophile. *J. Struct. Biol.* **121**: 76-80. (1998).

201 Kim, R., Sandler, S.J., Goldman, S., Yokota, H., Clark, A.J. and Kim, S.-H. Overexpression of archaeal proteins in *Escherichia coli*. *Biotechnology Letters* **20(3)**: 207-210. (1998).

200 Meijer, L. and Kim, S.-H. Chemical Inhibitors of cyclin-dependent kinases. *Meth. Enyzmol*. 283: 113-128. (1997).

199 Dubchak, I., Muchnik, I. and Kim, S.-H.. Protein folding class predictor for SCOP: approach based on global descriptors. In *Proceedings of the Fifth International Conference on Intelligent Systems for Molecular Biology* (Gaasterland, T., Karp, P., Karplus, K., Ouzounis, C., Sander, C. and Valencia, A., eds.), 107-110, AAAI/MIT Press: Menlo Park, CA (1997).

198 Bujacz, G., Miller, M., Harrison, R., Thanki, N., Gilliland, G. L., Ogata, C. M., Kim, S.-H., and Wlodawer, A. Structure of Monellin Refined to 2.3 Å Resolution in the Orthorhombic Crystal Form. *Acta Cryst.* **D53**: 713-719. (1997).

197 Choi, I.-G., Kim, S.S., Ryu, J.-R., Han, Y.S., Bang, W.-G., Kim, S.-H. and Yeon Gyu Yu. Random sequence analysis of genomic DNA of a hyperthermophile: *Aquifex pyrophilus*. *Extremophiles* **1**: 125-134. (1997).

196 Kim, K.K., Yokota, H., Kim, R. and Kim, S.-H.. Cloning, expression, and crystallization of a hyperthermophilic protein that is homologous to the eukaryotic translation initiation factor, eIF5A. *Protein Science* **6**: 2268-2270 (1997).

195 Chi, Y.-I., Yokota, H., and Sung Hou Kim. Apo structure of the ligand-binding domain of aspartate receptor from *Escherichia coli* and its comparison with ligand-bound or pseudoligand-bound structures. *FEBS Letters* **414**: 327-332 (1997).

194 Huang, L., Weng, X., Hofer, F., Martin, G.S. and Kim, S.-H. Three-dimensional structure of the Ras-interacting domain of RalGDS. *Nature Struct. Biol.* **4(8)**: 609-615. (1997).

193 Lim, J.-H., Yu, Y.G., Han, Y.S., Cho, S., Ahn, B.-Y., Kim, S.-H. and Yunje Cho. The Crystal Structure of an Fe-Superoxide Dismutase from the Hyperthermophile *Aquifex pyrophilus* at 1.9 Å Resolution: Structural Basis for Thermostability. *J. Mol. Biol.* **270**: 259-274. (1997).

192 Lim, J.-H., Yu, Y. G., Choi, I.-G., Ryu, J.-R., Ahn, B.-Y., Kim, S.-H., and Ye Sun Han. Cloning and expression of superoxide dismutase from *Aquifex pyrophilus*, a hyperthermophilic bacterium. *FEBS Letters* **406**: 142-146. (1997).

191 De Azevedo, W. F., Leclerc, S., Meijer, L., Havlicek, L., Strnad, M. and Kim, S.-H. Inhibition of cyclin-dependent kinases by purine analogues: Crystal structure of human cdk2 complexed with roscovitine. *Eur. J. Biochem.* **243**: 518-526. (1997).

190 Holbrook, S. R. and Kim, S.-H. RNA Crystallography. *Biopolymers* **44**: 3-21. (1997).

189 Hung, L.-W., Kohmura, M., Ariyoshi, Y. and Kim, S.-H. Crystallization and preliminary X-ray analysis of D-monellin. *Acta Cryst.* **D53**: 327-328. (1997).

188 Earnest, T., Padmore, H., Cork, C., Behrsing, R. and Kim, S.-H. The macromolecular crystallography facility at the advanced light source. *Journal of Crystal Growth* **168**: 248-252. (1996).

187 Schulze-Gahmen, U., De Bondt, H. L. and Kim, S.-H. High Resolution Crystal Structures of Human Cyclin-Dependent Kinase 2 With and Without ATP: Bound Values and Natural Ligand as Guides for Inhibitor Design. *Journal of Medicinal Chemistry* **39(23)**: 4540-4546. (1996).

186 Jamieson, A. C., Wang, H. and Kim, S.-H. A zinc finger directory for high-affinity DNA recognition. *Proc. Natl. Acad. Sci. USA* **93**: 12834-12839 (1996).

185 Kim, S.-H., Schulze-Gahmen, U., Brandsen, J. and W.F. de Azevedo, Jr. Structural basis for chemical inhibition of CDK2. In *Progress in Cell Cycle Research, Vol. 2* (Meijer, L., Guidet, S., and L. Vogel, eds.), 137-145, Plenum Press: New York (1996).

184 Yeh, J.I., Biemann, H.-P., Privé, G.G., Pandit, J., Koshland, D.E., Jr. and Kim, S.-H. High-Resolution Structures of the Ligand Binding Domain of the Wild-type Bacterial Aspartate Receptor. *J. Mol. Biol.* **262**: 186-201 (1996).

183 Kim, K.K., Chamberlin, H.M., Morgan, D.O. and Kim, S.-H. Three-dimensional structure of human cyclin H, a positive regulator of the CDK-activating kinase. *Nature Struct. Biol.* **3(10)**: 849-855 (1996).

182 De Azevedo, W.F., Jr., Mueller-Dieckmann, H.-J., Schulze-Gahmen, U., Worland, P. J., Sausville, E. and Kim, S.-H. Structural basis for specificity and potency of a flavonoid inhibitor of human CDK2, a cell cycle kinase. *Proc. Natl. Acad. Sci. USA* **93**: 2735-2740 (1996).

181 Huang, L., Jancarik, J., Kim, S.-H., Hofer, F. and G.S. Martin. Crystallization and preliminary crystallographic analysis of the Ras binding domain of RalGDS, a guanine nucleotide dissociation stimulator of the Ral protein. *Acta Cryst.* **D52:** 1033-1035 (1996).

180 Shin, W., Kim, S.J., Shin, J.M. and Kim, S.-H. Structure-Taste Correlations in Sweet Dihydrochalcone, Sweet Dihydroisocoumarin and Bitter Flavone Compounds. *Journal of Medicinal Chemistry* **38(21)**: 4325-4331 (1995).

179 Dubchak, I., Muchnik, I., Holbrook, S.R. and Kim, S.-H. Prediction of protein folding class using global description of amino acid sequence. *Proc. Natl. Acad. Sci. USA* **92**: 8700-8704 (1995).

178 Somoza, J.R., Szöke, H., Goodman, D.M., Béran, P., Truckses, D., Kim, S.-H. and A. Szöke. Holographic Methods in X-ray Crystallography. IV. A Fast Algorithm and its Application to Macromolecular Crystallography. *Acta Cryst.* **A51**: 691-708 (1995).

177 Kim, R., Holbrook, E.L., Jancarik, J. and Kim, S.-H. Synthesis and Purification of Milligram Quantities of Short RNA Transcripts. *BioTechniques* **18(16)**: 992-994 (1995).

176 Padmore, H.A., Earnest, T., Kim, S.-H., Thompson, A.C. and A.L. Robinson. A beamline for macromolecular crystallography at the advanced light source. *Rev. Sci. Instrum.* **66(2)**: 1738-1740 (1995).

175 Berry, E.A., Shulmeister, V.M., Huang, L.-S. and Kim, S.-H. A new crystal form of bovine heart ubiquinol: cytochrome oxidoreductase: determination of space group and unit-cell parameters. *Acta Cryst.* **D51**: 235-239 (1995).

174 Somoza, J.R., Cho, J.M. and Kim, S.-H.. The Taste-active Regions of Monellin, a Potently Sweet Protein. *Chemical Senses* **20**: 61-68 (1995).

173 Schulze-Gahmen, U., Brandsen, J., Jones, H.D., Morgan, D.O., Meijer, L., Vesely, J. and Kim, S.-H. Multiple Modes of Ligand Recognition: Crystal Structures of Cyclin-Dependent Protein Kinase 2 in Complex With ATP and Two Inhibitors, Olomoucine and Isopentenyladenine. *PROTEINS: Structure, Function, and Genetics* **22**: 378-391 (1995).

172 Oh, B.-H., Ames, G.F.-L. and Kim, S.-H. Structural Basis for Multiple Ligand Specificity of the Periplasmic Lysine-, Arginine-, Ornithine-binding Protein *J. Biol. Chem.* **269(42)**: 26323-26330 (1994).

171 Taylor, E.W., Fear, A.L., Bohm, A., Kim, S.-H. and K. Koths. Structure-Function Studies on Recombinant Human Macrophage Colony-Stimulating Factor (M-CSF*). J. Biol. Chem.* **269(49)**: 31171-31177 (1994).

170 Kim, R., Holbrook, E.L., Jancarik, J., Pandit, J., Weng, X., Bohm, A. and Kim, S.-H. High-Resolution Crystals and Preliminary X-ray Diffraction Studies of a Catalytic RNA. *Acta Cryst.* **D50**: 290-292 (1994).

169 Jamieson, A.C., Kim, S.-H. and J.A. Wells. *In Vitro* Selection of Zinc Fingers with Altered DNA-Binding Specificity. *Biochemistry* **33**: 5689-5695 (1994).

168 Kim, S.-H. "Frozen" dynamic dimer model for transmembrane signaling in bacterial chemotaxis receptors. *Protein Science* **3**: 159-165 (1994).

167 Oh, B.-H., Kang, C.-H., De Bondt, H., Kim, S.-H., Nikaido, K., Joshi, A.K. and G.F.-L. Ames. The Bacterial Periplasmic Histidine-binding Protein: Structure/Function Analysis of the Ligand-binding Site and Comparison with Related Proteins. *J. Biol. Chem.* **269(6):** 1135-4143 (1994).

166 Kim, S.-H. and J.L. Weickmann. Crystal Structure of Thaumatin I and Its Correlation to Biochemical and Mutational Studies. In *Thaumatin* (Witty, M. and J. Higginbothom, eds.), 135-149, CRC Press, Inc.: Boca Raton (1994).

165 Kim, S.-H., Privé, G.G. and M.V. Milburn. Conformational Switch and Structural Basis for Oncogenic Mutations of *Ras* Proteins. In *Handbook of Experimental Pharmacology Vol 108/I: GTPases in Biology* (Dickey, B. F. and Birnbaumer, L., eds.), 177-194, Springer-Verlag: Berlin (1993).

164 Somoza, J.R., Jiang, F., Tong, L., Kang, C.-H., Cho, J.M. and Kim, S.-H. Two Crystal Structures of a Potently Sweet Protein: Natural Monellin at 2.75 Å Resolution Single-Chain Monellin at 1.7 Å Resolution. *J. Mol. Biol.* **234**: 390-404 (1993).

163 Kim, S.-H. Conformational Switch of *Ras* Proteins. *Mol. Cells* (Korean Society of

Molecular Biology) **3**: 229-232 (1993).

162 Nikaido, H., Kim, S.-H. and E.Y. Rosenberg. Physical organization of lipids in the cell wall of *Mycobacterium chelonae. Mol. Microbiol.* **8(6)**: 1025-1030 (1993).

161 Scott, W.G., Milligan, D.L., Milburn, M.V., Privé, G.G., Yeh, J., Koshland, D.E., Jr. and Kim, S.-H. Refined Structures of the Ligand-binding Domain of the Aspartate Receptor from *Salmonella typhimurium. J. Mol. Biol.* **232**: 555-573 (1993).

160 De Bondt, H.L., Rosenblatt, J., Jancarik, J., Jones, H.D., Morgan, D.O. and Kim, S.-H. Crystal structure of cyclin-dependent kinase 2. *Nature* **363**: 595-602 (1993).

159 Holbrook, S.R., Dubchak, I. and Kim, S.-H. PROBE: A Computer Program Employing an Integrated Neural Network Approach to Protein Structure Prediction. *BioTechniques* **14(6)**: 984-989 (1993).

158 Rosenblatt, J., De Bondt, H., Jancarik, J., Morgan, D.O. and Kim, S.-H. Purification and Crystallization of Human Cyclin-dependent Kinase 2. *J. Mol. Biol.* **230**: 1317-1319 (1993).

157 Holbrook, S.R., Muskal, S.M. and Kim, S.-H. Predicting Protein Structural Features with Artificial Neural Networks. In *Artificial Intelligence and Molecular Biology* Hunter, L., ed.), p.161-194, AAAI Press: Menlo Park (1993).

156 Oh, B.-H., Pandit, J., Kang, C.-H., Nikaido, K., Gokcen, S., Ames, G.F.-L. and Kim, S.-H. Three-dimensional Structures of the Periplasmic Lysine/Arginine/Ornithine-binding Protein with and without a Ligand. *J. Biol. Chem.* **268(15)**: 11348-11355 (1993).

155 Dubchak, I., Holbrook, S.R. and Kim, S.-H. Prediction of Protein Folding Class From Amino Acid Composition. *PROTEINS: Structure, Function, and Genetics* **16**: 79-91 (1993).

154 Weng, X., Luecke, H., Song, I.S., Kang, D.S., Kim, S.-H. and R. Huber. Crystal structure of human annexin I at 2.5 Å resolution. *Protein Science* **2**: 448-458 (1993).

153 Yeh, J.I., Biemann, H.-P., Pandit, J., Koshland, D.E. and Kim, S.-H. The Three-dimensional Structure of the Ligand-binding Domain of a Wild-type Bacterial Chemotaxis Receptor: Structural Comparison to the Cross-linked Mutant Forms and Conformational Changes Upon Ligand Binding. *J. Biol. Chem.* **268 (13)**: 9787-9792 (1993).

152 Kim, S.-H., Privé, G.G., Yeh, J., Scott, W.G. and M.V. Milburn. A Model for Transmembrane Signaling in a Bacterial Chemotaxis Receptor. *Cold Spring Harbor Symposia on Quantitative Biology* **57**:17-24 (1992).

151 Tomic, M.T., Somoza, J.R., Wemmer, D.E., Park, Y.W., Cho, J.M. and Kim, S.-H. ^{1}H resonance assignments, secondary structure and general topology of single-chain monellin in solution as determined by ^{1}H 2D-NMR. *J. Biomolecular NMR* **2**: 557-572 (1992).

150 Ogata, C.M., Gordon, P.F., de Vos, A.M. and Kim, S.-H. Crystal Structure of a Sweet Tasting Protein Thaumatin I, at 1.65 Å Resolution. *J. Mol. Biol.* **228**: 893-908 (1992).

149 Pandit, J., Bohm, A., Jancarik, J., Halenbeck, R., Koths, K. and Kim, S.-H. Three-Dimensional Structure of Dimeric Human Recombinant Macrophage Colony-Stimulating Factor. *Science* **258**: 1358-1362 (1992).

148 Hodel, A., Kim, S.-H. and A.T. Brünger. Model Bias in Macromolecular Crystal Structures. *Acta Cryst.* **A48**: 851-858 (1992).

147 Muskal, S.M. and Kim, S.-H. Predicting Protein Secondary Structure Content: A Tandem Neural Network Approach. *J. Mol. Biol.* **225**: 713-727 (1992).

146 Privé, G.G., Milburn, M.V., Tong, L., de Vos, A.M., Yamaizumi, Z., Nishimura, S. and

Kim, S.-H. X-Ray crystal structures of transforming p21 ras mutants suggest a transition-state stabilization mechanism for GTP hydrolysis. *Proc. Natl. Acad. Sci. USA* **89**: 3649-3653 (1992).

145 Peñarrubia, L., Kim, R., Giovannoni, J., Kim, S.-H. and R.L. Fischer. Production of the Sweet Protein Monellin in Transgenic Plants. *Bio/Technology* **10**: 561-564 (1992).

144 Kim, S.-H. β-Ribbon: A New DNA Recognition Motif. *Science* **255**: 1217-1218 (1992).

143 Chung, H.-H., Kim, R. and Kim, S.-H. Biochemical and biological activity of phosphorylated and non-phosphorylated r*as* p21 mutants. *Biochimica et Biophysica Acta* **1129**: 278-286 (1992).

142 Kim, S.-H. and G.E. DuBois. Natural high potency sweeteners. In *Handbook of Sweeteners* (Marie, S. and Piggott, J. R., eds.), 116-185, Blackie: Glasgow (1991).

141 Milburn, M.V., Privé, G.G., Milligan, D.L., Scott, W.G., Yeh, J., Jancarik, J., Koshland, D.E., Jr. and Kim, S.-H. Three-Dimensional Structures of the Ligand-Binding Domain of the Bacterial Aspartate Receptor With and Without a Ligand. *Science* **254**: 1342-1347 (1991).

140 Kang, C.-H., Shin, W.-C., Yamagata, Y., Gokcen, S., Ames, G.F.-L. and Kim, S.-H. Crystal Structure of the Lysine-, Arginine-, Ornithine-binding Protein (LAO) from *Salmonella typhimurium* at 2.7-Å Resolution. *J. Biol. Chem.* **266 (35)**: 23893-23899 (1991).

139 Holbrook, S.R., Cheong, C., Tinoco, I., Jr. and Kim, S.-H. Crystal structure of an RNA double helix incorporating a track of non-Watson-Crick base pairs. *Nature* **353**: 579-581 (1991).

138 Tamura, T., Holbrook, S.R. and Kim, S.-H. A Macintosh® Computer Program for Designing DNA Sequences that Code for Specific Peptides and Proteins. *BioTechniques* **10 (6)**: 782-784 (1991).

137 Jancarik, J., Scott, W.G., Milligan, D.L., Koshland, D.E., Jr. and Kim, S.-H. Crystallization and Preliminary X-ray Diffraction Study of the Ligand-binding Domain of the Bacterial Chemotaxis-mediating Aspartate Receptor of *Salmonella typhimurium. J. Mol. Biol.* **221**: 31-34 (1991).

136 Jancarik, J. and Kim, S.-H. Sparse matrix sampling: a screening method for crystallization of proteins. *J. Appl. Cryst.* **24**: 409-411 (1991).

135 Kim, S.-H., Milburn, M.V. and Kim, R. Human *Ras* Oncoproteins: Three-Dimensional Structure, Functional Implications and Pharmacological Suppression. In *Recent Advances in Biochemistry* (Byun, S. M., Lee, S. Y., and C.H. Yang, eds.), 1-16, The Proceedings of the Fifth FAOB Congress, Seoul, Korea, The Biochemical Society of the Republic of Korea: Seoul (1991).

134 Jiang, F. and Kim, S.-H. "Soft Docking": Matching of Molecular Surface Cubes. *J. Mol. Biol.* **219**: 79-102 133. (1991).

133 Tong, L., de Vos, A.M., Milburn, M.V. and Kim, S.-H. Crystal Structures at 2.2 Å Resolution of the Catalytic Domains of Normal R*as* Protein and an Oncogenic Mutant Complexed with GDP. *J. Mol. Biol.* **217**: 503-516 (1991).

132 Kim, S.-H., Kang, C.-H. and J.-M. Cho. Sweet Proteins: Biochemical Studies and Genetic Engineering. In *Sweeteners: Discovery, Molecular Design, and Chemoreception*, (Walters, D.E., Orthoefer, F. T. and G.E. DuBois, eds.), p. 28-40, ACS: Washington, DC (1991).

131 Pearlman, D.A. and Kim, S.-H. Atomic Partial Charges for Nucleic Acids from X-Ray Diffraction Data. *Theoretical Biochemistry & Molecular Biophysics,* (Beveridge, D. L. and R. Lavery, eds.), p. 259-270, Adenine Press: Schenectady, NY (1990).

130 Kim, R., Rine, J. and Kim, S.-H. Prenylation of Mammalian Ras Protein in *Xenopus* Oocytes. *Molecular and Cell Biology* **10(11)**: 5945-5949 (1990).

129 Wu, M., Kim, R. and Kim, S.-H. The Use of *Xenopus* Oocytes for the Bioassay of Ras. *Methods: A Companion to Methods in Enzymology* **1(3)**: 315-318 (1990).

128 Schafer, W.R., Trueblood, C.E., Yang, C.-C., Mayer, M.P., Rosenberg, S., Poulter, C.D., Kim, S.-H. and Rine, J. Enzymatic Coupling of Cholesterol Intermediates to a Mating Pheromone Precursor and to the Ras Protein. *Science* **249**: 1133-1139 (1990).

127 Muskal, S.M., Holbrook, S.R. and Kim, S.-H. Prediction of the disulfide-bonding state of cysteine in proteins. *Protein Engineering* **3 (8)**: 667-672 (1990).

126 Holbrook, S.R., Muskal, S.M. and Kim, S.-H. Predicting surface exposure of amino acids from protein sequence. *Protein Engineering* **3 (8)**: 659-665 (1990).

125 Brünger, A.T., Milburn, M.V., Tong, L., de Vos, A.M., Jancarik, J., Yamaizumi, Z., Nishimura, S., Ohtsuka, E. and Kim, S.-H. Crystal structure of an active form of RAS protein, a complex of a GTP analog and the HRAS p21 catalytic domain. *Proc. Natl. Acad. Sci. USA* **87**: 4849-4853 (1990).

124 Kim, S.-H. and Cho, J.-M.. Genetic Engineering of Monellin, a Sweet Protein. *KSEA Letters (Korean Scientists and Engineers Association in America, Inc.)* **18 (6)**: 16-21 (1990).

123 Rine, J. and Kim, S.-H. A Role for Isoprenoid Lipids in the Localization and Function of an Oncoprotein. *The New Biologist* **2 (3)**: 219-226 (1990).

122 Milburn, M.V., Tong, L., de Vos, A.M., Brünger, A., Yamaizumi, Z., Nishimura, S. and Kim, S.-H. Molecular Switch for Signal Transduction: Structural Differences Between Active and Inactive Forms of Protooncogenic *ras* Proteins. *Science* **247**: 939-945 (1990).

121 Pearlman, D.A. and Kim, S.-H. Atomic Charges for DNA Constituents Derived from Single-crystal X-ray Diffraction Data. *J. Mol. Biol.* **211**: 171-187 (1990).

120 Tong, L., de Vos, A.M., Milburn, M.V., Jancarik, J., Noguchi, S., Nishimura, S., Miura, K., Ohtsuka, E. and Kim, S.-H. Structural Differences of Transforming *ras* p21 (Val-12) From the Normal Protein. In *Frontiers of NMR in Molecular Biology*, p. 145-153, Alan R. Liss, Inc.: New York (1990).

119 Kim, S.-H., Kang, C.-H., Kim, R., Cho, J.M., Lee, Y.-B. and T.-K. Lee. Redesigning a sweet protein: increased stability and renaturability. *Protein Engineering* **2 (8)**: 571-575 (1989).

118 Shafer, W.R., Kim, R., Sterne, R., Thorner, J., Kim, S.-H. and Rine, J. Genetic and Pharmacological Suppression of Oncogenic Mutations in *RAS* Genes of Yeast and Humans. *Science* **245**: 379-385 (1989).

117 Tong, L., Milburn, M.V., de Vos, A.M. and Kim, S.-H. Structure of *Ras* Protein (Correction). *Science* **245**: 244 (1989).

116 Glaeser, R.M., Tong, L. and Kim, S.-H. Three-dimensional Reconstructions From Incomplete Data: Interpretability of Density Maps at "Atomic" Resolution. *Ultramicroscopy* **27**: 307-318 (1989).

115 Kang, C.H., Kim, S.-H., Nikaido, K., Gokcen, S. and G.F.-L. Ames. Crystallization and Preliminary X-ray Studies of HisJ and LAO Periplasmic Proteins from *Salmonella* *typhimurium*. *J. Mol. Biol.* **207**: 643-644 (1989).

114 Holbrook, S.R. and Kim, S.-H. Molecular Model of the G Protein α Subunit Based on the Crystal Structure of the H*Ras* Protein. *Proc. Nat. Acad. Sci. USA* **86**: 1751-1755 (1989).

113 Kim, S.-H. Three-dimensional Structure of a Cancer Protein. *KSEA Letters (Korean Scientists and Engineers Association in America, Inc.)* **17 (4)**: 35-37 (1989).

112 de Vos, A.M., Tong, L., Milburn, M.V., Matias, P.M. and Kim, S.-H. Three-Dimensional Structure of *ras* p21 Proteins. In *The Guanine-Nucleotide Binding Proteins* (Bosch, L., Kraal, B., and A. Parmeggiani, eds.), p. 27-34, Plenum Publishing Corporation: New York (1989).

111 Tong, L., de Vos, A.M., Milburn, M.V., Jancarik, J., Noguchi, S., Nishimura, S., Miura, K., Ohtsuka, E. and Kim, S.-H. Structural differences between a *ras* oncogene protein and the normal protein. *Nature* **337 (6202)**: 90-93 (1989).

110 Kim, S.-H., de Vos, A.M., Tong, L., Milburn, M.V., Matias, P.M, Jancarik, J., Ohtsuka, E and S. Nishimura. *ras* Oncogene Proteins: Three-dimensional Structures, Functional Implications and a Model for Signal Transducer. *Cold Spring Harbor Symposia on Quantitative Biology* **53**: 273-281 (1988).

109 Hou, Y.-M., Kim, R. and Kim, S.-H. Expression of mouse metallothionein-I gene in *Escherichia coli*: increased tolerance to heavy metals. *Biochimica et Biophysica Acta* **951**: 230-234 (1988).

108 Lu, T.-H., Young, T.-S. and Kim, S.-H. A Fortran program for anisotropic scaling. *J. Appl. Cryst.* **21**: 371-372 (1988).

107 Holbrook, S.R., Pearlman, D.A. and Kim, S.-H. Molecular Models of Photodamaged DNA. *Reviews of Chemical Intermediates* **10**: 71-100 (1988).

106 Jancarik, J., de Vos, A.M., Kim, S.-H., Miura, K., Ohtsuka, E., Noguchi, S. and S. Nishimura. Crystallization of Hyman c-H-*ras* Oncogene Products. *J. Mol. Biol.* **200**: 205-207 (1988).

105 Holbrook, S.R., Wang, A.H.-J., Rich, A. and Kim, S.-H. Local Mobility of Nucleic Acids as Determined from Crystallographic Data: III. A Daunomycin-DNA Complex. *J. Mol. Biol.* **199**: 349-357 (1988).

104 de Vos, A. M., Tong, L., Milburn, M.V., Matias, P.M., Jancarik, J., Noguchi, S., Nishimura, S., Miura, K., Ohtsuka, E. and Kim, S.-H. Three-Dimensional Structure of an Oncogene Protein: Catalytic Domain of Human c-H-*Ras* p21. *Science* **239**: 888-893 (1988).

103 Pearlman, D.A. and Kim, S.-H. Conformational Studies of Nucleic Acids. V. Sequence Specificities in the Conformational Energetics of Oligonucleotides: The Homo-Tetramers. *Biopolymers* **27**: 59-77 (1988).

102 Kim, S.-H., de Vos, A.M. and C.M. Ogata. Crystal structures of two intensely sweet proteins. *Trends in Biochem. Sci.* **13**: 13-15 (1988).

101 Tomic, M.T., Wemmer, D.E. and Kim, S.-H. Structure of a Psoralen Cross-Linked DNA in Solution by Nuclear Magnetic Resonance. *Science* **238**: 1722-1725 (1987).

100 Kim, S.-H. and Cech, T. R. Three-dimensional model of the active site of the self-splicing rRNA precursor of *Tetrahymena*. *Proc. Natl. Acad. Sci. USA* **84**: 8788-8792 (1987).

99 Ogata, C., Hatada, M., Tomlinson, G., Shin, W.-C. and Kim, S.-H. Crystal structure of the intensely sweet protein monellin. *Nature* **328 (6132)**: 739-742 (1987).

98 de Vos, A.M., and Kim, S.-H. Crystal Structure of Thaumatin I, a Sweet Taste Receptor

Binding Protein. In *Crystallography in Molecular Biology (NATO ASI Series A **126**)* (D. Moras. *et al.*, eds.), p. 395-402, Plenum Press: New York (1987).

97 Terwilliger, T.C., Kim, S.-H. and Eisenberg D. Generalized Method of Determining Heavy-Atom Positions Using the Difference Patterson Function. *Acta Cryst.* **A43**: 1-5 (1987).

96 Pearlman, D.A. and Kim, S.-H. Conformation Studies of Nucleic Acids: IV. The Conformational Energetics of Oligonucleotides: d(ApApApA) and ApApApA. *Journal of Biomolecular Structure & Dynamics* **4 (1)**: 069-098 (1986).

95 Pearlman, D.A. and Kim, S.-H. Conformational Studies of Nucleic Acids: III. Empirical Multiple Correlation Functions for Nucleic Acid Torsion Angles. *Journal of Biomolecular Structure & Dynamics* **4 (1)**: 049-067 (1986).

94 Holbrook, S.R., Wang, A.H.-J., Rich, A. and Kim, S.-H. Local Mobility of Nucleic Acids as Determined from Crystallographic Data: II. Z-form DNA. *J. Mol. Biol.* **187**: 429-440 (1986).

93 Kim, R. and Kim, S.-H. Conformational Change of DNA in Specific Recognition Complexes Between DNA and Protein. *Structure and Function of the Genetic Apparatus* (Nicolini, C. and P.O.P. T'so, eds.), 25-34, Plenum Publishing Corporation: New York (1985).

92 Holbrook, S.R. and Kim, S.-H. Significant Local Mobility in Double-Stranded DNA and RNA. *Structure and Function of the Genetic Apparatus* (Nicolini, C. and P.O.P. T'so, eds.), p. 15-24, Plenum Publishing Corporation: New York (1985).

91 Pearlman, D.A. and Kim, S.-H. The conformations and energetics of photodamaged DNA. *Proc. Int. Symp. Biomol. Struct. Interactions, Suppl. J. Biosci., (Indian Academy of Sciences)* **8 (3+4)**: 579-592 (1985).

90 Pearlman, D.A., Holbrook, S.R. and Kim, S.-H. The conformational effects of UV induced damage on DNA. *In Interrelationship Among Aging, Cancer and Differentiation (Jerusalem Symp. Quantum Chem. Biochem.)* **18**: (B. Pullman *et al.*, eds.), 163-171, D. Reidel Publishing Company: Dordrecht-Holland (1985).

89 Holbrook, S.R. and Kim, S.-H. A Procedure for Determination of the Local Mobility of Macromolecules from Experimental Data. In *Molecular Dynamics and Protein Structure* (J. Herman, ed.), p. 83-85, distr. Polycrystal Books: Dayton (1985).

88 Kim, S.-H., Shin, W.-C. and Warrant, R. W. Heavy Metal Ion-Nucleic Acid Interaction. In *Methods in Enzymology **114** (Diffraction Methods for Biological Macromolecules: Part A)* (Wyckoff, H.W., Hirs, C.H.W. and S.N. Timasheff, eds.), p. 156-167, Academic Press, Inc.: Orlando (1985).

87 Holbrook, S.R. and Kim, S.-H. Crystallization and Heavy-atom Derivatives of Polynucleotides. *Methods in Enzymology **114** (Diffraction Methods for Biological Macromolecules: Part A)* (Wyckoff, H.W., Hirs, C.H.W. and S.N. Timasheff, eds.), p. 167-176, Academic Press, Inc.: Orlando (1985).

86 Pearlman, D.A. and Kim, S.-H. Conformational Studies of Nucleic Acids: II. The Conformational Energetics of Commonly Occurring Nucleosides. *Journal of Biomolecular Structure and Dynamics* **3 (1)**: 99-125 (1985).

85 Pearlman, D.A. and Kim, S.-H. Conformational Studies of Nucleic Acids: I. A Rapid and Direct Method for Generating Furanose Coordinates from the Pseudorotation Angle. *Journal of Biomolecular Structure and Dynamics* **3 (1)**: 85-98 (1985).

84 Holbrook, S.R., Dickerson, R.E. and Kim, S.-H. Anisotropic Thermal-Parameter

Refinement of the DNA Dodecamer CGCGAATTCGCG by the Segmented Rigid-Body Method. *Acta Cryst.* **B41**: 255-262 (1985).

83 Hatada, M., Jancarik, J., Graves, B. and Kim, S.-H. Crystal Structure of Aspartame, a Peptide Sweetener. *J. Am. Chem. Soc.* **107**: 4279-4282 (1985).

82 Pearlman, D.A. and Kim, S.-H. Determinations of Atomic Partial Charges for Nucleic Acid Constituents from X-Ray Diffraction Data. I. 2'-Deoxycytidine-5'-Monophosphate. *Biopolymers* **24**: 327-357 (1985).

81 Pearlman, D.A., Holbrook, S.R., Pirkle, D.H. and Kim, S.-H. Molecular Models for DNA Damaged by Photoreaction. *Science* **227**: 1304-1308 (1985).

80 de Vos, A.M., Hatada, M., van der Wel, H., Krabbendam, H., Peerdeman, A.F. and Kim, S.-H. Three-dimensional structure of thaumatin I, an intensely sweet protein. *Proc. Natl. Acad. Sci. USA* **82**: 1406-1409 (1985).

79 Kim, S.-H., Pearlman, D.A., Holbrook, S.R. and Pirkle, D. Structures of DNA Containing Psoralen Crosslink and Thymine Dimer. In *Molecular Basis of Cancer, Part A: Macromolecular Structure, Carcinogens and Oncogenes: Prog. Clin. Biol. Res.* (R. Rein, ed.), **172**: 143-152, Alan R. Liss, Inc.: New York (1985).

78 Kim, R., Modrich, P. and Kim, S.-H.. 'Interactive' recognition in *Eco*RI restriction enzyme-DNA complex. *Nucleic Acids Research* **12 (19)**: 7285-7292 (1984).

77 Cheng, S.-C., Kim, R., King, K., Kim, S.-H. and Modrich, P. Isolation of Gram Quantities of *Eco*RI Restriction and Modification Enzymes from an Overproducing Strain. *J. Biol. Chem.* **259 (18)**: 11571-11575 (1984).

76 Holbrook, S.R. and Kim, S.-H. Local Mobility of Nucleic Acids as Determined from Crystallographic Data: I. RNA and *B* form DNA. *J. Mol. Biol.* **173**: 361-388 (1984).

75 Tomlinson, G., Ogata, C., Shin, W.-C. and Kim, S.-H. Crystal Structure of a Sweet Protein, Monellin, at 5.5 Å Resolution. *Biochemistry* **22**: 5772-5774 (1983).

74 Kim, S.-H. Structural Models for DNA-Protein Recognition. In *Nucleic Acid Research: Future Development* (Proc. 1981 AMBO Symp.) (Mizoguchi, K., Watanabe, I., and J.D. Watson, eds.), p.165-177, Academic Press: San Diego (1983).

73 Holbrook, S. R. and Kim, S.-H. Correlation Between Chemical Modification and Surface Accessibility in Yeast Phenylalanine Transfer RNA. *Biopolymers* **22**: 1145-1166 (1983).

72 Boyle, J. A., Kim, S.-H. and Cole, P. E. Melting Order of Successively Longer Yeast Phenylalanine-Accepting Transfer Ribonucleic Acid Fragments with a Common 5' End. *Biochemistry* **22**: 741-745 (1983).

71 Kim, R. and Kim, S.-H. Direct Measurement of DNA Unwinding Angle in Specific Interaction Between *lac* Operator and Repressor. *Cold Spring Harbor Symposia on Quantitative Biology* **47**: 451-454 (1983).

70 Kim, S.-H., Peckler, S., Graves, B., Kanne, D., Rapoport, H. and Hearst, J. E. Sharp Kink of DNA at Psoralen-cross-link Site Deduced from Crystal Structure of Psoralen-Thymine Monoadduct. *Cold Spring Harbor Symposia on Quantitative Biology* **47**: 361-365 (1983).

69 Peckler, S., Graves, B., Kanne, D., Rapoport, H., Hearst, J.E. and Kim, S.-H. Structure of a Psoralen-Thymine Monoadduct Formed in Photoreaction with DNA. *J. Mol. Biol.* **162**: 157-172 (1982).

68 Tomlinson, G.E. and Kim, S.-H. Preliminary Crystallographic Studies of a Sweet Protein, Monellin. *J. Biol. Chem.* **256 (23)**: 12476-12477 (1981).

67 Holbrook, S.R., Martin, F.H., Tinoco, I., Jr., Young, T.-S., and Kim, S.-H. Crystallization and Preliminary Crystallographic Investigation of a DNA-RNA Hybrid. *J. Mol. Biol.* **153**: 837-840 (1981).

66 Holbrook, S.R., Sussman, J.L., and Kim, S.-H. Absence of Correlation Between Base-Pair Sequence and RNA Conformation. *Science* **212**: 1275-1277 (1981).

65 Kim, S.-H. Transfer RNA: Crystal Structures. In *Topics in Nucleic Acid Structure* (S. Neidle, ed.) (From Topics in Molecular and Structural Biology Series), p. 83-112, Macmillan Publishers, Ltd.: London (1981).

64 Kim, S.-H. Nucleic Acids-Protein Interactions: How Double Helical DNA and RNA are Recognized by Proteins. *Proc. 7th Symp. Korean Scientists & Engineers Home & Abroad* **1**: 327-331 (1981).

63 Kim, R., Young, T.-S., Schachman, H.K. and Kim, S.-H. Crystallization and Preliminary X-Ray Diffraction Studies of an Inactive Mutant Aspartate Transcarbamoylase from Escherichia coli. *J. Biol. Chem.* **256 (10)**: 4691-4692 (1981).

62 Newman, A.K., Rubin, R.A., Kim, S.-H. and Modrich, P. DNA Sequences of Structural Genes for *Eco*RI DNA Restriction and Modification Enzymes. *J. Biol. Chem.* **256 (5)**: 2131-2139 (1981).

61 Young, T.-S., Modrich, P., Beth, A., Jay, E. and Kim, S.-H. Preliminary X-ray Diffraction Studies of *Eco*RI Restriction Endonuclease-DNA Complex. *J. Mol. Biol.* **145**: 607-610 (1981).

60 Kim, S.-H. Current Trends in Practical Aspects of Genetic Engineering. Proc. 8th Intl. Seminar on Human Ecology: Kyung-Pook National University, Taegu, Korea, p. 1-15 (1980).

59 Kim, S.-H. Nucleic Acids-Protein Interactions: Structural Studies by X-Ray Diffraction and Model Building. Biological Recognition and Assembly: Prog. Clin. Biol. Res. (D. Eisenberg, et al., eds.), **40**: 311-317, Alan R. Liss, Inc.: New York (1980).

58 Kim, S.-H. and Warrant, R. W. Protein-Nucleic Acid Non-Specific Interaction: Crystal Structure of a Protamine-tRNA Complex at 5.4 Å Resolution and a Model for Protamine-DNA Complex. Biomolecular Structure, Conformation, Function and Evolution (R. Srinivasan, ed.), **1**: 415-424 (1980).

57 Alden, C.J. and Kim, S.-H. Accessible Surface Areas of Nucleic Acids and Their Relation to Folding, Conformational Transition and Protein Recognition. In Nucleic Acid Geometry and Dynamics (R.H. Sarma, ed.), p. 399-418, Pergamon Press: New York (1980).

56 Boyle, J., Robillard, G.T. and Kim, S.-H. Sequential Folding of Transfer RNA: A Nuclear Magnetic Resonance Study of Successively Longer tRNA Fragments with a Common 5' End. *J. Mol. Biol.* **139**: 601-625 (1980).

55 Holbrook, S.R. and Kim, S.-H. Intercalation conformations in single- and double-stranded nucleic acids. *Int. J. Biolog. Macromolecules* **1**: 233-240 (1979).

54 Alden, C.J. and Kim, S.-H. Accessible Surface Areas of Nucleic Acids and Their Relation to Folding, Conformation Transition and Protein Recognition. *Stereodynamics of Molecular Systems* (R.H. Sarma, ed.), p. 331-350, Pergamon Press: New York (1979).

53 Kim, S.-H. Crystal Structure of Yeast $tRNA^{Phe}$ and General Structural Features of Other tRNAs. In *Transfer RNA: Structure, Properties and Recognition* (P.R. Schimmel, *et al.*, eds.), p. 83-100, Cold Spring Harbor Laboratory: New York (1979).

52 Alden, C.J. and Kim, S.-H. Solvent-accessible Surfaces of Nucleic Acids. *J. Mol. Biol.* **132**: 411-434 (1979).

51 Kim, S.-H. and Quigley, G. J. Determination of a Transfer RNA Structure by Crystallographic Method. In *Methods in Enzymology* ***59***: 3-21, Academic Press, Inc.: San Diego (1978).

50 Holbrook, S.R., Sussman, J.L., Warrant, R.W. and Kim, S.-H. Crystal Structure of Yeast Phenylalanine Transfer RNA: II. Structural Features and Functional Implications. *J. Mol. Biol.* **123**: 631-660 (1978).

49 Sussman, J.L., Holbrook, S.R., Warrant, R.W., Church, G.M., and Kim, S.-H. Crystal Structure of Yeast Phenylalanine Transfer RNA: I. Crystallographic Refinement. *J. Mol. Biol.* **123**: 607-630 (1978).

48 Kim, S.-H. Crystal Structure of Yeast $tRNA^{Phe}$: Its Correlation to the Solution Structure and Functional Implications. In Transfer RNA (S. Altman, ed.), p. 248-293, M.I.T. Press: Cambridge, MA (1978).

47 Warrant, R.W. and Kim, S.-H. α-Helix—double helix interaction shown in the structure of a protamine-transfer RNA complex and a nucleoprotamine model. Nature **271**: 130-135 (1978).

46 Rich, A. and Kim, S.-H. The Three-dimensional Structure of Transfer RNA. *Sci. Amer*. **238 (1)**: 52-62 (1978).

45 Kim, S.-H. Three-dimensional Structure of Transfer RNA and Its Functional Implications. In Advances in Enzymology and Related Areas of Molecular Biology (A. Meister, ed.), **46**: 279-315, John Wiley & Sons, Inc.: New York (1978).

44 Kim, S.-H. and Sussman, J.L. Transfer RNA: Structure-function Correlation. Horizons in Biochemistry and Biophysics **4** (E. Quagliariello, et al., eds.): 159-200, Addison-Wesley Publishing Company: Reading, MA (1977).

43 Kim, S.-H. Three-dimensional Structure of a Transfer RNA. *KSEA Letters* (Korean Scientists and Engineers Association in America, Inc.) **6 (1)**: 19-24 (1977).

42 Sussman, J.L., Holbrook, S.R., Church, G.M. and Kim, S.-H. A Structure-Factor Least-Squares Refinement Procedure for Macromolecular Structures using Constrained *and* Restrained Parameters. *Acta Cryst*. **A33**: 800-804 (1977).

41 Holbrook, S.R., Sussman, J.L., Warrant, R.W., Church, G.M. and Kim, S.-H. RNA- ligand interactions: (I) magnesium binding sites in yeast $tRNA^{Phe}$. Nucleic Acids Research **4 (8)**: 2811-2820 (1977).

40 Church, G.M., Sussman, J.L. and Kim, S.-H. Secondary structural complementarity between DNA and proteins. *Proc. Natl. Acad. Sci. USA* **74 (4)**: 1458-1462 (1977).

39 Sussman, J.L. and Kim, S.-H. Three-Dimensional Structure of a Transfer RNA in Two Crystal Forms. Science **192**: 853-858 (1976).

38 Kim, S.-H. and Sussman, J. L. π Turn is a conformational pattern in RNA loops and bends. *Nature* **260 (5552)**: 645-646 (1976).

37 Kim, S.-H. Three-dimensional Structure of Transfer RNA. In Progress in Nucleic Acid Research and Molecular Biology **17** (W. Cohen, ed.): 181-216, Academic Press, Inc.: San Diego (1976).

36 Sussman, J.L. and Kim, S.-H. A Preliminary Refinement of Yeast $t\mathrm{RNA}^{Phe}$ at 3 Å Resolution. In *Environmental Effects on Molecular Structure and Properties* (Bergman, E. and B. Pullman, eds.), **8**: 535-545, D. Reidel Publishing Company: Dordrecht-Holland (1976).

35 Sussman, J.L. and Kim, S.-H. Idealized Atomic Coordinates of Yeast Phenylalanine

Transfer RNA. *Biochemical and Biophysical Research Communications* **68 (1)**: 89-96 (1976).

34 Kim, S.-H., Suddath, F.L., Quigley, G.J., McPherson, A., Sussman, J.L., Wang, A.J.H., Seeman, N.C. and Rich, A. The Tertiary Structure of Yeast Phenylalanine Transfer RNA. In *Structure and Conformation of Nucleic Acids and Protein-Nucleic Acid Interactions* (Sundaralingam, M. and S.T. Rao, eds.), p. 7-23, University Park Press: Baltimore (1975).

33 Kim, S.-H., Sussman, J.L. and Church, G. M. A Model for Recognition Scheme Between Double Stranded DNA and Proteins. In *Structure and Conformation of Nucleic Acids and Protein-Nucleic Acid Interactions* (Sundaralingam, M. and S.T. Rao, eds.), p. 571-575, University Park Press: Baltimore (1975).

32 Quigley, G.J., Wang, A.H.J., Seeman, N.C., Suddath, F.L., Rich, A., Sussman, J.L. and Kim, S.-H. Hydrogen bonding in yeast phenylalanine transfer RNA. *Proc. Natl. Acad. Sci. USA* **72 (12)**: 4866-4870 (1975).

31 Kim, S.-H. Symmetry recognition hypothesis model for tRNA binding to animoacyl-tRNA synthetase. *Nature* **256 (5519)**: 679-681 (1975).

30 Langlois, R., Kim, S.-H. and Cantor, C.R.A. A Comparison of the Fluorescence of the Y Base of Yeast $tRNA^{Phe}$ in Solution and in Crystals. *Biochemistry* **14**: 2554-2558 (1974).

29 Kim, S.-H., Sussman, J.L., Suddath, F.L., Quigley, G.J., McPherson, A., Wang, A.H.J., Seeman, N.C. and Rich, A. The General Structure of Transfer RNA Molecules. *Proc. Nat. Acad. Sci. USA* **71 (12)**: 4970-4974 (1974).

28 Kim, S.-H., Suddath, F.L., Quigley, G.J., McPherson, A., Sussman, J.L., Wang, A.H.J., Seeman, N.C. and Rich, A. Three-dimensional Tertiary Structure of Yeast Phenylalanine Transfer RNA. *Science* **185 (4149)**: 435-440 (1974).

27 Suddath, F.L., Quigley, G.J., McPherson, A., Sneden, D., Kim, J.J., Kim, S.-H. and Rich, A. Three-dimensional Structure of Yeast Phenylalanine Transfer RNA at 3 Å Resolution. *Nature* **248**: 20-24 (1974).

26 Kim, S.-H., Quigley, G.J., Suddath, F.L., McPherson, A., Sneden, D., Kim, J.J., Weinsierl, J., and Rich, A. Three-dimensional Structure of a Transfer RNA: Chain Tracing of Yeast Phenylalanine tRNA Molecule. *Trans. Am. Cryst. Assoc.* **9**: 11-17 (1973).

25 Hilbers, C.W., Shulman, R.G. and Kim, S.-H. High-Resolution NMR Study of the Melting of Yeast Phenylalanine tRNA. *Biochemical and Biophysical Research Communications* **55 (3)**: 953-960 (1973).

24 Kim, S.-H., Quigley, G., Suddath, F.L., McPherson, A., Sneden, D., Kim, J.J., Weinzierl, J. and Rich, A. Unit Cell Transformations in Yeast Phenylalanine Transfer RNA Crystals. *J. Mol. Biol.* **75**: 429-432 (1973).

23 Kim, S.-H., Quigley, G., Suddath, F.L., McPherson, A., Sneden, D., Kim, J.J., Weinzierl, J. and Rich, A. X-ray Crystallographic Studies of Polymorphic Forms of Yeast Phenylalanine Transfer RNA. *J. Mol. Biol.* **75**: 421-428 (1973).

22 Sneden, D., Miller, D., Kim, S.-H. and Rich, A. Preliminary X-ray Analysis of the Crystalline Complex between Polypeptide Chain Elongation Factor, Tu and GDP. *Nature* **241 (5391)**: 530-531 (1973).

21 Kim, S.-H., Berman, H.M., Seeman, N.C. and Newton, M.D. Seven Basic Conformations of Nucleic Acid Structural Units. *Acta Cryst.* **B29 (4)**: 703-710 (1973).

20 Kim, S.-H., Quigley, G.J., Suddath, F.L., McPherson, A., Sneden, D., Kim, J.J., Weinzierl, J. and Rich, A. Three-Dimensional Structure of Yeast Phenylalanine Transfer RNA:

Folding of the Polynucleotide Chain. *Science* **179**: 285-288 (1973).

19 Kim, S.-H., Quigley, G., Suddath, F.L., McPherson, A., Sneden, D., Kim, J.J., Weinzierl, J., Blattmann, P. and Rich, A. The Three-Dimensional Structure of Yeast Phenylalanine Transfer RNA: Shape of the Molecule at 5.5 Å Resolution *Proc. Nat. Acad. Sci. USA* **69 (12)**: 3746-3750 (1972).

18 Sussman, J.L., Seeman, N.C., Kim, S.-H. and Berman, H.M. Crystal Structure of a Naturally Occurring Dinucleoside Phosphate: Uridyl 3',5'-adenosin phosphate Model for RNA Chain Folding. *J. Mol. Biol.* **66**: 403-421 (1972).

17 Kim, S.-H. and Chignell, C.F. X-ray Diffraction. In *Methods in Pharmacology 2: Physical Methods* (C.F. Chignell, ed.), p. 381-400, Appleton-Century-Crofts: New York (1972).

16 Seeman, N.C., Sussman, J.L., Berman, H.M. and Kim, S.-H. Nucleic Acid Conformation: Crystal Structure of a Naturally Occurring Dinucleoside Phosphate (UpA). *Nature New Biology* **233**: 90-92 (1971).

15 Kim, S.-H., Quigley, G., Suddath, F.L. and Rich, A. High-resolution X-Ray Diffraction Patterns of Crystalline Transfer RNA That Show Helical Regions. *Proc. Nat. Acad. Sci. USA* **68 (4)**: 841-845 (1971).

14 Kim, S.-H., Schofield, P. and Rich, A. Transfer RNA Crystals Studied by X-ray Diffraction. *Cold Spring Harbor Symposia on Quantitative Biology* **34**: 153-159 (1969).

13 Kim, S.-H. and Rich, A. Crystalline Transfer RNA: The Three-Dimensional Patterson Function at 12-Angstrom Resolution. *Science* **166**: 1621-1624 (1969).

12 Kim, S.-H. Single Crystal X-Ray Diffraction. *Proceedings of the Fourth International Congress on Pharmacology* **1**: 249-253, Schwabe & Co.:Basel (1969).

11 Kim, S.-H. and Rich, A. A Non-complementary Hydrogen-bonded Complex containing 5-Fluorouracil and 1-Methylcytosine. *J. Mol. Biol.* **42**: 87-95 (1969).

10 Kim, S.-H. and Rich, A. Single Crystals of Transfer RNA: An X-ray Diffraction Study. *Science* **162**: 1381-1384 (1968).

9 Berman, H.M. and Kim, S.-H. The Crystal Structure of Methyl-α-D- Glucopyranoside. *Acta Cryst.* **B24 (7)**: 897-904 (1968).

8 Kim, S.-H. and Rich, A. The Structure of a Crystalline Complex Containing One Phenobarbital Molecule and Two Adenine Derivatives. *Proc. Nat. Acad. Sci. USA* **60 (2)**: 402-408 (1968).

7 Kim, S.-H. and Rich, A. Crystal Structure of 1:1 Complex of 5-Fluorouracil and 9-Ethylhypoxanthine. *Science* **158 (3804)**: 1046-1048 (1967).

6 Berman, H. and Kim, S.-H. A second determination of the structure of hydroxyurea. *Acta Cryst.* **23**: 180-181 (1967).

5 Kim, S.-H., Jeffrey, G.A., Rosenstein, R.D. and Corfield, P.W.R. The Crystal Structure of β-D-Glucurono-γ-lactone *Acta Cryst.* **22 (3)**: 733-743 (1967).

4 Kim, S.-H. and Rosenstein, R.D. The Crystal Structure of α-L-Sorbose *Acta Cryst.* **22 (5)**: 648-656 (1967).

3 Kim, S.-H. and Jeffrey, G.A. The Crystal Structure of β-DL-Arabinose. *Acta Cryst.* **22(4)**: 537-545 (1967).

2 Jeffrey, G.A. and Kim, S.-H.. On the Planarity of the Lactone Group. *Chemical Communications*, p. 212-213 (1966).

1 Koo, C.H., Ahn, C.T. and Kim, S.-H. The Crystal Structure of Hydrazonium Diphosphate ($N_2H_6H_4(PO_4)_2$. *J.Korean Chem. Soc.* **9 (3)**: 128-133. (1965).

부록 9

tRNA와 ras의 3D 구조

tRNA와 ras의 구조는 3차원 구조이기에 책에 담는 데에 한계가 있어, 그 구조를 볼 수 있는 링크를 QR코드로 정리했다. QR을 통해 tRNA 및 ras 단백질 구조를 작품화한 이미지를 확인 가능하다.

현대 생명과학의 탐험가,
김성호

초판 1쇄 인쇄 2024년 12월 30일
초판 1쇄 발행 2025년 1월 15일

지은이 강석기
펴낸곳 ㈜엠아이디미디어
펴낸이 최종현
기 획 김동출
편 집 최종현
교 정 김한나
마케팅 유정훈
경영지원 윤석우
디자인 무모한 스튜디오, 한미나

주소 서울특별시 마포구 신촌로 162, 1202호
전화 (02) 704-3448 팩스 (02) 6351-3448
이메일 mid@bookmid.com 홈페이지 www.bookmid.com

등록 제2011-000250호
ISBN 979-11-93828-13-7 (93470)